Freude an Geometrie – Zum Gedenken an Hans Schupp

Andreas Filler · Anselm Lambert ·
Marie-Christine von der Bank
(Hrsg.)

Freude an Geometrie – Zum Gedenken an Hans Schupp

Vorträge auf der 36. Herbsttagung
des Arbeitskreises Geometrie in
der Gesellschaft für Didaktik der
Mathematik vom 10. bis 12. September
2021 in Saarbrücken

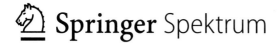

Springer Spektrum

Hrsg.
Andreas Filler
Institut für Mathematik
Humboldt-Universität zu Berlin
Berlin, Deutschland

Anselm Lambert
Fachrichtung Mathematik
Universität des Saarlandes
Saarbrücken, Deutschland

Marie-Christine von der Bank
Fachrichtung Mathematik
Universität des Saarlandes
Saarbrücken, Deutschland

ISBN 978-3-662-67393-5   ISBN 978-3-662-67394-2   (eBook)
https://doi.org/10.1007/978-3-662-67394-2

Die Deutsche Nationalbibliothek verzeichnet diese Publikation in der Deutschen Nationalbibliografie;
detaillierte bibliografische Daten sind im Internet über http://dnb.d-nb.de abrufbar.

Planung/Lektorat: Nikoo Azarm
Springer Spektrum ist ein Imprint der eingetragenen Gesellschaft Springer-Verlag GmbH, DE und ist
ein Teil von Springer Nature.
Die Anschrift der Gesellschaft ist: Heidelberger Platz 3, 14197 Berlin, Germany

Editorial

Der Arbeitskreis Geometrie der Gesellschaft für Didaktik der Mathematik führte vom 10. bis 12. September 2021 in Saarbrücken seine 36. Herbsttagung mit dem Tagungsthema „Freude an Geometrie - Zum Gedenken an Hans Schupp" durch.

Hans Schupp verstarb im Mai 2021 im Alter von 86 Jahren. Neben seinen weitreichenden Beiträgen zur Stochastik, die in der Sekundarstufe I großen Einfluss auf die Curriculum-Entwicklung in Deutschland hatten, war er auch in der Geometrie substantiell breit aufgestellt und hat zahlreiche, didaktisch begründete, konstruktive Vorschläge zur Re-Geometrisierung des Mathematikunterrichts publiziert. In diesem unserem Feld aber gibt es in der schulischen Praxis leider weiterhin Defizite und großen Nachholbedarf, nicht nur bei Kurven und in der Raumgeometrie. Dies war Grund genug, um uns auf unserer Tagung mit dem Erbe von Hans Schupp und – darauf aufbauend – mit der Weiterentwicklung des Geometrieunterrichts zu beschäftigen.

Einen Orientierungsrahmen für die Tagung boten die fünf Fundamentalziele für einen allgemein bildenden Mathematikunterricht, die Hans Schupp bereits 1972 formulierte:

a) das pragmatische Ziel („anwenden können")
   α) über elementare mathematische Kulturtechniken verfügen
   β) Sachzusammenhänge mathematisieren können
   γ) zeittypische Erscheinungen mathematischer Art verstehen

b) das logisch-methodologische Ziel („denken können")
   α) argumentieren können
   β) definieren können
   γ) beweisen können
   δ) lokal ordnen können

c) das heuristische Ziel („Probleme sehen und lösen können")
d) das erzieherische Ziel (z. B. „sachliche Eigen- und Fremdkritik üben können")
e) das ästhetisch-spielerische Ziel („sich mit nicht unmittelbar Nützlichem auseinandersetzen können")

Hans Schupp

Den Hauptvortrag auf der Tagung hielt *Marie-Christine von der Bank* (Saarbrücken). In ihrem Beitrag „Freude ... und weitere nichtkognitive Ziele von Mathematikunterricht" plädiert sie im Sinne von Hans Schupp dafür, Bildung als personenbezogenen Prozess ernst zu nehmen, und unterstreicht die Forderung, die im Unterricht agierenden Personen – Lernende sowie Lehrende – als zentral anzusehen. Schupps didaktisches Dreieck Mensch – Welt – Mathematik um die Dimension des achtsamen Unterrichts erweiternd, stellt der Beitrag ein strukturiertes und strukturierendes Tetraedermodell vor, das die wechselseitigen Beziehungen zwischen Person, Welt, Mathe und Achtsamem Unterricht visualisiert und somit für weitere Forschungsfragen zugänglich macht. Den Fokus auf die wechselseitigen Einflüsse der Person und der anderen Komponenten des Tetraeders legend, wird anhand der Theorie der Fundamentalen Ideen und konkreter Praxisbeispiele gezeigt, welche nichtkognitiven Aspekte der Mathematiktreibenden im Unterricht eine Rolle spielen und wie diese gezielt angesprochen werden können. Mit Rückgriff auf Emotionsforschung und Pädagogische Psychologie können die in der Mathematikdidaktik vorhandenen Theorieansätze zur Entwicklung des Konzepts Math-e-motion genutzt werden. Durch die explizite Berücksichtigung des emotionalen Erlebens der Lernenden, aber auch der Lehrenden ergibt sich somit ein lehr- und lernpersonenzentrierter Unterricht.

In vielfältiger Weise knüpft *Wilfried Herget* in seinem Beitrag „*Wie viel Phantasie passt in einen Heißluftballon? – Anregungen, den Mathematikunterricht etwas anders weiterzudenken*" an Hans Schupp an, u. a. an seine Aussage „Lieber eine hübsche Denksport-, eine interessante historische, eine offensichtlich eingekleidete Aufgabe als eine ernst gemeinte Scheinanwendung" sowie an seine Arbeiten zur Variation von Aufgaben. Herget wirbt dafür, (raum-)geometriehaltige Anlässe zu nutzen, weil sich diese zum einen sehr für das mathematische Modellieren im Matheunterricht sowie zum anderen für formelarmes Argumentieren eignen. Er plädiert – wie auch von der Bank – für einen „Achtsamen Mathematikunterricht", der nicht nur lehrreich ist, sondern auch diskursiv, nützlich und nicht zuletzt unterhaltsam. Der Beitrag enthält viele Beispiele, die für Lernende spielerisch-attraktiv und anschaulich-vorstellbar sind, einfach genug für ein möglichst selbstständiges Erarbeiten von Lösungswegen (auch im Team) und doch hinreichend reichhaltig für eine Vielfalt an Lösungswegen.

Der Beitrag von *Lothar Profke* zum Thema *„Geometrie im Alltag"* fasst insbesondere das oben genannte „pragmatische Ziel" der von Hans Schupp formulierten Fundamentalziele ins Auge, wobei aber auch das „ästhetisch-spielerische Ziel" und in diesem Zusammenhang die Motivation angesprochen werden. Es wird eine Reihe von Beispielen aufgezeigt, die sowohl Geometrisches enthalten als auch im Alltag vorkommen können und in Lehrveranstaltungen mehrmals eingesetzt waren. Dabei zeigen sich auch verblüffende, nicht sofort zu durchschauende, doch aufzuklärende Einzelheiten. Der Beitrag ist durchwoben mit Vorschlägen zum methodischen Vorgehen sowie zum Anwenden von Mathematik und für praktizierende Lehrerinnen und Lehrer gedacht.

Vorlesung von Hans Schupp

Intensiv hat sich Hans Schupp aus fachlicher und didaktischer Sicht mit der Lehre von den Kegelschnitten beschäftigt, sein Buch *Kegelschnitte* (1988 erschienen) wird nach wie vor gern herangezogen. Insofern ist es nicht verwunderlich, dass sich zwei Beiträge in diesem Band unter sehr unterschiedlichen Gesichtspunkten mit Kegelschnitten befassen:

Ysette Weiss betrachtet in ihrem Beitrag *„Kegelschnitte – eine schöne Tradition"* die Thematik aus kulturhistorischer Perspektive und geht der Frage nach, welche Kriterien mathematische Inhalte erfüllen müssen, die im Hauptfach Mathematik an Gymnasien unterrichtet werden. Sie beschreibt vier Denkkollektive: das Denkkollektiv der Mathematikerinnen und Mathematiker, das der Mathematikhistorikerinnen und -historiker, das der Mathematikdidaktikerinnen und -didaktiker sowie das der „Schulfrauen und -männer" und zeigt, dass der Gegenstandsbereich Kegelschnitte Bedeutsamkeit für jedes dieser vier Denkkollektive besitzt.

Hans-Jürgen Elschenbroich unterscheidet in seinem Beitrag *„Kegelschnitte mit GeoGebra 3D – genetisch, ganzheitlich, dynamisch, anschaulich"* zwischen der stereometrischen Sicht, der planimetrischen Sicht und der analytischen Sicht auf Kegelschnitte und zeigt auf, wie man mit dem Werkzeug GeoGebra diese Sichtweisen in einem genetischen Zugang verbindet und dabei mit dynamischer Visualisierung und systematischer Variation jeweils eine ganzheitliche Sicht aller Kegelschnitt-Typen ermöglicht. Dabei geht es um den Schnitt infiniter Doppelkegel mit Ebenen, um wahre Größe, Dandelin-Kugeln, Brennpunkte und Leitgeraden, um Abstandseigenschaften, Ortslinien, implizite Gleichungen, parametrische Kurven und numerische Exzentrizität.

Die Nutzung digitaler Medien – ein Gebiet, auf dem Hans Schupp ein Pionier war – steht auch im Mittelpunkt weiterer Beiträge dieses Bandes.

Frederik Dilling und Julian Sommer diskutieren für den Mathematikunterricht in dem Beitrag *„Die App Mathe-AR – Raumgeometrie mit Augmented Reality aktiv erleben"* Potenziale und Herausforderungen der Augmented-Reality-Technologie (AR-Technologie), die die virtuelle Erweiterung der Realität beispielsweise über die Kamera und den Bildschirm eines Smartphones ermöglicht. Hierzu wird zunächst ein Überblick über die technischen Grundlagen und erste Forschungsergebnisse aus dem Bildungsbereich gegeben. Anschließend erfolgt die Vorstellung einer von den Autoren für den Mathematikunterricht entwickelten AR-Anwendung. In einem Ausblick werden weitere Entwicklungspotenziale erörtert.

Dörte Haftendorn geht es in ihrem Beitrag *„NURBS – Grundlage für Animationsfilme"* vor allem um die mathematischen Grundlagen von mit Computern erzeugten Medien. Ausgehend von der (geometrischen) Konstruktion von Bézier-Splines werden die Bernsteinpolynome eingeführt, die den Einstieg in das Konzept der B-Splines bilden. Letztere können nicht nur leicht auf beliebig viele Steuerpunkte ausgedehnt, sondern durch Gewichtungen auch zu rationalen B-Splines ausgebaut werden. Dabei dürfen ihre „Knoten" (Intervallgrenzen) beliebige Abstände haben. Das Akronym NURBS sagt genau dies: Non Uniform Rational B-Splines. Am Beispiel der Trisektrix und ihrer Metamorphose zum Kreis wird gezeigt, dass auch exakte geometrische Objekte mit NURBS konzipiert werden können.

Günter Graumann beschreibt, wie *„Spielerische Erkundungen mit den Werkzeugen einer dynamischen Geometriesoftware"* dazu beitragen, bei Schülerinnen und Schülern ab dem 5./6. Schuljahr Freude und Interesse für Geometrie zu entwickeln. Hierzu gibt er Anregungen, was man an Figuren diskutieren kann, die sich mit Standardwerkzeugen einer dynamischen Geometriesoftware erzeugen lassen. An Dreiecken als Grundfigur werden mit der Mittelpunktbildung und dem Aufsetzen von regelmäßigen Vielecken Figuren erzeugt, die Anlass zu einer näheren Betrachtung bieten. Für das Aufsuchen von Spuren bestimmter Dreieckspunkte eignet sich der Zugmodus.

Variation ist ein einfaches Prinzip, durch das – insbesondere in der Geometrie – reichhaltige Mathematik entstehen kann. Hans Schupp hat mit einer Monographie erhellt, wie Variation den Unterricht befruchtete. Im Folgenden führt diese u. a. auf ungewöhnlichen Wegen zu Ellipsen.

Jörg Meyer geht in dem Beitrag „*Zur Konkurrenz der Dreieckshöhen*" von dem bekannten (auf Gauß zurückgehenden) Beweis aus, dass die Dreieckshöhen konkurrieren, d. h. sich in einem Punkt treffen, meint aber, dieser Beweis sei „wie eine Autobahn, mit der man zwar schnell am Ziel ist, aber fast nichts von der Landschaft sieht". Er stellt Variationen vor, die die Reichhaltigkeit und den Beziehungsreichtum der Thematik „besondere Linien im Dreieck" verdeutlichen und bis zu einer In-Ellipse führen.

Hans Walser untersucht in seinem Beitrag „*Invariante Flächensummen*" einige geometrische Sätze, insbesondere den Satz des Pythagoras, unter diesem Aspekt. Diese neue Sichtweise ermöglicht ein ganzes Feld von Verallgemeinerungen und zugehörigen Illustrationen. Er gelangt dabei unter anderem zur Sinuskurve, zu Lissajous-Kurven, Ellipsen (als speziellen Lissajous-Kurven) sowie zu den Sätzen von Apollonios und al Sijzi. Die Vielfalt der Variationen wird durch zahlreiche interessante und ästhetisch ansprechende Abbildungen illustriert.

Öffentlicher Vortrag von Hans Schupp

Hans Schupp stand aktiv für eine Re-Geometrisierung des Mathematikunterrichts, die auch eine Reduktion der Betonung des Kalküls zu Gunsten anschaulichen Verständnisses in der Analysis intendierte.

Manfred Schmelzer nimmt in seinem Beitrag „*Geometrisch argumentieren in der Analysis*" die Anregung auf, im Schulunterricht stärker mit Skalierungen zu argumentieren. Die Ableitungen und Integrale der elementaren Basisfunktionen u. a. der Sinus-, Potenz- und Exponentialfunktionen werden von ihm geometrisch hergeleitet. Die Skalierung von Funktionsgraphen überträgt sich auf deren Tangenten und Integralflächen. Dabei treten Grenzwerte, die h-Methode sowie Ober- und Untersummen in den Hintergrund. Alle vorgestellten Herleitungen verzichten auf den Hauptsatz der Differential- und Integralrechnung. Getreu dem Motto „Bilder sagen mehr als tausend Worte" wird die Perspektive in der Analysis von der formal-algebraischen zur konstruktiv-geometrischen Ebene gedreht.

Mathematikunterricht soll allgemeinbildend sein. Für Hans Schupp bedeutete dies auch stets, alle mit ihren jeweils persönlichen Möglichkeiten in den Blick zu nehmen.

Swetlana Nordheimer geht in ihrem Beitrag *„Beweise jenseits der Stille ..."* der Frage nach, wie Mathematikunterricht mithilfe von geometrischen Visualisierungen für Kinder und Jugendliche mit und ohne Hörschädigung gestaltet werden kann. Es geht darum, wie Schülerinnen und Schüler zwischen den Welten Brücken bauen können. Im Mittelpunkt steht die Frage, wie sie durch ihre eigenen Erfahrungen kleine geometrische Sätze beweisen und dabei sprachlich gefördert werden können. Als Einstieg soll im Sinne von Schupp eine gewöhnliche Aufgabe dienen, die visualisiert, variiert, gemeinsam besprochen und schließlich neu und anders bewiesen sowie mit eigenen Worten beschrieben wird.

Wir wünschen Ihnen liebe Leserin, lieber Leser Freude an Geometrie und hoffen, mit den vorliegenden Beiträgen auch etwas von unserer Freude daran weiterreichen zu können – und wir ermuntern auch selbst bei Hans Schupp weiterzulesen.

März 2023

Andreas Filler
Anselm Lambert
Marie-Christine von der Bank

Inhaltsverzeichnis

Autorenverzeichnis

Marie-Christine von der Bank Fachrichtung Mathematik, Universität des Saarlandes, Saarbrücken, Deutschland

Frederik Dilling Didaktik der Mathematik, Fakultät IV Department Mathematik, Universität Siegen, Siegen, Deutschland

Hans-Jürgen Elschenbroich Ehemals Studienseminar Neuss, Medienberater bei der Medienberatung NRW, Neuss, Deutschland

Günter Graumann Fakultät für Mathematik, Universität Bielefeld, Bielefeld, Deutschland

Dörte Haftendorn Haftendorn, Lüneburg, Deutschland

Wilfried Herget Institut für Mathematik, Martin-Luther-Universität, Halle (Saale), Deutschland

Jörg Meyer Studienseminar Hameln, Hameln, Deutschland

Swetlana Nordheimer Mathematisches Institut, Universität Bonn, Bonn, Deutschland

Lothar Profke Institut für Didaktik der Mathematik, Justus-Liebig-Universität Gießen, Gießen, Deutschland

Manfred Schmelzer Regensburg, Deutschland

Julian Sommer Didaktik der Mathematik, Fakultät IV Department Mathematik, Universität Siegen, Siegen, Deutschland

Hans Walser Frauenfeld, Schweiz

Ysette Weiss Institut für Mathematik, Johannes Gutenberg-Universität Mainz, Mainz, Deutschland

Freude … und weitere nichtkognitive Ziele von Mathematikunterricht

1

Marie-Christine von der Bank

Zusammenfassung

Mathematik und Mathematiktreiben bestehen nicht nur aus kognitiven Aspekten! Dies wurde schon vielfach von großen Mathematikern betont. Im Beitrag wird daher dafür plädiert, nichtkognitiven Aspekten im Mathematikunterricht explizit Raum zu geben. Auch dies ist nicht neu: Schon bei Hans Schupp finden wir Bildung als personenbezogenen Prozess und damit die Forderung, die Person des Lernenden im Unterricht als zentral anzusehen. Ausgehend von Schupps didaktischem Dreieck *Mensch – Welt – Mathematik* stellt der Beitrag ein strukturiertes und strukturierendes Tetraedermodell vor, das die wechselseitigen Beziehungen zwischen Person, Welt, Mathe und Achtsamem Unterricht visualisiert und so für weitere Forschungsfragen zugänglich macht. Den Fokus auf die Einflüsse der Person auf die anderen Komponenten des Tetraeders legend, wird anhand der Theorie Fundamentaler Ideen gezeigt, welche nichtkognitiven Aspekte der Mathematiktreibenden im Unterricht eine Rolle spielen und wie diese gezielt angesprochen werden können. Dies geschieht anhand konkreter Praxisbeispiele aus meinem Geometrieunterricht, die ich im Sinne des „Cognitive Apprenticeship" vorstelle. Ausgehend von Reflexionen meiner Lernenden wird deren emotionales Erleben beim Mathematiktreiben deutlich. Mit Rückgriff auf Emotionsforschung und Pädagogische Psychologie können die in der Mathematikdidaktik vorhandenen Theorieansätze zur Entwicklung des Konzepts *Math-e-motion* genutzt werden. Ein wichtiger Gelingensfaktor für positives emotionales Erleben der Lernenden ist dabei die Lehrperson. Ihre Einstellungen und Sichtweisen zu Mathematik

M.-C. von der Bank (✉)
Fachrichtung Mathematik, Universität des Saarlandes, Saarbrücken, Deutschland
E-Mail: m.vonderbank@schule.saarland

© Der/die Autor(en), exklusiv lizenziert an Springer-Verlag GmbH, DE, ein Teil von
Springer Nature 2023
A. Filler et al. (Hrsg.), *Freude an Geometrie – Zum Gedenken an Hans Schupp*,
https://doi.org/10.1007/978-3-662-67394-2_1

1

und Unterricht und natürlich auch ihr emotionales Erleben gilt es ebenfalls in der didaktischen Forschung zu berücksichtigen: Es geht um einen *lehr- und lernpersonenzentrierten Unterricht.*

1.1   Einstimmung

Freude, Begeisterung, Neugier, Interesse, Intuition, Kreativität, Beharrlichkeit – sie sind wesentlich für das Mathematiktreiben, sie betreffen das Wesen der Mathematiktreibenden. In der Schule, in der sich das Fach Mathe stets durch seinen Beitrag zu einer Allgemeinbildung der Lernenden beweisen muss, heißt dies, Bildung als personenbezogenen Prozess anzuerkennen und die im Unterricht agierenden Personen ernst zu nehmen, mit all ihren individuellen und kollektiv geteilten Einstellungen zur Sache Mathematik, zum Mathematiktreiben und zum Lernen.

Neben inhaltlichem und heuristischem Wissen sollten wir Lehrende eben auch nichtkognitive Aspekte (wie Sichtweisen, Einstellungen, Haltungen) an die uns anvertrauten Lernenden weitergeben wollen. Für die Beschäftigung mit Mathematik sind dies mindestens die sieben eingangs genannten Aspekte, die von großen Mathematikern herausgestellt wurden und die wir alle bei der eigenen Beschäftigung mit Mathematik schon einmal erlebt und gespürt haben.

Damit ist das Ziel klar – wie nun aber dahinkommen? Wer kann schon mittwochs in der 2. Stunde seine Klasse *in Freude* unterrichten? Aber *mit Freude* unterrichten, das können und das sollten wir! Wir haben die Chance, unsere Einstellungen zur Mathematik und zum Mathematiktreiben authentisch und empathisch vorzuleben und sie so den Lernenden zugänglich zu machen, damit sie dann in eben jenen (nach)wirken. Es bedarf dazu einer wertschätzenden Atmosphäre im Unterricht, in der inhaltliches Arbeiten in Lernumgebungen möglich ist, die zum Einlassen einladen und zum Ausleben Raum bieten.

Freude, Begeisterung und all die anderen oben genannten Aspekte sind zunächst *Emotionen,* die in uns als handelnden Personen wirken. Sie mögen von der Sache Mathematik oder der Beschäftigung mit jener hervorgerufen werden, und doch liegen sie zunächst in der Person selbst. Es ist also lohnenswert, genau jene Personen auch gezielt in den Blick der Didaktik zu nehmen. Den personenbezogenen Bildungsbegriff auf die Mathematikdidaktik übertragend, hat Hans Schupp immer wieder auf die wechselseitigen Einflüsse von *Mensch – Welt – Mathematik* hingewiesen und diese als Ecken eines didaktischen Dreiecks übersichtlich dargestellt, siehe Abb. 1.1. Dieses didaktische Dreieck wurde von Schupp stets im Kontext des Mathematikunterrichts gedacht. Das Konzept *Achtsamer Unterricht* von Katharina Wilhelm (Wilhelm & Andelfinger, 2021) als Weiterentwicklung des „sanften Mathematikunterrichts" nach Bernhard Andelfinger bettet Schupps didaktisches Dreieck ein und schafft einen fruchtbaren Rahmen,

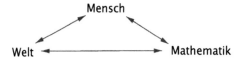

Abb. 1.1 Didaktisches Dreieck mit den drei Komponenten *Mensch – Welt – Mathematik*

in dem *Mensch, Welt* und *Mathe* im Unterricht gleichermaßen Berücksichtigung finden. Das gegenseitige Wechselspiel der nun vier Ecken kann als didaktisches Tetraedermodell visualisiert werden, das durch seine Kanten und Seiten weitere relevante Aspekte und Zusammenhänge fasst, in denen die Person der und des Mathematiktreibenden eine Rolle spielt.

Die in der Mathematikdidaktik tradierte Theorie der *Fundamentalen Ideen* berücksichtigt explizit *Persönlichkeitsideen,* die von großen Mathematikern als wesentlich für das Mathematiktreiben herausgestellt wurden – wie Interesse und Neugier, Intuition, Kreativität und Beharrlichkeit –, und ermöglicht, die Person der Mathematiktreibenden als zentral für diesen Prozess anzusehen (vgl. von der Bank, 2016, S. 201–220; Titz, 2021). Für den Mathematikunterricht ermöglicht diese Öffnung des Begriffsverständnisses Fundamentaler Ideen – nach seiner unterrichtspragmatischen Reduktion zu einem *Vernetzungspentagraphen* (a. a. O., S. 227 ff.) –, dass auch dort die Person der Lernenden im Sinne des Achtsamen Unterrichts ernst genommen wird. Damit ergibt sich ein personenzentrierter Unterricht als Teilprozess des Achtsamen Unterrichts, der sich durch eine besondere Wertschätzung des emotionalen Erlebens von Mathematiktreiben auszeichnet.

Wie dies konkret in den Unterricht transportiert werden kann, möchte ich hier im Sinne des „Cognitive Apprenticeship" aus meiner praktischen Unterrichtserfahrung heraus berichten und reflektieren. Gerade Beispiele aus dem Bereich der Schulgeometrie bieten dabei ein fruchtbares Feld, nichtkognitive Aspekte bei der Analyse von Lernmaterial in den Blick zu nehmen und auf dieser Basis Lernumgebungen zu konstruieren oder anzureichern, die jene Aspekte wiederum in besonderem Maße den Lernenden erfahrbar machen.

Anhand von Rückmeldungen meiner Lernenden wird dabei deutlich, dass deren emotionales Erleben über die in den Persönlichkeitsideen meiner Theorie Fundamentaler Ideen aufgehobenen Aspekte hinausgeht. Freude, Begeisterung, Faszination, Frustration werden dort bewusst nicht gefasst, da sie auch im „Atmosphärischen des Unterrichts" (Führer, 1997) liegen. Um nun diesen wichtigen, aber nicht leicht greifbaren Bereich des personenzentrierten Unterrichts besser beschreiben zu können, werden die Theorieansätze zu dieser Thematik von Roland Fischer und Lutz Führer mit Aspekten der Emotionsforschung und der Pädagogischen Psychologie kombiniert. Dies führt zu einer Theorie der *Math-e-motion,* wie ich es nennen will, die es in weiteren Forschungsarbeiten auszubauen gilt.

Als wesentlich für das Atmosphärische im Unterricht rücken sodann auch die Lehrpersonen in den Fokus. Ihr kognitives als auch nichtkognitives Erleben von Mathematiktreiben, ihre Einstellungen, Sichtweisen und Überzeugungen zu Lernprozessen und schließlich ihre Zugewandtheit zu ihren Lernenden spielen eine zentrale Rolle im Unterricht und übertragen sich eben auch auf jene. Die Pädagogische Psychologie stellt als Leitbild insbesondere drei lernförderliche Persönlichkeitsmerkmale von Lehrenden bereit, die empirisch gut erforscht sind: *Zuwenden, Einfühlen, Echtsein.* Diese lassen sich auch auf den Mathematikunterricht übertragen und bilden damit eine theoretische Grundlage, um so im personenzentrierten Unterricht auch die Person der Lehrenden explizit in den Blick zu nehmen.

Die Komplexität der Bereiche nichtkognitiver Ziele von Unterricht, dessen Atmosphärisches sowie das subjektiver Erleben aller Beteiligten – Lernende und Lehrende – lassen im vorliegenden Rahmen an einigen Stellen nur ein Anreißen einer theoretischen Fundierung zu. Dieser Artikel möchte daher in erster Linie durch die Bereitstellung einer Theoriesprache für die komplexen Prozesse eines personenzentrierten Unterrichts einen Beitrag zur Begriffsbestimmung und -präzisierung liefern. Dies beginnt schon beim Begriff „Person".

1.2   Mensch – Person – Persönlichkeit

Der Begriff „Mensch" ist sehr vielschichtig und in der Forschung nicht eindeutig definiert: Menschen werden u. a. als biologische Lebensform, als Krone der Schöpfung, als Abbild Gottes oder als vernunftfähige Wesen angesehen. Für die vorliegende Theorie Fundamentaler Ideen der Mathematik gilt es, den Menschen im Umgang mit Mathematik genauer zu beschreiben. Dazu ist insbesondere die letztgenannte Deutung fruchtbar. Für den Menschen als Wesen, das sich durch Vernunft, Freiheit und Sprache auszeichnet, ist der Begriff der Person in der psychologischen und pädagogischen Forschung etabliert (Weigand, 2004, S. 53). Der Begriff der Person zielt dabei auf kognitive, soziale und emotionale Bereiche des Menschseins ab und weniger auf biologische Mechanismen. Zugleich beinhaltet er die wechselseitige Beziehung zwischen dem Menschen als Individuum und seiner Sozietät (Dorsch, 2014, S. 1239).

Personsein wird im pädagogischen Verständnis[1] sowohl als Prinzip als auch als Prozess verstanden. Zum einen ist der Mensch von Geburt an und zu jeder Lebensphase Person. Zum andern wird der Mensch durch seine Lebensgeschichte

---

[1] Andere Interpretationen und Anwendungen des Personenbegriffs wie in den Rechtswissenschaften, die als Person Rechtssubjekte und damit auch wirtschaftliche Gesellschaften fassen, sind für die hier vorgestellte Theorie unbrauchbar.

zur Person. Die Verbindung vom Prinzip der Person und des Prozesshaften fasst Gabriele Weigand, dabei Winfried Böhm folgend, in der Formel, dass Person „Ausgang und durchtragender Grund" ist (Weigand, 2004, S. 67). Da das Personwerden ein prinzipiell nicht abgeschlossener Prozess ist, der durch die Lebensgeschichte des Menschen geprägt wird, hat das Umfeld (Familie, Schule, Beruf usw.) des Menschen Einfluss darauf. Demnach gibt es Bereiche der Person, auf die auch die Beschäftigung mit Mathematik Auswirkungen hat.

Persönlichkeit wird in der psychologischen Forschung als die „Gesamtheit aller überdauernden individuellen Besonderheiten im Erleben und Verhalten" einer Person definiert (Dorsch, 2014, S. 1244). Die Psychologie beschreibt Persönlichkeit durch verschiedene Persönlichkeitsmerkmale, die individuell ausgeprägt sind und sich in der Lebensgeschichte weiterentwickeln können.[2] Diese Merkmale werden als Dispositionen verstanden, also als Tendenzen, Situationen in bestimmter Weise zu erleben und sich in bestimmter Weise zu verhalten (Dorsch, 2004, S. 1244). Persönlichkeitsmerkmale werden typischerweise nach folgenden Bereichen gegliedert (von denen jene, die in der vorliegenden Arbeit für die vorgestellten Persönlichkeitsideen von Wichtigkeit sind, durch fette Hervorhebung gekennzeichnet sind): Temperament, Selbstregulation (**Informationsverarbeitung**), kognitive und soziale Kompetenzen, **Kreativität,** Motive und **Interesse, Bewährungsstile im Umgang mit Belastungen,** Werthaltungen, spezifische Einstellungen (z. B. Präferenzen für Parteien), individuelle Besonderheiten im Selbstkonzept.[3] Neben kognitiven Komponenten enthalten Persönlichkeitsmerkmale auch soziale und emotionale Aspekte wie soziale Kompetenzen, Werthaltungen und Temperament. Solche Aspekte werden im Weiteren *nichtkognitive* Aspekte genannt.

Für die im Folgenden vorgenommene Argumentation innerhalb der Theorie der Fundamentalen Ideen ist demnach der Begriff „Persönlichkeit" zu wählen – und, wenn im Unterricht eben auch die Sozietät und das emotionale Erleben der Lernenden mitberücksichtigt werden, der der „Person". Bei der Darstellung der nun folgenden Theorien, die sich mit der Person der Mathematiktreibenden beschäftigen, wird allerdings die dort jeweils verwendete Begrifflichkeit ebenfalls verwendet. Bei Schupp ist dies „Mensch".

---

[2] Gerade diese Entwicklung und die Einflussnahme der Gesellschaft vereint die philosophische Richtung des Personalismus. Deren Anhänger und Anhängerinnen sehen die Persönlichkeit als Grundlage aller anderen Werte und ihre „Vervollkommnung" als höchstes sittliches Ziel (Dorsch, 2014, S. 1242).

[3] Zur Beschreibung von Persönlichkeitsmerkmalen wurde nicht das „Fünf-Faktoren-Modell" angeführt (Dorsch, 2014, S. 1245), da diese Kategorisierung zu grob für die hier im Fokus stehenden Persönlichkeitsideen ist.

1.3   Bildung – ein personenbezogener Prozess

Ziel von Schule und somit auch schulischem Matheunterricht ist Allgemeinbildung. Dies ist ein schillernder und facettenreicher großer Begriff. Der All-
gemeinbildungsbegriff von Hans Schupp unterscheidet sich signifikant vom
derzeit in Deutschland dominierenden und durch die Kultusminsterkonferenz
(KMK) institutionell manifestierten. Denn er zielt wesentlich auf die Wirkung
von Bildung im einzelnen Menschen und weniger auf eine vermeintlich mess-
bare Wirkung für das System. So kritisiert Schupp schon 1972 die KMK-
Empfehlungen für die Hauptschule, in denen es unverblümt heißt:

> ‚Unser wirtschaftliches Wachstum hängt davon ab, daß hinreichend viele, naturwissen-
> schaftlich, mathematisch und technisch gut ausgebildete Menschen zur Verfügung stehen
> (sic!) (Schupp, 1972, S. 73).‘

Zurverfügungstehen darf aber eben nicht begründendes Motiv für allgemeine
Bildung durch öffentliche Schulen sein, denn alle Menschen haben ein Recht auf
eigene Teilhabe an einer gebildeten Gesellschaft. Zudem: Welches Wachstum und
welchen Wohlstand eine Gesellschaft anstrebt, ist keine Prämisse, sondern ein
Resultat von Bildungsprozessen (Lambert & von der Bank, 2021, S. 105).

Dann im Jahr 2004, kurz nach der Veröffentlichung der Bildungsstandards
für den mittleren Schulabschluss, rät Schupp, sich stattdessen an Winters Allgemeinen Haltungen und Fähigkeiten von 1972 bzw. Grunderfahrungen von 1995
zu orientieren

> nicht in dem Sinne, daß konkrete, kurzfristige Ziele daraus abgeleitet werden könnten
> (das ist grundsätzlich nicht möglich), sondern daß unterrichtliche Bemühungen und
> Planung sich davor zu verantworten habe (Schupp, 2004, S. 5; Amalric & Dehaene, 2016).

Er favorisiert eine Definition von Bildung des Deutschen Ausschusses für das
Erziehungs- und Bildungswesen von 1966, die Dimensionen von Allgemeinheit
berücksichtigt, auf die Bildungsbedürftigkeit des Menschen hinweist und gleichzeitig heraushebt, dass Bildung als personenbezogener Prozess grundsätzlich
(nicht de facto) unabhängig von Schule und Kenntnisstand ist, vom Bestehen von
Tests ganz zu schweigen:

> Gebildet ist, wer in der ständigen Bemühung lebt, sich selber, die Gesellschaft und die
> Welt zu verstehen und diesem Verstehen gemäß zu handeln (Schupp, 2004, S. 8)

Hans Schupp liegt damit in der Tradition neuhumanistischer Bildung nach
Wilhelm von Humboldt, die Bildung als einen Prozess sieht, dem es nicht primär
um Effizienz in einem Kompetenzwettbewerb geht, sondern um die Bildung des
Menschen in seiner vertiefenden und be-sinnenden Begegnung mit der Welt. Zur
Bestimmung von *allgemein* in Allgemeinbildung mit den drei Bedeutungen von
allgemein nach Wolfgang Klafki (Totalität der Welt, Gesamtheit der Gesellschaft,

Abb. 1.2 Drei Fälle des Spannungsverhältnisses, in denen jeweils eine Komponente des didaktischen Dreiecks als Vermittler zwischen den anderen beiden auftritt

Medium des Allgemeinen) schließt Schupp explizit auch an Wolfgang Klafki an und spricht bevorzugt von allgemeiner Bildung (Lambert & von der Bank, 2021).

Die Begegnung des Menschen mit der Welt findet sich bei Schupp auch im didaktischen Dreieck *Mensch – Welt – Mathematik*,[4] das er ursprünglich nutzt, um 11 Funktionen des Spiels im Mathematikunterricht herauszustellen (siehe Abb. 1.1).

Für ihn leistet das Spiel „eine unverzichtbare Brückenfunktion im Dreieck und wehrt dem Bild der Mathematik als einer knöchernen und esoterischen Disziplin, das so viele Schüler – und nicht die schlechtesten – abstößt" (Schupp, 1978, S. 112; Schupp, 1972). Hier nennt er u. a. die unterbrechende (Spiel als Intermezzo), darstellende, einübende, verdeutlichende, problematisierende, heuristische, analysierende, mediale, strategische, produzierende (Spiel als Kreation) und modellierende Funktion des Spiels. Er verweist damit auf wichtige Aktivitäten im Mathematikunterricht und setzt sie allesamt auch mit nichtkognitiven Aspekten von Mathematiktreiben in Verbindung.

1.4 Das Spannungsverhältnis *Mensch – Welt – Mathematik*

Dieses didaktische Dreieck bietet je nach Blickwinkel verschiedene Möglichkeiten, seine Komponenten als Spannungsverhältnisse miteinander in Beziehung zu setzen. Dabei tritt jeweils eine Komponente als (innerer) Vermittler zwischen den beiden anderen auf. Prinzipiell sind drei Fälle möglich (siehe Abb. 1.2):

---

[4] In der didaktischen Forschung existieren weitere didaktische Dreiecke, deren Ecken je nach inhaltlichem Schwerpunkt oder der untersuchten Fragestellung variieren. Das Deutsche Zentrum für Lehrerbildung Mathematik (DZLM) nutzt beispielsweise das didaktische Dreieck *Lehrkräfte – Lernende – Lerngegenstand* (Prediger et al., 2017, S. 3). Mit Blick auf die Zielsetzung, Impulse für Forschung und Entwicklung von Fortbildungen zur gegenstandsbezogenen Professionalisierung von Lehrkräften zu liefern, findet die Ecke *Welt* dort keine explizite Berücksichtigung. So auch bei David Tall, der das didaktische Dreieck *Teacher – Pupil – Mathematics* nutzt, um die Rolle des Computers im Mathematikunterricht zu verorten (Tall, 1986, S. 5). In Rezat und Sträßer (2012) findet die Komponente *Welt* als „hidden dimension" implizit Einzug in deren didaktisches Dreieck *Student – Mathematics – Mediating Artefacts* (a. a. O., S. 644). Den drei Forschungsansätzen ist gemeinsam, dass sie, so wie es auch hier in Abschn. 1.6 vorgestellt wird, ausgehend vom jeweils gewählten didaktischen Dreieck eine Erweiterung zu einem (oder mehreren) Tetraeder(n) vornehmen.

Die verschiedenen Blickwinkel auf das Dreieck machen ganz unterschiedliche didaktische Fragestellungen und Debatten sichtbar, die zwar alle schon häufig in der Mathematikdidaktik diskutiert wurden, selten jedoch in direktem Bezug zu diesem didaktischen Dreieck. Lediglich Schupps Betrachtungen zur palintropischen Beziehung zwischen Mensch und Welt (hier Fall 3) stellen eine Ausnahme dar (vgl. Schupp, 2004). Für jeden Blickwinkel soll hier jeweils ein zentraler Fragenkomplex genügen.

Im ersten Fall tritt der Mensch als Vermittler zwischen Welt und Mathematik auf. Dies geschieht beispielsweise, wenn er nach der Art/der Natur von mathematischen Objekten fragt oder wenn es (etwas größer) um die Frage geht: „Wie entsteht Mathematik?" Mögliche Antworten beschreibt der Mensch im Wesentlichen durch zwei vorherrschende, allerdings konträre Theorien: Realismus und Konstruktivismus. Vertreter und Vertreterinnen des Realismus gestehen mathematischen Objekten eine von der sinnlichen Welt verschiedene Realität zu. René Descartes war Realist und verdeutlicht seine Sichtweise mit diesem bekannten Zitat:

> Wenn ich mir ein Dreieck denke, selbst wenn es vielleicht an keinem Ort der Welt außerhalb meines Denkens eine solche Figur gibt und sie je gegeben hat, so hat diese Figur dennoch eine gewisse Natur oder Form oder wohlbestimmte Essenz, die unveränderlich und ewig ist, die ich nicht erfunden habe und die in keiner Weise von meinem Verstand abhängt (zit. n. Changeux & Connes, 1992, S. 8).

Konstruktivisten und Konstruktivistinnen argumentieren dagegen, dass die mathematischen Objekte im Denken der Mathematiktreibenden geschaffen werden und an keine Welt eigener Realität gebunden sind. Spannend daran ist, dass sich nicht nur Mathematiker und Mathematikerinnen mit der Frage nach der Art der mathematischen Objekte beschäftigen. Schon 1992 diskutieren der Neurobiologe Jean-Pierre Changeux und der Mathematiker Alain Connes in „Gedanken-Materie" die unterschiedlichen Standpunkte. Der Reiz des Buches liegt nicht nur im interdisziplinären Ansatz, sondern auch in der gewählten Dialogform, die Sichtweisen gegenüberstellt und Berührpunkte zwischen Mathematik und Neurobiologie aufzeigt (Changeux & Connes, 1992).

Für die Existenz einer mathematischen Realität unabhängig vom Menschen argumentiert Connes mit der Fähigkeit, über die mathematischen Objekte hinauszugehen. Somit erschaffen Mathematiker und Mathematikerinnen, beispielsweise mit der axiomatischen Methode, eine mathematische Realität, „die ganz ohne materielle Unterstützung" auskommt (Changeux & Connes, 1992, S. 9). Für die konstruktivistische Sichtweise sprechen nach Changeux neuere Ergebnisse der Hirnforschung. Die mathematischen Objekte sind als mentale Objekte „weitgehend mit physikalischen Zuständen unseres Gehirns identisch" und somit von einer materiellen Existenz abhängig. Als physikalische Zustände des Gehirns sind diese „*im Prinzip* von außen mit zerebralen Abbildungsverfahren [zu] beobachten" (Changeux & Connes, 1992, S. 10). Im Jahr 1992 hatten die zur Verfügung stehenden Messgeräte für eine tatsächliche Beobachtung allerdings eine zu geringe Darstellung. Es gelang dann 2016 einem französischen Forscherteam, mathematisches Denken zu visualisieren. Marie Amalric und Stanislas Dehaene konnten jene Regionen im Hirn identifizieren, die bei mathematisch Professionalisierten besonders ausgeprägt sind und bei der Beschäftigung mit mathematischen Fragestellungen stark durchblutet werden (Amalric & Dehaene, 2016).

Die Diskussion um die Art der mathematischen Realität ist auch im Folgenden bedeutsam. Unabhängig von der Antwort auf die Frage, ob Mathematik gefunden oder gemacht wird, spielt die mathematiktreibende Person eine zentrale Rolle. Der Mensch wird zum Vermittler zwischen Welt und Mathematik, indem er das Entstehen von Mathematik in der Welt erkenntnistheoretisch, philosophisch, kognitionspsychologisch oder neurobiologisch durch Rekonstruktion oder Erschaffung deutet. Beim Prozess des Mathematiktreibens wird der Mensch von seinen persönlichen Einstellungen, Sichtweisen und Haltungen zur Sache Mathematik geleitet, und diese werden wiederum im Prozess ausgeprägt und verändert. Jene Aspekte, die Persönlichkeitsmerkmale betreffen und mit Mathematik zu tun haben, werden im Folgenden als *Persönlichkeitsideen,* als Fundamentale Ideen der Mathematik identifiziert.

Im zweiten Fall wird die Welt (gemeint ist die soziale und natürliche Welt) als Vermittler zwischen Mensch und Mathematik angesehen. Im Unterschied zum dritten Fall beschreibt der zweite Fall den konkreten Umgang des Menschen mit Mathematik, der ja nicht losgelöst von der den Menschen umgebenden Welt stattfindet. Das Erfahrungsfeld des Menschen hat Einfluss auf die Art und Weise, wie dieser sich mit Mathematik beschäftigt.

Der lerntheoretische Ansatz der Persönlichkeitsforschung geht von einer wechselseitigen Beeinflussung von Lernen und Persönlichkeitsentwicklung aus. Zum einen bildet sich die Persönlichkeit eines Menschen unter wesentlicher Beteiligung von Lernprozessen aus.[5] Zum anderen bringt der Mensch individuelle Persönlichkeitsmerkmale als Präpositionen zum Lernen mit, die wiederum das Lernen bedingen. Fasst man die Beschäftigung mit Mathematik – sei es in der Schule, im Alltag oder als berufliche Professionalisierung – als Lernprozess auf, so kann obige wechselseitige Beziehung, wie in Abb. 1.3 dargestellt, beschrieben

---

[5] Forschungen zu solchen Auswirkungen finden sich in der Mathematikdidaktik in einigen Facetten. So bringt eine Suche in den „Beiträgen zum Mathematikunterricht" der letzten zehn Jahre Arbeiten hervor, die sich allgemein mit dem Zusammenhang von Persönlichkeitsmerkmalen und der Art, wie mathematische Probleme gelöst werden, beschäftigen (Pundsack, 2011; Fritzlar, 2013; Berromeo Ferri, 2014). Arbeiten zu einzelnen Persönlichkeitsmerkmalen wie Kreativität (Rosebrock, 2011; Gleich, 2020), Intuition (Käpnick, 2012) beziehen sich meist auf Begabtenförderung im Mathematikunterricht oder auf den Einsatz Neuer Medien (Kortenkamp, 2015). Zu „Interesse" ergab die Suche Treffer, die sich mit unterschiedlichen Maßnahmen zur Förderung von Interesse beschäftigen (Bikner-Ahsbahs, 2014) und dazu meist auf Modellierungssituationen abstellen (Schulze Elfringhoff & Schukajlow, 2020). Die Idee „Beharrlichkeit" wird meist unter anderen Bezeichnern, beispielsweise Ausdauer, indirekt mitdiskutiert (Guljamow & Vollstedt, 2015). Auch in Bezug auf die Ausprägung negativer Persönlichkeitsmerkmale wie Coping und Stressempfinden (Berens, 2019) sowie Meidungsverhalten in Bezug auf Mathematikunterricht (Kollosche, 2018) liegen Untersuchungen vor.

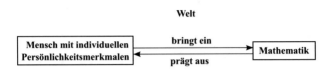

Abb. 1.3 Wechselwirkung zwischen Persönlichkeitsmerkmalen des Menschen und Mathematik

werden: Zur Beschäftigung mit Mathematik nutzt der Mensch jene Dispositionen, die ihm geeignet scheinen, und bringt sie bestmöglich ein, um beispielsweise ein Problem zu lösen; zugleich wirkt die Beschäftigung mit Mathematik wieder auf den Menschen zurück, indem die eingebrachten Dispositionen ausgeprägt und weiterentwickelt werden.

Dieses Wechselspiel von Persönlichkeit und Sache (hier Mathematik) vor dem Hintergrund der Welt findet sich auch in der Pädagogik immer wieder. John Dewey, der die philosophische Richtung des Pragmatismus nach Charles Sanders Peirce auf die Pädagogik überträgt, stellt es in den Mittelpunkt seiner Erkenntnistheorie. Dewey sieht Erkenntniserwerb in einem mehrstufigen und immer wieder durchlaufbaren Forschungsprozess an, an dessen Beginn eine fragwürdige Situation steht. Sich mit den vorliegenden Daten der Situation auseinandersetzend, entwickelt der Mensch auf Basis der ihm zur Verfügung stehenden Mittel Hypothesen/Lösungsansätze (englisch „ideas")[6], deren Richtigkeit/Anwendbarkeit an ihrer Verträglichkeit mit seiner kognitiven Gesamtstruktur sowie an der Feststellung ihres Wahrheitswerts bei ihrer praktischen Erprobung gemessen werden. In diesen Vorgang der „progressive inquiry" bringt der Mensch stets auch individuelle Sichtweisen und Einstellungen ein. Zudem spielt sich sein Denken und Handeln im gesellschaftlichen Rahmen ab:

> Neither inquiry nor the most abstractly formal set of symbols can escape from the encultural matrix in which they live, move and have their being (Dewey (LW 12), 1986, S. 28).

Wissenschaftliche Erkenntnis ist damit nie frei von individuellen oder kollektiv geteilten Werturteilen. Andersherum bedingt der gesellschaftliche Rahmen wiederum den Erkenntnisprozess. Da sich Erkenntnis im Diskurs entwickelt, muss sie sich vor einem „Common Sense" der Gesellschaft oder einer spezialisierten Teilgruppe aus dieser behaupten. Nach Jean-François Lyotard hat jede Wissenschaft, also auch Mathematik, zwingend eine Erinnerung und einen Entwurf.[7]

---

[6]Zum pragmatischen Begriffsverständnis von „idea" in Abgrenzung zum deutschen Idealismus vgl. von der Bank (2016).

[7]Lyotard argumentiert in seinem „Bericht" über „Das postmoderne Wissen", dass mit dem Übergang ins „postmoderne Zeitalter" auch das Wissen seinen „Status wechselt" (Lyotard 2009, S. 29). Ohne in der vorliegenden Arbeit auf das weite Diskussionsfeld des Begriffs „Postmoderne" eingehen zu können, sei dies bemerkt: Lyotard sieht das Wissen nun als Ware für den „Verkauf

In eben jene Erinnerung müssen sich neue Erkenntnisse argumentativ einordnen lassen, um zum Teil des Entwurfs zu werden. Das Bild eines Wissenschaftsbereichs (hier Mathematik) kann dabei ständigem Wandel unterliegen. Gerade in der Mathematik haben historische Veränderungen und gesellschaftliche sowie bildungspolitische Einflüsse auf Mathematik(-unterricht) zu einem stark veränderten Verständnis von Gebieten, Erkenntnis- und Begründungskulturen, von Systemen und der zu verwendenden Sprache geführt. Beispielsweise unterliegt es einem stets wandelbaren wissenschaftlichen Zeitgeist, bestimmte Inhalte zu Gebieten zusammenzufassen, und einem bildungspolitischen Zeitgeist, aus den Gebieten der Mathematik jene für den Mathematikunterricht auszuwählen. Auch der geforderte Grad von Strenge bei Begriffsdefinitionen oder Beweisen kann sich ändern. Beispiele für solche Entwicklungen sind die Anwendung des Formalismus, insbesondere der moderne axiomatische Aufbau der Geometrie nach David Hilbert, die Definition des Grenzwertbegriffs, der je nachdem, ob Anschaulichkeit oder formale Strenge angestrebt werden, seit der Grundlegung der Epsilontik in der Analysis sehr unterschiedlich formuliert werden kann, sowie die Zusammenfassung von unterschiedlichen Inhalten zum Gebiet der Algebra, die sich im ausgehenden 19. und beginnenden 20. Jahrhundert von einer Wissenschaft des Gleichungslösens hin zur Untersuchung von Strukturen entwickelte.

Dieser Fall des Spannungsverhältnisses macht erneut deutlich, dass (mathematische) „Theorien Sichtweisen von Menschen sind", wie auch schon Roland Fischer und Günther Malle treffend festhalten (Fischer & Malle, 2004, S. 142). Sie haben eine Entwicklung durchlaufen und dienen bestimmten Zwecken, die inner- oder außermathematischer Natur sein können. Zudem sind in ihnen (und in den Begriffen, die eine Theorie verwenden) gewisse sozial-kommunikative Interessen codiert, die zu ihrer Entstehung beigetragen haben. Ihr Ausblenden beim Umgang mit Mathematik führt zu Kommunikationsproblemen zwischen Experten und Laien und kann dadurch Lernprozesse hemmen (Fischer & Malle, 2004, S. 146).[8]

Der dritte Fall des obigen Spannungsverhältnisses, in dem Mathematik zwischen Mensch und Welt vermittelt, bettet die Auseinandersetzung mit mathematischen Inhalten in Bildungsdebatten ein (siehe Abb. 1.4). Mathematik kann als Medium einer palintropischen Beziehung zwischen Mensch und Welt verstanden werden. Diese Deutung von Mathematik wurde von Schupp aus philosophischen und pädagogischen Arbeiten in die mathematikdidaktische Diskussion eingebracht (Schupp, 1978, 2004).

[…] für eine Verwertung in einer neuen Produktion" (Lyotard, 2009, S. 31). Er rückt in seiner Arbeit daher die Sprache zur Weitergabe von Wissen in den Vordergrund und unterscheidet zwei Arten von Wissen, die sich unterschiedlicher sprachlicher Spielzüge bedienen. Zum einen das „narrative Wissen", das sich „beglaubigt […] durch […] Übermittlung, ohne auf Argumentationen und Beweisführungen zurückzugreifen" (Lyotard, 2009, S. 78). Zum anderen die Wissenschaft, deren Aussagen sich in schon vorhandene Aussagen einordnen müssen. Als Sender einer Aussage gilt man dabei als „wissenschaftlich, wenn man verifizierbare oder falsifizierbare Aussagen über einen den Experten zugänglichen Referenten auszusprechen imstande ist" (Lyotard, 2009, S. 74 f.). Dieser Prozess des Einordnens verlangt reflektierendes Handeln und die Fähigkeit, den mit anderen geteilten Grundkanon einer Wissenschaft zu hinterfragen (Lambert, 2003).

[8] Auf diese Problematik wird in Abschn. 1.9 in Bezug auf Mathophobie erneut eingegangen.

Abb. 1.4 Palintropische
Beziehung zwischen Mensch
und Welt. (Nach Schupp,
2004)

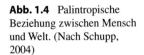

Ausgangspunkt und Betreiber dieser wechselseitigen Beziehung ist erneut der
bildungsbedürftige und selbsttätige Mensch. Dieser steht mit der Welt

> in einem in sich zurücklaufenden, fortwährenden Einwirkverhältnis, wobei die diallel
> gefügten, einander ablösenden und ergänzenden Akte der Vertiefung (als Einlassen des
> Menschen in die Welt außerhalb) und Besinnung (als Rücknahme aus dieser Welt und
> distanzierender Reflexion) einen Prozess konstituieren, in dessen Verlauf Mensch und
> auch Welt zu sich selbst kommen (Schupp, 2004, S. 9).

Für seine pädagogische Beschreibung von Lernprozessen finden sich die von
Schupp genannten Diallelen „Vertiefung" und „Besinnung" schon 1806 bei
Johann Friedrich Herbart in seiner „Allgemeinen Pädagogik aus dem Zwecke
der Erziehung abgeleitet" (Herbart, 1965).[9] Dort wechseln sich Vertiefung und
Besinnung ebenfalls ab und sind weiterhin unterteilt in verschiedene Zustände,
sodass Erkenntniserwerb in vier Phasen verläuft: Klarheit als ruhende Vertiefung,
Assoziation als Aufnahme eines neuen Lerngegenstandes, System als ruhende
Besinnung und Methode als fortschreitende Vertiefung. Die Herbart-Schüler
Tuiskon Ziller und Wilhelm Rein unterteilten die ruhende Vertiefung in zwei
Phasen und gaben den Phasen jeweils deutsche Bezeichnungen. Für den Unterricht
ergibt sich somit dieser mögliche Ablauf:

- Vorbereitung: Das Vorwissen der Lernenden wird aktiviert durch Zielangabe,
  Einstimmung des Gedankenkreises durch die Lehrenden.
- Darbietung: Der neue Stoff wird durch Vortrag, Erzählung, Vorlesen, fragend-
  entwickelndes Gespräch den Lernenden zugänglich gemacht.
- Verknüpfung: Die neuen Vorstellungen werden mit den schon vorhandenen ver-
  knüpft.
- Zusammenführen: Die allgemein gewonnene Erkenntnis wird in eine Regel, ein
  Gesetz, einen Grundgedanken gefasst.
- Anwendung: Das Wissen wird nun in Können überführt, auf Einzelfälle
  angewendet und im Gebrauch des Neuen geübt.

Zwar werden dadurch wesentliche Elemente der Erkenntnisgewinnung
beschrieben, die so auch heute noch einen Orientierungsrahmen für Unterricht
bieten, dennoch vollzieht sich Lernen nicht als striktes Durchlaufen dieses Phasen-
modells.

---

[9]Auch bei Fischer finden sich einer Argumentation des Philosophen Peter Heintel folgend das
Wechselspiel von „sich einlassen" und „bei sich bleiben" (Fischer, 1984, S. 57 f.).

Schupp verweist nicht explizit auf Herbart. Dessen Rezeption und dogmatische Weiterentwicklung seines Ansatzes zum Herbartianismus lässt das Wechselspiel zwischen Vertiefung und Besinnung zu starren Unterrichtssequenzen gerinnen. Mit der Beschreibung dieses Wechselspiels als palintropisch macht Schupp es hingegen wieder dynamisch. Er verdeutlicht, dass es sich dabei um einen subjektiven Prozess handelt, der vielfach und vielfältig, mal intensiv oder mal weniger intensiv sein kann. Sieht man die Akte von Vertiefung und Besinnung als Mensch und Welt verbindende Gummibänder, so können diese mal mehr, mal weniger gespannt sein. Entscheidend ist, dass der Mensch sich als aktiv handelnde Person immer wieder auf beide Diallelen einlässt. Denn erst

> Be-sinnung schafft Sinn, Besonnenheit und Gesinnung (Herder). Sie setzt Vertiefung als Hinwendung zur Welt in möglichst vielen ihrer Erscheinungs- und Darstellungsformen voraus, weil sonst die Gefahr der Oberflächlichkeit, ja des Spintisierens besteht. […] Andererseits käme es ohne Phasen der Besinnung zur bloßen Benommenheit, ja Verlorenheit (Schupp, 2004, S. 9).

Auf die negativen Auswirkungen, die ein Ausblenden dieser beiden Phasen (Vertiefen und Besinnen) für das Lernen bedeutet, hat auch Fischer hingewiesen und die mögliche Abwehrhaltung der Lernenden auf die Mathematik mit „Mathophobie" bezeichnet (Fischer, 1984, S. 55).

Mathematik kann zwischen den Polen Mensch und Welt vermitteln, bietet sie doch im Unterricht für beide Phasen fruchtbare Anlässe. Nach Schupp gilt es dabei, der meist vernachlässigten Phase der Besinnung mehr Raum zu geben:

> Im Gegensatz zu solcher landläufigen Praxis bietet der Mathematikunterricht viele und vielfältige Gelegenheiten zum Nach-Denken, in bezug auf erhaltene Lösungen, angewandte Methoden und Medien (insbesondere auch den Computer), begangene Fehler, Relevanz von Aufgaben und nicht zuletzt auch den stattgefundenen Unterricht schlechthin […] (Schupp, 2004, S. 10).

Dabei rückt Schupp erneut die im Unterricht agierenden Personen in den Vordergrund. Zum einen kommt es beim Ergreifen dieser Gelegenheiten auf Engagement, Kompetenz und „ein Gespür für günstige Gelegenheiten" (Schupp, 2004, S. 10) der Lehrpersonen an, aber auch auf die Einbindung sowie aktive Beteiligung der Lernenden am Unterrichtsgeschehen und der Reflexion darüber.

Fall 3 des obigen Spannungsverhältnisses, in dem Mathematik als Vermittler in der palintropischen Beziehung zwischen Mensch und Welt auftritt, macht demnach einen Unterricht nötig, der inhaltliche und methodische Gelegenheiten zur Vertiefung und Besinnung vor dem Medium Mathematik bietet und dabei die im Unterricht agierenden Personen ernst nimmt.

1.5 Der Achtsame Unterricht

„Mathe weckt Emotionen – oft Angst vor Versagen oder gar Hass und auch
Ablehnung. Zu selten werden Neugier, Freude und Faszination hervorgerufen",
konstatieren Katharina Wilhelm und Bernhard Andelfinger mit Blick auf
den Matheunterricht (Wilhelm & Andelfinger, 2021, S. 2). Diesen negativen
Emotionen gilt es entgegenzuwirken, sie zu lindern und im Bestfall in positive
zu transformieren. Einen geeigneten Rahmen für solch ein Unterfangen bietet
der Achtsame Unterricht, der von Wilhelm auf Basis des Konzepts eines „sanften
Mathematikunterrichts" nach Andelfinger entwickelt wurde (Wilhelm, 2022):

> **Achtsam** steht dabei für einen die Person *und* die Sache in besonderem Maße wert-
> schätzenden Unterricht. Er verfolgt das Ziel, die Bereitschaft der Lernenden zu ent-
> wickeln, sich der Mathematik auch über die Grenzen der Schule zu bedienen – so auch
> bei Fragen, Aspekten oder Entscheidungen, die den Bereich der Nachhaltigkeit betreffen
> (Wilhelm, 2022, S. 3).

Wilhelm stellt mit ihrem Konzept eine Theoriesprache zur Beschreibung einer
Unterrichtskultur zur Verfügung, die sich durch ein Zusammenspiel von vier
Facetten auszeichnet – in Anlehnung an Ralf Dahrendorfs „öffentliche Wissenschaft": Unterricht muss demnach Lerngelegenheiten bieten (also „lehrreich"
sein), den Lernenden ermöglichen, den „diskursiven" Charakter von Mathematik
zu erfahren, und sowohl von „nützlichen" als auch von „unterhaltsamen" Aspekten
geprägt sein (Wilhelm, 2022, S. 3).

Ausgehend von den im Achtsamen Unterricht agierenden Personen lassen sich
zwei Prozessschleifen unterscheiden (siehe Abb. 1.5).

Jeder Person wird von der sozialen Wirklichkeit eine Rolle zugewiesen. Um
Wirklichkeit aktiv mitgestalten zu können – beispielsweise über das Entwickeln
von Alternativen und somit der Übernahme von Verantwortung –, bedarf es im
Unterricht eines sich gegenseitigen Aufklärens durch Mathe[10]. So kann sich eine
Wertschätzung gegenüber der Sache einstellen. Dies kann schon im Kleinen
erfahren werden, wenn Lernende sich direkt am Unterricht beteiligen können
und dieser ihnen wiederum Momente ermöglicht, die Selbstwirksamkeit erfahr-
bar machen. Ein solches Ernstnehmen in Mathe ist Basis für Wertschätzung der
Person der Schüler[11]. Diese positiven Erfahrungen im Unterricht bedingen die
Bereitschaft der Lernenden, Mathe wieder aus dem Unterricht in die Wirklichkeit
zu tragen und dort anzuwenden. Dieses Wechselspiel von Unterricht – Person –
Wirklichkeit wird gerahmt von der Gesellschaft, die einen Mathematikunterricht

---

[10] Genau wie in Wilhelm und Andelfinger (2021) wird auch hier die Unterscheidung von „Mathe"
(Fach Mathematik in der Schule) und „Mathematik" (Fachmathematik an der Hochschule) vorgenommen, um erneut (vgl. Andelfinger, 2014; Lambert, 2020) zu betonen, dass sich diese
beiden grundlegend (wissens-)soziologisch, epistemologisch und semiotisch unterscheiden.
Der institutionalisierte Mathematikunterricht wird jedoch weiter bei seinem offiziellen Namen
genannt, auch wenn dort Mathe unterrichtet wird.

[11] Welche Implikationen der Achtsame Unterricht für eine Wertschätzung der Person der
Lehrenden bietet, wird später andiskutiert.

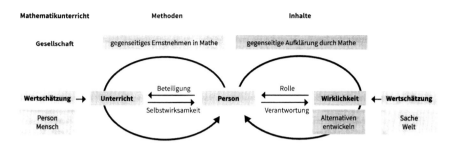

Abb. 1.5 Die Prozesse des Achtsamen Unterrichts nach Wilhelm (Wilhelm & Andelfinger, 2021, S. 3)

zur Verfügung stellt, „welcher durch ein passendes Zusammenspiel von Inhalten und Methoden einen Beitrag zu dieser Herausforderung leistet" (Wilhelm & Andelfinger, 2021, S. 3).

Der Achtsame Unterricht von Wilhelm bietet eine wertvolle Ergänzung des in der mathematikdidaktischen Forschung tradierten Spannungsverhältnisses *Mensch – Welt – Mathematik,* indem er eine neue Dimension auftut.

1.6 Eine neue Dimension – das didaktische Tetraedermodell

Schon bei Schupp finden sich viele Hinweise, dass das von ihm vorgeschlagene didaktische Dreieck *Mensch – Welt – Mathematik* vor dem Hintergrund von Mathematikunterricht zu sehen ist. Die explizite Berücksichtigung des Achtsamen Unterrichts als erweiternde Komponente dieses didaktischen Dreiecks kann als Tetraedermodell visualisiert werden (siehe Abb. 1.6).

In dieser Sicht auf das Tetraedermodell tritt der Achtsame Unterricht aus dem Hintergrund als Träger (als „äußerer" Vermittler) für das nach vorne gewandte didaktische Dreieck *Person – Welt – Mathe* auf. Er schafft durch seine charakteristischen Prozesse des gegenseitigen Ernstnehmens von Person und Sache sowie dem gegenseitigen Aufklären über Mathe und der damit einhergehenden Möglichkeit zur Teilhabe der Person in der Welt einen fruchtbaren Rahmen für die sich ergebenden Spannungsverhältnisse im didaktischen Dreieck.

Genau wie das didaktische Dreieck ermöglicht dieses didaktische Tetraedermodell, den Blick auf unterschiedliche didaktisch relevante Facetten zu legen. Stellt man sich das Tetraeder nun im Raum gedreht vor, wird jeweils eine andere Ecke zum Träger, der Implikationen für eine jeweils nach vorne gedrehte Seite hat (ein didaktisches Dreieck). Dadurch werden jeweils unterschiedliche Fragestellungen sichtbar, die alle für den Mathematikunterricht relevant sind und dabei unterschiedliche Schwerpunkte setzen. Folgende Fälle sind denkbar:

Abb. 1.6 Achtsamer
Unterricht (AU) als Träger.

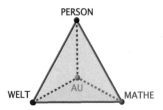

- **Kanten** des Tetraeders als didaktische Spannungsverhältnisse:
  - Person – Welt
  - Person – Mathe
  - Person – Achtsamer Unterricht
  - Mathe – Welt
  - Mathe – Achtsamer Unterricht
  - Welt – Achtsamer Unterricht
- **Seiten** des Tetraeders als didaktische Dreiecke
  - Person – Welt – Mathe
  - Person – Welt – Achtsamer Unterricht
  - Person – Mathe – Achtsamer Unterricht
  - Welt – Mathe – Achtsamer Unterricht
- **Ecken** des Tetraeders als Träger ihrer gegenüberliegenden Seite („äußere" Vermittlung)
  - Achtsamer Unterricht als Träger des didaktischen Dreiecks *Person – Welt – Mathe*
  - Mathe als Träger des didaktischen Dreiecks *Person – Welt – Achtsamer Unterricht*
  - Welt als Träger des didaktischen Dreiecks *Person – Mathe – Achtsamer Unterricht*
  - Person als Träger des didaktischen Dreiecks *Welt – Mathe – Achtsamer Unterricht*

1.6.1 Exemplarische Blickrichtungen auf das Tetraedermodell

Nimmt man die Ecke „Mathe" in die äußere Vermittlung (siehe Abb. 1.7) und fragt nach deren Implikationen auf das so zum Vorschein kommende didaktische Dreieck *Person – Welt – Achtsamer Unterricht,* so stellt sich die Frage, welche für Mathe typischen Inhalte, Methoden und Strategien geeignet sind, die agierenden Personen und die Welt im Achtsamen Unterricht in Beziehung zu setzen.

Einen Beitrag zur Beantwortung dieser Frage liefert Wilhelm mit der Einbeziehung von Fermi-Aufgaben, die sich mit Nachhaltigkeit beschäftigen und somit in die größere Diskussion um die zukunftsorientierte Bildung für nachhaltige Entwicklung (BNE) einzuordnen sind. Damit Mathe zu einem Denkwerkzeug wird, das

Abb. 1.7 Mathe als Träger.

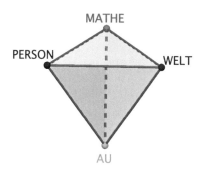

hilft, Entscheidungen außerhalb des Klassenzimmers in der Welt zu treffen (Führer, 1997), müssen Lernende die Nützlichkeit von Mathe „im Kleinen" erfahren:

> Der Fokus der BNE-Fermi-Aufgaben liegt auf der bewussten Wahl und Beachtung des Nachhaltigkeitskontextes. Zum einen können sie so zum Ziel beitragen, die Sache ernst zu nehmen, und damit als Quelle nachhaltiger Bildung fungieren. Daneben können sie einen reflektierten Umgang mit (Un-)Genauigkeit fördern und diesen Aspekt mathematischen Tuns – neben der Präzisionsmathematik – in den Unterricht integrieren (Wilhelm, 2022, S. 510).

In Abb. 1.8 tritt die Ecke Welt (gemeint ist wieder die soziale und natürliche Welt) in die äußere Vermittlung im didaktischen Dreieck *Mathe – Person – Achtsamer Unterricht*. Diese Seite des Tetraedermodells zeigt uns beispielsweise Fragen nach dem Lernen sinntragender Grundvorstellungen auf – aber auch Fragen nach geeigneten Darstellungen mathematischer Objekte, die sich in ihrer Modalität (enaktiv, ikonisch, symbolisch) sowie ihrer Kodalität also innerhalb ihrer Symbolsysteme konstruktiv-geometrisch, verbal-begrifflich und formal-algebraisch unterscheiden (Lambert, 2020). Für die Lernenden im Unterricht spielen dabei auch individuell verschiedene Aneignungsprozesse eine Rolle, für die Jonas Lotz mit seiner *EIS-Palette* eine Theoriesprache zur Verfügung stellt und diese an zehn unterrichtsrelevanten Beispielen erläutert (Lotz, 2022). Sieht man die Welt als soziale Welt an, so vermittelt diese als Träger im didaktischen Dreieck *Mathe – Person – Achtsamer Unterricht* auch durch die vorherrschende gesellschaftliche

Abb. 1.8 Welt als Träger.

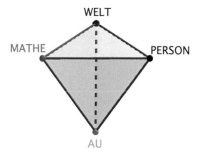

Abb. 1.9 Person als Träger.

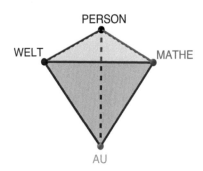

und wissenssoziologische Sicht darauf, was eigentlich als Mathematik anerkannt wird.

Damit macht das didaktische Tetraedermodell an dieser Stelle die schon oben angesprochene Diskussion um Mathe und Mathematik sichtbar. Ebenfalls wird der Bezug zum Spannungsverhältnis in Fall 2 (siehe Abb. 1.2) deutlich.

Eine weitere Drehung des Tetraedermodells lenkt den Blick auf den Fall, dass die Ecke Person als Träger des nun vorderen didaktischen Dreiecks *Welt – Mathe – Achtsamer Unterricht* wirkt (siehe Abb. 1.9). Somit wird die Frage aufgeworfen, welche Einstellungen, Haltungen und Sichtweisen die Lernenden einbringen und damit Welt, Mathe und Achtsamen Unterricht in Beziehung setzen.

1.6.2   Reflexion – Was leistet das Tetraedermodell?

Die Visualisierung der verschiedenen Aspekte *Person* (bei Schupp „Mensch"), *Welt, Mathe* sowie *Achtsamer Unterricht* als Ecken eines Tetraeders und deren damit verbundene räumliche/bewegliche Vorstellung macht die für die hier vorgenommene didaktische Theoriebildung relevanten Fragen greifbarer. Zum einen, weil das Tetraeder mögliche Beziehungen und wechselseitige Einflüsse seiner Ecken ganzheitlicher in den Blick nehmen lässt: das direkte Zusammenspiel zweier Ecken als Spannungsverhältnis, die direkte Vermittlung einer weiteren Ecke auf ein solches Spannungsverhältnis und auch, welche Implikationen eine Ecke als Träger („äußerer" Vermittler) eines didaktischen Dreiecks hat. In einer weiteren Forschungsarbeit wäre daher zu untersuchen, welche Fragestellungen das Tetraedermodell noch aufwirft und welche davon neue(re) Forschungsfragen sind oder sich schon in der didaktischen Forschungstradition wiederfinden lassen.

Andersherum erlaubt das Tetraedermodell aber auch, den Blick auf einen bestimmten Bereich (Ecke, Kante, Seite) zu fokussieren. Dies lässt dann eine „isolierte" Betrachtung der dort vorliegenden Einflüsse und ein lokales Ordnen innerhalb eines Theoriebereichs zu. So kann sichergestellt werden, dass die durch das Tetraedermodell zugänglichen Forschungsfragen direkt im schon bestehenden didaktischen Diskurs eingebettet werden können.

Ein solches Vorgehen ist in der mathematikdidaktischen Forschung nicht neu. Schon in Abschn. 1.4 wurde angemerkt, dass es neben dem von Schupp verwendeten didaktischen Dreieck *Mensch – Mathematik – Welt* noch weitere gibt, die andere Aspekte als Ecken betonen. Die dort vorgestellten weiteren didaktischen Dreiecke wurden bewusst ausgewählt, da auch sie sich durch Hinzunahme eines weiteren unterrichtsrelevanten Aspekts sinnvoll zu einem Tetraeder erweitern lassen. Tall fügt dem didaktischen Dreieck *Lehrende – Lernende – Unterrichtsstoff* die Ecke *Computer* hinzu und erhält so sein Tetraeder, mit dem er die Einflüsse des Computers auf die anderen Ecken visualisiert (Tall, 1986, S. 6). Zur Beschreibung der Beziehungen von *Lehrenden, Lernstoff* und *Lernenden* nutzen auch Prediger, Leuders und Rösken-Winter ein didaktisches Dreieck mit eben jenen Ecken, das um die Ecke *Medien* zu einem räumlichen Tetraeder ausgebaut wird (Prediger et al., 2017). In diesem Modell haben nun auch die Seiten inhaltliche Bedeutungen, ähnlich wie beim hier vorgestellten didaktischen Tetraeder. Beispielsweise zeigt die Seite mit den Ecken *Medien – Lerngegenstand – Lehrende* diese für Unterrichtsplanung und -gestaltung relevanten Fragen: „Was macht den fachlichen Lerngegenstand im Kern aus? Wie lässt er sich in Sinnzusammenhänge strukturieren und wie kann er mit Materialien und Medien aufbereitet werden?" (Prediger et al., 2017, S. 4). Des Weiteren wird das entstandene Tetraeder für die Ebenen *Unterricht, Fortbildungen* und *Multiplikatorenausbildungen* skaliert, wodurch ein „Drei-Tetraeder-Modell" zur Beschreibung von Prozessen in Fortbildungen entsteht (Prediger et al., 2017, S. 7). Ausgehend vom didaktischen Dreieck *Lernende – Mathematik – Medium*[12] fügen Rezat und Sträßer die Ecke *Lehrende* hinzu und gelangen somit ebenfalls zu einem Tetraeder, das die gleichen Ecken wie jenes von Pediger, Leuders und Rösken-Winter aufweist (Rezat & Sträßer, 2012, S. 645). Dabei zielen Rezat und Sträßer nun in eine andere Richtung und betten ihr Tetraeder soziokulturell ein:

> As a consequence of being a model, it is obvious that it may be worthwhile to think of something surrounding this tetrahedron, e. g., all those persons and institutions interested in the teaching and learning of mathematics […] For a full account of institutional and societal influences on teaching and learning mathematics with the help of instruments, it may be appropriate to have even more spheres surrounding this tetrahedron (Rezat & Sträßer, 2012, S. 646).

Unter Einbezug der sozialen Welt erhalten sie ein übergeordnetes, großes „sociodidactical tetrahedron", das sich für bestimmte Fragestellungen wieder in Tetraeder untergliedert. Dadurch wird deutlich, dass beispielsweise für Lernende, Lehrende und Mathematik unterschiedliche Konventionen gelten und unterschiedliche Erwartungen gestellt werden (Rezat & Sträßer, 2012, S. 648).

---

[12] Rezat und Sträßer sprechen von engl. „artifact" und fassen darunter: „Mediating artifacts might be mathematics textbooks, digital technologies, as well as tasks and problems, language" (Rezat & Sträßer, 2012, S. 644).

Während das von Rezat und Sträßer konzipierte Tetraeder unterrichtliches Geschehen in die soziale Welt einbettet, nimmt das in der vorliegenden Arbeit vorgestellte didaktische Tetraedermodell gezielter die Person der Lernenden in den Blick. Damit werden Fragestellungen nach deren Persönlichkeitsentwicklung in den Vordergrund gerückt. Zudem ist durch seinen Aufbau auf dem didaktischen Dreieck von Schupp und den Prozessen des Achtsamen Unterrichts in ihm aufgehoben, dass es im Unterricht um eine allgemeinbildende Auseinandersetzung der dort agierenden Personen mit Unterrichtsinhalten geht.

Das hier entwickelte Tetraedermodell mit den Ecken *Person, Welt, Mathe* und *Achtsamer Unterricht* eröffnet ein weites Forschungsfeld, indem es eine Vielzahl von für den Mathematikunterricht relevanten wechselseitigen Beziehungen und damit einhergehenden didaktischen Fragen aufwirft. Es zeigt dabei auf, dass diese Fragestellungen stets vor dem Hintergrund einer Diskussion um eine allgemeine Bildung beantwortet werden müssen. Es macht aber auch deutlich, dass es viele Perspektiven auf das Zusammenspiel der einzelnen Komponenten mit der Ecke Person gibt und dass auch einige Bezugspunkte in bereits formulierten didaktischen Theorien bestehen. Eine solche didaktische Theoriebildung, die die Person der Lernenden explizit berücksichtigt, ist jene der Fundamentalen Ideen.

1.7   Fundamentale Ideen der Mathematik

Theorien Fundamentaler Ideen wurden schon vielfach und teilweise sehr kontrovers innerhalb der Mathematikdidaktik diskutiert. Einen Überblick über die Forschungstradition liefert von der Bank (2016).[13] Klassischerweise werden in den unterschiedlichen Forschungsansätzen Inhalte und Tätigkeiten diskutiert, die häufig und in verschiedenen Gebieten der Mathematik vorkommen und dort auch über einen längeren zeitlichen Rahmen nützlich sind. Im Mathematikunterricht sollen sie Stofffülle und -isolation vorbeugen, da sich die Lerngegenstände des Unterrichts spiralcurricular entlang der Fundamentalen Ideen anordnen lassen (vgl. dazu Schreiber, 1983; Bender & Schreiber, 1985; sowie Schweiger, 1992, 2010). Von der Bank (2016) argumentiert, dass es neben Inhalten und Tätigkeiten noch weitere Aspekte gibt, die für Mathematik und Mathematiktreiben ganz wesentlich sind, nämlich jene, die sich auf Einstellungen, Haltungen und Sichtweisen des Mathematiktreibenden beziehen:

> Fundamentale Ideen sind für die Mathematik und das Mathematiktreiben zentrale Aspekte wie **Inhalte, Handlungen** und **Einstellungen.** Erst ihr Zusammenspiel macht das Wesen der Mathematik aus. Im Mathematikunterricht dienen sie der **begründeten Stoffauswahl**

---

[13] Es sei hier auf die neueren Arbeiten von Marvin Titz (Titz 2021) zu den Fundamentalen Ideen der numerischen Mathematik sowie von Tobias Wiernicki-Krips (Wirnicki-Krips 2022) zu Invertieren als Fundamentaler Idee verwiesen. Beiden Arbeiten geht es allerdings nicht um eine Theoriebildung Fundamentaler Ideen, sondern um die Anwendung dieses Konzepts zur Legitimierung eines Stoffgebiets bzw. einer einzelnen Idee.

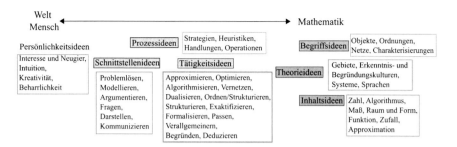

Abb. 1.10 Die Ideenkategorien eingeordnet in das Spannungsverhältnis Welt/Mensch – Mathematik

und der **Vernetzung** von unterrichtsrelevanten Aspekten von Mathematik wie Inhalten, Repräsentationen, Aktivitäten, Genese und Aspekten, welche die Person des Schülers betreffen (von der Bank, 2016, S. 6, Markierungen im Original).

Damit rücken die Mathematiktreibenden als aktiv handelnde Personen in den Fokus, und ihre persönlichen Einstellungen zum Mathematiktreiben finden Berücksichtigung in dieser Theorie Fundamentaler Ideen. Diese Öffnung des Begriffs der Fundamentalen Ideen spiegelt sich auch im dort vorgeschlagenen Ideenkatalog wider, dessen Ideenkategorien das Spannungsverhältnis *Welt – Mathematik* nun in seiner Breite beschreiben und gleichzeitig ermöglichen, auf der Seite der Welt nun den Menschen besonders zu berücksichtigen (siehe Abb. 1.10).[14]

Die Kategorien der Begriffsideen, Inhaltsideen und Theorieideen tragen dem Produktcharakter von Mathematik Rechnung. Mathematik als Prozess, der rein innermathematisch oder aber auch anwendungsorientiert sein kann, wird durch Tätigkeitsideen und Schnittstellenideen beschrieben. Die abstrakteren Prozessideen gliedern vor allem kognitive Aktivitäten. Die genannten Ideen entstammen der Forschungstradition und finden sich (mehr oder weniger hervorgehoben) auch in Katalogen anderer Autoren. Der Diskussion in dieser expliziten Form neu sind die Persönlichkeitsideen, die mit Interesse und Neugier, Intuition, Kreativität und Beharrlichkeit genau jene nichtkognitiven Aspekte von Mathematik fassen, die immer wieder von großen Mathematikern als wesentlich für den mathematischen Forschungsprozess herausgestellt werden.[15]

---

[14] Diese Sichtweise stellt einen Grenzfall des didaktischen Dreiecks von Schupp dar. Der Mensch, der als Vermittler zwischen Welt und Mathematik auftritt, verortet sich in der Welt, von der aus er Mathematik gestaltet.

[15] Zur wissenschaftlichen Fundierung wurden in von der Bank (2016) mathematische Arbeiten zur Art des mathematischen Forschungsprozesses wie die von Poincaré (Poincaré 1976), Hadamard (Hadamard 1996), Halmos (Halmos 1968), Hardy (Hardy 2005), Wiles (Wiles 2016) und Davis und Hersh (Davis&Hersh 1985) herangezogen und mit Arbeiten aus der Mathematikdidaktik zu den einzelnen Ideen in Beziehung gesetzt.

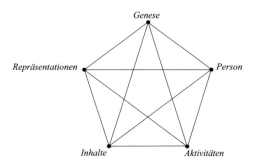

Abb. 1.11 Vernetzungspentagraph

Diese Erweiterung des Begriffsverständnisses Fundamentaler Ideen ermöglicht so auch ihre konkrete Nutzung im Mathematikunterricht. Durch eine unterrichtspragmatische Reduktion obiger Theorie entsteht der *Vernetzungspentagraph,* der in Abb. 1.11 dargestellt ist (von der Bank, 2016, S. 135–224).

Er ist ein Analysewerkzeug und kann Lehrenden bei der Sichtung von Unterrichtsmaterial als didaktische Brille dienen, die im Material berücksichtigte oder eben ausgelassene Fundamentale Ideen aufzeigt. Während die oben genannten Fundamentalen Ideen der Mathematik nun in den Knoten des Vernetzungspentagraphen aufgehoben sind, haben auch alle seine Kanten inhaltliche Bedeutung. Sie stellen zunächst potenzielle Vernetzungsmöglichkeiten zwischen den Knoten dar, und sie helfen, wieder bei der Analyse von Unterrichtsmaterial, dort mögliche Vernetzungen zu erkennen.

1.8 Vernetzungspentagraph im Einsatz: Fokus auf dem Knoten *Person*

Wie eine konkrete Nutzung des Vernetzungspentagraphen aussehen kann, soll hier exemplarisch demonstriert werden. Da der Vernetzungspentagraph als didaktische Brille für Lehrpersonen konzipiert ist, möchte ich im Sinne des „Cognitive Apprenticeship" von Allan Collins, John Seely Brown und Susan Newman (Collins et al., 1989) Sie, liebe Leserin, lieber Leser, an meiner Nutzung zur Unterrichtsvorbereitung teilhaben lassen.

Ich nehme hier nun exemplarisch den Knoten „Person" in den Fokus und schaue in das an meiner Schule eingeführte Schulbuch. Der Fokus auf einem Knoten hilft mir, ein klares Suchfeld zu haben, in dem Sinne, dass ich ganz gezielt Ausschau nach Buchstellen halte, die geeignet scheinen, Aspekte anzusprechen, die die Person der Lernenden betreffen. In den klassischen Gebieten der Schulgeometrie werde ich fündig: Bei den Beweisen zum Satz des Pythagoras finde ich einen „Exkurs" in Textform, der über die zahlreichen Beweisvariationen berichtet (Lergenmüller & Schmidt, 2017a, S. 181):[16]

> Es gibt neben dem Satz des Pythagoras keinen anderen Satz, zu dem so viele Beweise bekannt sind. Zu Beginn des 20. Jahrhunderts veröffentlichte Professor Elisha Scott Loomis ein Buch mit einer Sammlung von 367 Beweisen zum Lehrsatz des Pythagoras. Bis zum heutigen Tag *knobeln* viele *Hobbymathematiker* noch *sehr gerne* an solchen Beweisen, wobei sich die sogenannten Puzzle-Beweise besonderer *Beliebtheit erfreuen*. Unter dem Suchwort „Pythagoras" findest du im Internet hierzu eine reiche Auswahl mit vielen bewegten Bildern („Animationen") und Anregungen zum eigenen Ausprobieren.

Nun sind solche textlichen „Exkurse" in Schulbüchern keine Seltenheit. Da ich aber gezielt mit dem Vernetzungspentagraphen analysiere, fallen mir die im Zitat von mir markierten Formulierungen auf. Hier bietet das Schulbuch eine Gelegenheit, im Unterricht zu thematisieren, dass sich auch mathematisch Nichtprofessionalisierte mit Beweisen beschäftigen – einem Thema, das im Mathematikunterricht meist als besonders schwer und trocken gilt. Sie tun dies sogar mit Freude als Hobby! Der Lehrsatz scheint somit eine gewisse Faszination auszuüben. In der Theoriesprache des Vernetzungspentagraphen erkenne ich an dieser Stelle eine Vernetzung von Inhalten (Beweise zum Satz des Pythagoras) mit Aspekten, die die Person betreffen (Neugier, Interesse, Freude, Begeisterung). Eine schöne Gelegenheit, meinen Schülerinnen und Schülern auch diese Seite des Beweisens zu zeigen.

Eine weitere Möglichkeit bietet sich noch in der gleichen Lerneinheit wenige Seiten später. Hier wird Fermats letzter Satz zum Thema gemacht. Wieder in einem Exkurs, der sich diesmal mit einem knappen historischen Abriss beschäftigt, macht mich der Vernetzungspentagraph auf besondere Formulierungen aufmerksam:

> […] „Ich habe hierzu einen *wahrhaft wunderbaren* Beweis, doch ist der Rand hier zu schmal, um ihn zu fassen", notiert er [Fermat] dazu. Nach diesem Beweis suchten seitdem viele Generationen Mathematiker erfolglos. Auch zahllose Laien haben sich an diesem Problem versucht. 1908 wurde eine *großzügige Belohnung* für den Beweis des Satzes ausgesetzt: Der Industrielle Paul Wolfskehl, selbst studierter Mathematiker, stiftete zum Entsetzen seiner Familie 100.000 Goldmark („Wolfskehl-Preis"); allerdings sollte dieser Preis am 12.09.2007 verfallen. Gerade noch rechtzeitig und 325 Jahre nach Fermat hat Andrew Wiles 1995 den Satz nach *siebenjähriger Arbeit mit großem Aufwand* beweisen können. Das war in der mathematischen Welt eine *Sensation*. Heute wird angenommen, dass Fermat vielleicht den Spezialfall für $n = 3$ bewiesen hatte, von dem er glaubte, ihn verallgemeinern zu können. Die von Wiles benutzte Theorie war damals noch nicht weit genug entwickelt (Lergenmüller & Schmidt, 2017a, S. 186).

Auch hier zeigen die von mir hier markierten Stellen, dass das Schulbuch Gelegenheit bietet, mit den Lernenden zu thematisieren, dass mathematische Probleme über Jahrhunderte erforschenswert bleiben. Und dass sich mathematisch

---

[16] Die Markierungen in den folgenden Zitaten wurden von der Autorin vorgenommen.

Professionalisierte sowie Laien immer wieder mit ihnen beschäftigen und ihre Lösung sogar erheblichen (auch materiellen!) Wert haben kann. Durch die Vernetzung mit der historischen Genese der Mathematik können wieder Interesse und Neugier der Schülerinnen und Schüler angeregt werden. Darüber hinaus wird an der Arbeit von Andrew Wiles deutlich, dass sich seine Beharrlichkeit über sieben Jahre hinweg gelohnt hat. Nicht nur wir im Mathematikunterricht, sondern auch große Mathematiker und Mathematikerinnen müssen Durststrecken überwinden. Aber: Dranbleiben lohnt sich! Sein Durchbruch machte Wiles medial über die Mathematikwelt hinaus bekannt, und in zahlreichen Interviews berichtete er über seine Arbeit. Diese (z. B. Wiles, 2016) bieten eine weitere Möglichkeit, im Unterricht über nichtkognitive Aspekte des Mathematiktreibens zu sprechen, und machen damit Mathematik als Prozess, der von Personen vorangetrieben wird und vor allem nicht abgeschlossen ist (!), für die Lernenden greifbarer.

Die verwendete Sprache und direkte Anrede der Lernenden in Schulbüchern sind wichtige Werkzeuge, diese zu adressieren und so zu involvieren. Weitere Möglichkeiten bieten sich beispielsweise über Inhalte, die über den Mathematikunterricht hinausgehen und so unmittelbar aufzeigen, welche Bezüge es zu anderen Schulfächern geben kann. Bei der Analyse mit dem Vernetzungspentagraphen fällt mir dabei ein Projekt ins Auge, bei dem die Zentralperspektive in der Kunst untersucht wird. Anhand des Altarbilds „Madonna mit Kind und Heiligen" (Pala Montefeltro) von Piero della Francesca, einem Schüler von Fillipo Brunelleschi, der als ein Schöpfer der Renaissance gilt, sollen die Lernenden analysieren, wie das aufwendige Deckengewölbe im Bild konstruiert wurde. Das Schulbuch regt dazu den Gebrauch einer Dynamischen Geometrie Software (DGS) an und formuliert einige Forschungsaufträge zur selbstständigen Erarbeitung:

> Sucht im Internet oder in Architektur- oder Kunstbüchern nach Fotos und Gemälden, auf denen die Zentralperspektive gut zu erkennen ist. Sind diese Bilder im DGS eingebunden, könnt ihr überprüfen, ob die Künstler „alles richtig" gemacht haben.
>
> Schreibt selbst eine Anleitung: So findet man den Fluchtpunkt mithilfe einer zentrischen Streckung.
>
> Erzeugt mithilfe der zentrischen Streckung selbst Bilder mit räumlicher Tiefe in Zentralperspektive (Lergenmüller & Schmidt, 2017b, S. 21).

Hier bietet das Schulbuch eine Möglichkeit, Interesse und Neugier der Lernenden anzusprechen und deren Kreativität anzuregen, indem mathematische Inhalte mit dem Fachgebiet Kunst in Verbindung gebracht werden. Solche Bezüge können auch solche Schülerinnen und Schüler für die Behandlung mathematischer Inhalte motivieren, denen eher die musischen Fächer in der Schule Spaß und Freude bereiten. In der Theoriesprache des Vernetzungspentagraphen werden durch Inhalte, vielfältige Aktivitäten und vor allem durch die Repräsentationen solche Aspekte angesprochen, die die Person der Lernenden betreffen. Mathematik zeigt sich hier auch wieder als nützlich, um ein Stück der Welt zu entschlüsseln und sich gegenseitig darüber aufzuklären, wie Maler und Makerinnen ein für unser Auge besonders angenehmes und wiedererkennbares Arrangement der räumlichen Darstellung schaffen. Als Geschichtslehrerin möchte ich an dieser Stelle dafür plädieren, die Zeit der Renaissance mit ihren Umbrüchen in allen Bereichen des gesellschaftlichen Lebens auch im Mathematikunterricht gerne in den Blick zu nehmen.[17] Nach meiner Erfahrung ist dies eine Zeit, für die sich Schülerinnen und Schüler interessieren, gerade wegen der vielfältigen Umbrüche und weil der Mensch sich von der Kirche emanzipiert. Ein Vorgang, mit dem sich viele Jugendliche in diesem Alter identifizieren können. Mathematik(-unterricht) kann dadurch für Lernende lebensnäher werden. Zumindest wird er durch selbsterstellte Kunstwerke bunter! Gerade diese Tätigkeit, die frei von Berechnungen ist und durch DGS auch schwächeren Lernenden eine Chance auf Erfolgserlebnisse ermöglicht, erlaubt, der eigenen Kreativität freien Lauf zu lassen. Nach meiner Erfahrung bleiben Lernende bei der Erstellung eines eigenen Produkts, das natürlich den eigenen, meist sehr hohen Ansprüchen genügen soll, beharrlicher am Ball. Zudem stellen sich Freude über das eigene Kunstwerk und Stolz über dessen Vollendung und ggf. Anerkennung der anderen dafür ein. Ich mache mit meinen Klassen bei solchen Gelegenheiten gerne eine kleine Ausstellung im Klassenraum, die auch über den nächsten Elternabend bestehen bleibt. Nicht selten besuchen Eltern diesen dann auch mit dem Ziel, die Bilder ihrer Kinder stolz zu begutachten. Schöne Momente, in denen Mathe aus dem Unterricht hinaus in die Familien getragen wird und wieder zurück in den Klassenraum kommt.[18]

Mathe mit außermathematischen Aktivitäten zu verbinden, bietet auch die Möglichkeit, dem Klassenzimmer zeitweise zu entfliehen. Damit wird aus der Unterrichtsroutine ausgebrochen, was sich auf Motivation und Arbeitsbereitschaft positiv auswirken kann. Einen Anlass dazu im Themenbereich „Ähnlichkeit" bieten die Messverfahren mit Försterdreieck und Jakobsstab. Die Behandlung historischer Messverfahren ermöglicht, wieder die Genese von Mathematik in den Blick zu nehmen. Dass Mathematik nicht immer so wie heute war und sich über die Jahrtausende weiterentwickelt hat, macht ihren Prozesscharakter deutlich. Schülerinnen und Schüler haben meist auch Interesse daran zu erfahren, wie Methoden früher funktioniert haben, beispielsweise vor der Erfindung des Taschenrechners oder hier des Lasermessgeräts. Ein historischer Exkurs im Schulbuch bietet dazu einige Informationen an (Lergenmüller & Schmidt, 2017b,

---

[17] Die explizite Thematisierung von historischen Inhalten im Unterricht kann den Mathematikunterricht bereichern und lebendiger machen. Auch Kolleginnen und Kollegen, die nicht Geschichte unterrichten, möchte ich ermutigen, sich an historischen Inhalten auszuprobieren. Anregungen mit Unterrichtsverläufen und Material finden sich in der didaktischen Literatur, zum Beispiel für den Satz des Pythagoras (von der Bank, 2019; Sutton, 2004). Historische Streifzüge durch ganz unterschiedliche Gebiete der Schulmathematik bietet das ml-Themenheft „Gesichter der Mathematik" (Herget et al., 2020), u. a. zum Lösen quadratischer Gleichungen (von der Bank, 2020). Spannende *historiographische Perspektiven* auf Mathematikunterricht, die uns Lehrenden als Impulsgeber zur Weiterentwicklung unseres Unterrichts dienen können, finden sich beispielsweise im gleichnamigen MU-Themenheft (von der Bank, 2022).

[18] Es gibt zahlreiche weitere Gelegenheiten, im Mathematikunterricht Produkte von Lernenden auszustellen. Gute Erfahrungen habe ich u. a. auch mit Zirkelbildern, Bruchbildern und Zahlenrätseln (von der Bank, 2021) gemacht.

Am Vermessen hat es mir besonders gefallen, mit meinen Freunden zu kooperieren und vorallem Spaß hat es mir gemacht, das Laser-Messgerät zu bedienen und mit dem Geodreieck die Höhen anzupeilen.

Werte zu verwenden. Manchmal war es trotz, dass es mir Spaß gemacht hat, schwer, den richtigen Punkt zu finden, an dem das Geodreieck gerade vor den Augen liegt, sodass wir dementsprechend auch oft den Beobachter tauschen und viele Schritte nach vorne und hinten gehen mussten.

Abb. 1.12 Ausschnitt einer Reflexion des Messprojekts

S. 35), die meine Schülerinnen und Schüler durch eine Internetrecherche zu Anleitungen zum Messen mit Försterdreieck und Jakobsstab ausbauen. Motiviert sind sie dabei von unserem Ziel, solche Geräte selbst zu bauen und für eigene Messungen zu verwenden. Auch hierzu regt das Schulbuch in einem Arbeitsauftrag an. Wir bauen dies zu einem Vermessungsprojekt unserer Schule aus. Durch den historischen Exkurs und die Eigenaktivität beim Erarbeiten der Messmethoden und Konstruktion der Messgeräte sowie der herausfordernden Vermessung unserer Schulgebäude können so Interesse und Neugier sowie Kreativität und Beharrlichkeit der Lernenden gefördert werden.

Dies zeigt sich auch in deren Projektdokumentationen (siehe Abb. 1.12):

Meine Schülerinnen und Schüler waren sich bei der Reflexion des Projektes einig, dass gerade die anfänglichen Schwierigkeiten (Verstehen der Messverfahren, Anpeilen der Gebäude) dazu motivierten, „dranzubleiben" und die Messungen möglichst gut durchzuführen. Spaß hatten sie besonders am freien Arbeiten im eigenen Tempo, der Kooperation in der Gruppe („Wir brauchten echt jeden. Keiner konnte sich rausziehen!") und der Betätigung auf dem Schulhof. Meine Beobachtung: Keine Gruppe gab auf, und alle Gruppen dokumentierten realistische Ergebnisse. Die Dokumentationen fallen zudem wesentlich ausführlicher aus, als ich es von den meisten in meiner Klasse sonst gewohnt bin. Auf meine Nachfrage diesbezüglich antwortet mir ein Schüler, dass es ihm einfach wichtig war, auch für die Gruppe sein Bestes zu geben, und es ihm leichter fiel, da er nicht die Berechnungen, sondern das Vorgehen dokumentieren konnte. Das deckt sich mit meinem Eindruck, dass sich viele gerade durch die Kooperation in der Gruppe wohlfühlten und doch auch Stolz auf ihre eigene Leistung empfinden. Die Rückmeldung einer Schülerin freute mich als Geschichtslehrerin noch besonders, vor allem, da ich bei den Reflexionsfragen gar nicht darauf abzielte:

Beim Messen auf dem Schulhof habe ich gemerkt, wie schwierig und am Anfang ungenau/falsch das war. Erst nach ein paar Versuchen und als wir der anderen Gruppe zugeschaut hatten, haben wir es hinbekommen. Ich finde es erstaunlich, dass die Menschen früher mit dem Försterdreieck gemessen haben. Eigentlich ist die Methode sehr schlau und zeigt, dass man früher nicht dümmer war als heute. Trotzdem bin ich froh, dass wir auch mit dem Laser messen konnten. Das war viel leichter (Schülerin Klasse 9).

Ein schönes Werturteil, mit dem die Schülerin zeigt, dass durch ein mathematisches Verfahren ihr Blick auf menschliches Tun in der Vergangenheit verändert wurde.

Die Arbeit mit dem Vernetzungspentagraphen und die Erkenntnis, dass die Persönlichkeitsideen, aufgehoben im Knoten Person, ebenso wesentlich für Mathematik und Mathematiktreiben sind, wie es Inhalte, Aktivitäten, Repräsentationen und Genese sind, haben mich veranlasst, am Ende eines Schuljahres mit meinen Klassen eine Reflexion des behandelten Unterrichtsstoffs anzuregen. Meine Schülerinnen und Schüler werfen auf Basis ihrer Mitschriften und des Schulbuchs einen Blick zurück und bewerten, welches Thema ihnen am besten/am wenigsten gefallen hat. Die Lieblingsthemen in Klasse 9 fallen alle in den Bereich Geometrie. Genannt wird das Messprojekt als besonders motivierend, sich mit mathematischen Inhalten wie zentrischer Streckung und Ähnlichkeit auseinanderzusetzen. Eine Schülerin bezeichnet es freudig und stolz als ihr „Mathe-Highlight" des Jahres.[19] Anderen Lernenden fallen beim Durchblättern der Schulbuch- und Heftseiten einzelne Aufgaben ins Auge, die positive Erinnerungen wecken. Dazu gehört beispielsweise die Aufgabe, in der ein Band um den Äquator gespannt und dann um einen Meter verlängert wird. Gefragt ist danach, ob eine Hand oder gar eine Katze darunter durch passt und wie sich dies bei einem Band um einen Fußball verhält. Ich erinnere mich an die Behandlung dieser Aufgabe mit der Klasse und dass einige Lernende sich regelrecht gegen das überraschende Ergebnis gesträubt hatten. Und auch bei den besten Themen des Schuljahres wird diese Aufgabe wieder heiß diskutiert. Einige möchten sich sogar wieder anhand ihrer Aufzeichnungen von dem kontraintuitiven Ergebnis überzeugen und setzen sich erneut mit den Berechnungen auseinander. Anderen war der proportionale Zusammenhang von Radius und Umfang im Gedächtnis geblieben. Während noch über diese Aufgabe diskutiert wird, meldet sich ein Schüler, der uns sein bestes Thema vorstellt: Ihm hatten die geometrischen Denkaufgaben (Lergenmüller & Schmidt, 2017b, S. 56) besonders viel Freude bereitet (siehe Abb. 1.13).

Gefallen hat ihm daran, dass die Aufgaben so wenig Informationen bieten, man sie aber dennoch lösen kann. Zudem erinnert er sich an die Freude und den Stolz, die er empfunden hatte, wenn er an einer Aufgabe lange knobelte und sie

---

[19] Dieses Ranking kommt wenig überraschend. Für ihren Einsatz in ihrer Messgruppe und ihre mustergültige Dokumentation (siehe Abb. 1.12) hatte sie Lob von mir und Anerkennung ihrer Mitschülerinnen und Mitschüler bekommen.

Unvollständige Aufgaben
Berechne die gesuchten Größen.

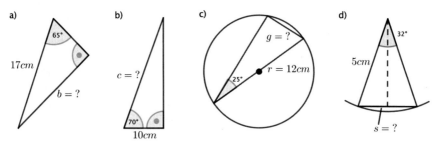

Abb. 1.13 Geometrische Denkaufgaben. (In Anlehnung an Lergenmüller & Schmidt, 2017b, S. 56)

dann schließlich lösen konnte.[20] An solche Momente erinnern sich auch die anderen. „Stimmt, weißt du noch, als wir diese krasse Aufgabe mit den Halbkreisen gemacht haben?", wirft eine Schülerin impulsiv zu ihrer Banknachbarin ein. Gemeint ist die in Abb. 1.14 dargestellte Kreisschlange als klassische Aufgabe der Geometrie (Lergenmüller & Schmidt, 2017b, S. 97).

„Ja, daran sind wir so lange verzweifelt und dann haben wir es doch rausbekommen. Wir haben dann noch vor dem Unterricht gegoogelt, ob das richtig ist, weil wir nicht abwarten konnten", antwortet ihre Mitschülerin.

Bei allen Wortmeldungen sind die Sprache und der Ausdruck der Lernenden auffällig. Stets werden Inhalte oder Aktivitäten als besonders herausgestellt, die mit positiven nichtkognitiven Aspekten verknüpft werden. Dabei verwenden die Schülerinnen und Schüler Formulierungen wie: Das hat mir Spaß gemacht, weil

- ich die Bezüge zur Kunst, zur Geschichte usw. interessant fand,
- ich fasziniert von den überraschenden Ergebnissen war,
- ich in meinem eigenen Tempo frei arbeiten konnte,
- ich komplett gefordert war und es dann doch geschafft habe.

---

[20] Genau diese nichtkognitiven Aspekte stellt schon Georg Pólya als treibende Kräfte beim Problemlösen heraus: „Your problem may be modest; but if it challenges your curiosity and brings into play your inventive faculties, and if you solve it by your own means, you may experience the tension and enjoy the triumph of discovery" (Pólya, 1945, Vorwort S. v). Beim Erleben von Eingebundenheit, Selbstwirksamkeit, Freude und Stolz kommt es beim Problemlösen demnach auf die individuell empfundene Herausforderung an. Mit einer umfangreichen Aufgabensammlung lädt Paul Eigenmann uns Mathematiktreibenden ein, anhand von *Geometrischen Denkaufgaben* zu erleben, wie „aus eigener Kraft die verborgenen Zusammenhänge eines mathematischen Sachverhalts" entdeckt werden können und somit die Freude geistiger Arbeit erwächst (Eigenmann, 1981, S. 3).

Was passiert, wenn…
Von Schritt zu Schritt wird der
Durchmesser des angehängten
Halbkreises halbiert.
a) Wie lange wird die
   "Schlange" nach 3, 5,
   10 Schritten?
b) Wie entwickelt sich der Inhalt
   der grauen Fläche?

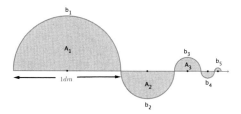

Abb. 1.14 Kreisschlange. (In Anlehnung an Lergenmüller & Schmidt, 2017b, S. 97)

Als Lehrperson genieße ich solche Reflexionsstunden, da ich mit meinen Lernenden über freudige[21] Momente des Unterrichts ins Gespräch komme und aus erster Hand erfahre, was sie bewegt. Nach meiner Erfahrung ist die Beteiligung in solchen Stunden auch besonders hoch. Viele Lernende möchten sich gerne mitteilen, und es schafft auch Erleichterung, am Ende des Schuljahres noch einmal das gemeinsam Erreichte in den Blick zu nehmen – zu sehen, dass die eigenen Anstrengungen von anderen geteilt wurden und wir alles schließlich gemeistert haben. Auch zeigen mir solche Reflexionen, welche Bausteine des Unterrichts ich im nächsten Schuljahr wieder aufgreifen kann, da sie den Lernenden in positiver Erinnerung bleiben.

Die Reflexionen meiner Schülerinnen und Schüler machen deutlich, dass deren Freude und Spaß aus der Sache Mathematik heraus entstehen. Dies zeigt, dass die Arbeit mit dem Vernetzungspentagraphen mir als Lehrperson ermöglicht, solche Aspekte in meinen gewöhnlichen Unterrichtsalltag zu transportieren. Zwar spricht nichts gegen ein beispielsweise mediales „Aufpeppen" des Mathematikunterrichts an geeigneten Stellen,[22] aber auch ohne solche Großformen ist ein Regelunterricht möglich, der den Lernenden ein positives emotionales Erleben ermöglicht, das

---

[21] Wichtiger Teil solcher Reflexionen sind natürlich auch die Diskussion weniger erfreulicher Momente im Unterricht. Diese können sich auf inhaltliche Themen beziehen, die den Lernenden weniger Spaß gemacht haben. Auch (mein) Unterricht darf dabei kritisch reflektiert werden. Meine Schülerinnen und Schüler sind es gewohnt, konstruktive Impulse zu geben bzgl. der verwendeten Methoden und Medien sowie zu zeitlichen Abläufen und Freiräumen. Sie wissen, dass sie so zu Mitgestaltern und Mitgestalterinnen unseres Unterrichts werden, und nutzen diese Möglichkeit verantwortungsvoll.

[22] Daniel Barton hat untersucht, wie sich das Selbststellen von Erklärvideos zu raumgeometrischen Themen auf das emotionale Erleben von Lernenden auswirkt (Barton, 2019). Er sieht die Selbstständigkeit sowie die individuelle Bedeutsamkeit dieser Tätigkeit für die Lernenden als wichtige Faktoren für deren Leistungsmotivation und schafft so eine Verbindung zwischen der Beschäftigung mit raumgeometrischen Inhalten und der Kontroll-Wert-Theorie von Reinhard Pekrun (2006), die die Entstehung von Emotionen in Lern- und Leistungssituationen beschreibt (vgl. Abschn. 1.9).

dann auch im Gedächtnis bleibt und den Vorbereitungs- und Durchführungsaufwand für die Lehrenden in einem angemessenen Maß hält.

Sicher ist aufgefallen, dass in diesem Abschnitt Aspekte wie Freude, Begeisterung, Stolz und Überraschung angesprochen wurden, die ursprünglich nicht in der Theoriesprache des Vernetzungspentagraphen im Knoten Person gefasst waren. Solche Aspekte spielen aber im Unterricht eine wichtige Rolle. Ihre Berücksichtigung stellt eine Weiterentwicklung des Ansatzes der Persönlichkeitsideen dar, die als Fundamentale Ideen von der Beschäftigung mit Mathematik aus gedacht waren. Dies eröffnet ein weiteres Forschungsfeld, das sich als Bezugswissenschaften im Wesentlichen der Emotionsforschung und Pädagogischen Psychologie bedient und in der vorliegenden Arbeit von mir als *Math-e-motion* bezeichnet wird.

1.9   Exkurs: *Math-e-motion*

Mathe weckt Emotionen! Leider viel zu häufig negative wie Frust, Langeweile oder Angst. Diese Einschätzung teilen nicht nur Wilhelm und Andelfinger (siehe oben), auch Roland Fischer sieht eine „scharfe Trennung unserer Kultur in zwei Teile": Zum einen jene, die sich mathematisch-technisch-naturwissenschaftlich orientiert, und zum anderen jene, die sich geisteswissenschaftlich-künstlerisch-humanistisch orientiert sehen (Fischer, 1984, S. 55).[23] Nun kann man dagegenhalten, dass Mathematik auch eine künstlerische und spielerische Seite hat und so eben auch eine Geisteswissenschaft ist. Allerdings scheinen gerade dies Aspekte von Mathematik zu sein, die sich bestenfalls den mathematisch Professionalisierten eröffnen. Fischer bemerkt dazu:

> Was machen aber alle jene, die außerhalb [der Wissenschaft Mathematik] stehen und einmal – etwa in der Schule – mit jener Fülle konfrontiert werden. Die Reaktion „Das möchte ich alles lernen" ist einfach nicht mehr sinnvoll. Meist fängt man irgendwo an, wo einem eben etwas angeboten wird, häufig in Unkenntnis über die gewaltige Fülle. Vielmehr hat man den Eindruck, der Lehrmeister, der einen an der Hand führt, wüsste ganz gut Bescheid. Wenn einem die vorgesetzten Bisse aber zu groß oder zu unverdaulich werden, bekommt man Angst und wehrt sich. Lernhemmungen treten auf.(Fischer 1984, S. 55)

---

[23] Damit steht Fischer in der Tradition von Charles Percy Snow, der 1959 seine berühmte These publizierte, nach der er die intellektuelle Welt in zwei gegensätzliche Pole gespalten sieht: „I believe the intellectual life of the whole of western society is increasingly being split into two polar groups. Literary intellectuals at one pole – at the other scientists […] Between the two a gulf of mutual incomprehension – sometimes (particularly among the young) hostility and dislike, but most of all lack of understanding. They have a curios distorted image of each other. Their attitudes are so different that, even on the level of emotions, they can't find much common ground" (Snow, 2013, S. 4–5). Schon Snow sieht dieses Auseinanderbrechen und die damit verbundenen Kommunikationsprobleme als nachteilig für die gesellschaftliche Entwicklung und die Bewältigung der Menschheitsaufgaben: „This polarisation is sheer loss to us all. To us as people, and to our society. It is at the same time practical and intellectual and creative loss" (Snow, 2013, S. 12).

Einer Argumentation von Seymour Papert folgend, nennt Fischer jene Angst „Mathophobie". Sie ist häufig in Negativ-Erfahrungen während der Schulzeit begründet und führt bei Kindern sowie bei Erwachsenen zu einer regelrechten Abwehrhaltung allem Mathematischen gegenüber. Problematisch für das eigene Leben wird es dann, wenn mathematische Misserfolge vorschnell durch die eigene Inkompetenz und somit mangelnde Begabung auf diesem Gebiet erklärt werden:

> Schwierigkeiten mit der Schulmathematik sind oft der erste Schritt in einem um sich greifenden intellektuellen Prozess, der uns alle dahin bringt, uns als Bündel von Begabungen und Nichtbegabungen zu definieren, als „mathematisch begabt" oder „mathematisch unbegabt" […] Dadurch wird eine einzelne Schwäche zur Identität, und Lernen wandelt sich von der ungehemmten Welterforschung des Kleinkindes zu einer lästigen Pflicht, reich an Unsicherheiten und selbstverordneten Restriktionen (Papert, 1982, S. 31).

Der Zusammenhang von Emotionen, insbesondere Angst, und Lernen ist mittlerweile empirisch erforscht.[24] In der Psychologie ist dabei klar, dass Emotionen in unserem Leben (unabhängig von Lern- und Leistungssituationen) eine wichtige Funktion erfüllen. Sie sind definiert als bewertende Stellungnahmen zu Umweltereignissen sowie zu deren Bedeutung für den Organismus und ermöglichen so optimaleres (als nur verstandesgeleitetes) Reagieren auf Situationen (Frenzel & Götz, 2018). Emotionen sind also „ständige Begleiter des Verhaltens. Sie sind immer da, beim Nachdenken über sich selbst oder seine Umgebung. Jede

---

[24] Einen Überblick über verschiedene, aber vorwiegend empirische Forschungsansätze innerhalb der Mathematikdidaktik mit Rückgriff auf deren Bezugswissenschaften bietet das Survey Paper zum ZDM Themenheft „Emotions and Motivation in Mathematics Education" (Schukajlow et al., 2017). Darin arbeiten sich die Autoren u. a. an den Fragen ab, welche Rolle die Emotionsforschung innerhalb der Mathematikdidaktik spielt, wie sich die beiden Begriffe konzeptuell fassen lassen und welche unterrichtspraktischen Maßnahmen geeignet sind, um Lernenden ein positives emotionales Erleben zu ermöglichen. Doch gerade bei den für Lehrpersonen wichtigen praxistauglichen Implikationen bleiben sie trotz der Vielzahl zitierter empirischer Studien vage: „Findings on mathematics-related emotions and motivation are still too scarce to derive firm conclusions based on cumulative, consistent evidence across studies. This lack of cumulative evidence, combined with a lack of conceptual clarity and the neglect of intervention research […] has also made it difficult to derive evidence-based recommendations for practice" (Schukajlow et al., 2017, S. 318). Andere empirische Studien wie das „Projekt zur Analyse der Leistungsentwicklung in Mathematik" (PALMA) scheinen den Einfluss von Emotion und Mathematikleistung belegt zu haben: „So korreliert Mathematikfreude […] deutlich positiv mit Interesse, Lernmotivation, Elaborationsstrategien, selbstreguliertem Lernen, Zeugnisnoten und Testergebnissen in Mathematik, während Korrelationen von Emotionen wie Angst, Hoffnungslosigkeit und Langeweile überwiegend negativ ausfallen" (Pekrun et al., 2004, S. 359). Aufbauend auf diesen Forschungsergebnissen wurde sodann im Rahmen von PALMA begonnen, konkrete Unterrichtsmodule zu erstellen, die den Lernenden bewusst positives emotionales Erleben ermöglichen sollen. Darüber hinaus werden auch soziale Komponenten wie Interventionsmaßnahmen in Schulklassen und Elternhäusern in den Blick genommen, die vor allem Schülerinnen und Schüler mit erhöhtem Förderbedarf und „Risikoschülern" zugutekommen sollen (Pekrun et al., 2004, S. 359).

Vorstellung wird von einer emotionalen Reaktion begleitet" (Schwarzer-Petruck, 2012, S. 48). Als komplexe Muster körperlicher und mentaler Veränderung haben Emotionen mehrere Dimensionen (vgl. Schwarzer-Petruck, 2012; Frenzel & Götz, 2018):

- kognitive Aspekte, wie den Prozess der Evaluation der Situation;
- subjektives Erleben (das Gefühl);
- motivationale Aspekte, die Verhalten und Handeln einschließen;
- physiologische Aspekte (z. B. Einflüsse auf Atmung und Puls), einschließlich expressiver Komponenten (wie Mimik).

Damit deutet sich auch eine Unterscheidung von Emotion und Gefühl[25] an: Gefühle sind nach innen gerichtet und privat, während Emotionen von außen sichtbar und öffentlich sind (Damasio, 2002, S. 50 ff.). Eine emotionale Erfahrung bedeutet aber nicht notwendigerweise, dass auch die damit verbundenen Gefühle im Bewusstsein liegen. Der Neurowissenschaftler Antonio Damasio spricht von drei „Verarbeitungsstadien" einer Emotion (Damasio, 2002, S. 51 ff.), von denen nur eine auf der Ebene des Bewusstseins liegt und somit für die hier angestrebte Argumentation tragend ist: Der Zustand des Wissens einer Person über ihre Emotionen und Gefühle. In diesem Zustand können Emotionen bewusst wahr-genommen und nach positiv bzw. angenehm (z. B. Freude, Hoffnung, Stolz,

---

[25] In engem Zusammenhang mit Emotionen und Gefühlen steht der Begriff Affekt. Auch dieser wird in der Forschung nicht einheitlich verwendet. Zum einen wird Affekt als ein Teilaspekt von Emotion angesehen: „Today emotions are usually defined as complex phenomena that include affective, cognitive, physiological, motivational, and expressive components" (Schukajlow et al., 2017, S. 309). Andererseits wird im angloamerikanischen Sprachgebrauch mit „affect" ein übergeordnetes Konzept bezeichnet, unter dem Einstellungen, Haltungen, Emotionen, Motive und alle weiteren nichtkognitiven Aspekte subsumiert werden. Zum anderen kann er auch dort enger als Überbegriff für emotionale Zustände (states) und emotionale Charaktermerkmale (traits) verwendet werden, wie es Markku S. Hannula vorschlägt (Hannula, 2014, S. 23). Die Unterscheidung hinsichtlich der Stabilität des emotionalen Erlebens in eher fluktuierende, bei-spielsweise von einer Situation abhängende (state), oder eher stabile, längerfristig anhaltende Konstrukte (trait) übernehmen auch Sarah Beumann und Maike Vollstedt in ihrer Gliederung der für die Mathematikdidaktik relevanten affektiven Theorien (Beumann & Vollstedt, 2017). Neben der Stabilität bildet die Unterscheidung von inhaltlichen Kategorien (Motivation, Emotion und Beliefs) eine zweite Dimension. „Die dritte Dimension schließlich differenziert die Theorien hinsichtlich ihrer theoretischen Bezugsdimensionen in physiologische (embodied), psycho-logische (individuelle) und soziale Theorien" (Beumann & Vollstedt, 2017, S. 1087). Die hier von mir vorgenommene normative Theoriebildung gliedert sich in diese Dimension als primär individuell-psychologisch mit Bezügen zu sozialen Theorien ein und weist sowohl „state"- als auch „trait"-Anteile auf, die sich inhaltlich auf den Bereich Emotion beziehen.

Interesse,[26] Neugier) oder negativ bzw. unangenehm (z. B. Angst, Frustration, Ärger, Enttäuschung, Langeweile, Neid, Verwirrung)[27] kategorisiert werden. Andere Emotionen, die in Lern- und Leistungssituationen eine Rolle spielen können, sind nicht eindeutig zuordenbar: Überraschung als emotionaler Zustand kann sowohl eine angenehme als auch eine unangenehme Situation begleiten, wie wir sicher alle aus eigener Erfahrung wissen.

Emotionen als Bewertungsmuster entstehen zunächst nicht aus einer zu bewertenden Situation selbst, sondern aus unserer kognitiven Interpretation dieser. Wie eine Situation emotional erlebt wird, kann sich demnach individuell stark unterscheiden und hängt auch mit unseren Vorerfahrungen zusammen. Die Appraisal-Theorie geht davon aus, dass es unterschiedliche Interpretations-möglichkeiten („Würdigungen") je Situation gibt, die sich nach persönlicher Bedeutsamkeit der Situation (wichtig vs. unwichtig), Valenz (angenehm vs. unan-genehm), Zustandekommen der Situation (fremd- vs. selbstverursacht) sowie der Verfügbarkeit von eigenen Lösungsressourcen klassifizieren (Frenzel & Götz, 2018). Anhand zahlreicher Interviewstudien konnte Reinhard Pekrun zwei für Lern- und Leistungssituationen besonders relevante`` Appraisals herausstellen: die *subjektive Kontrolle* und der *subjektive Wert* der Situation für das Individuum (Pekrun, 1998). Wie sich Lernende in Lern- und Leistungssituationen fühlen, ist individuell und hängt von der Kombination der subjektiven Kontroll- und Wertappraisals ab (Pekrun, 2006). Ein hohes Kontrollerleben kann z. B. zur Vor-freude auf eine Prüfung führen, während ein niedriges Kontrollerleben Hoffnungs-losigkeit und Angst empfinden lässt (Frenzel & Götz, 2018, S. 114). Prinzipiell kann gesagt werden: Je höher das Kontrollerleben ist, desto stärker werden positive Emotionen wahrgenommen und desto schwächer (also ertragbarer) werden negative Emotionen.

Die verschiedenen Theorieansätze (z. B. Denkstilhypothese, Gedächtnis-forschung, Broaden-and-Build-Theorie), die untersuchen, wie und welche Emotionen lernförderlich sind, lassen den Schluss zu, dass besonders positive Emotionen das Lernen begünstigen.[28] Die Appraisal-Theorie und vor allem die

---

[26] Zur Diskussion, ob Interesse eine Emotion ist, vgl. Frenzel und Götz (2018, S. 110).

[27] Ebenso wie es keine allgemein anerkannte Definition des Begriffs „Emotion" gibt (Schwazer-Petruck, 2012, S. 51), so existiert kein anerkannter Katalog verschiedener Emotionen (Hannula, 2014, S. 24). Die Spanne reicht von 6 bis 70 unterschiedlichen Emotionen. Die hier aufgeführten stehen exemplarisch für die, die im Rahmen von Lern- und Leistungssituationen eine Rolle spielen (Frenzel & Götz, 2018).

[28] Auch negative Emotionen können lernförderlich sein. Hier zeichnet sich allerdings ein komplexeres Bild. Die Theorie der Stimmungskongruenz besagt beispielsweise, dass sich eine Übereinstimmung von Valenz (angenehm vs. unangenehm) des Lernmaterials und der Stimmung des Lernenden positiv auf die Gedächtnisleistung auswirkt. Eine Wortliste mit negativen Worten wird mit negativer Stimmung besser behalten. In der Gedächtnisforschung geht man etwas all-gemeiner davon aus, dass man sich an emotionale Stimuli besser erinnert; und dies zunächst unabhängig von deren Valenz (Frenzel & Götz, 2018). Doch wird man wohl im Bereich des schulischen Lernens den Fokus auf Lernumgebungen setzen wollen, die positive Emotionen erzeugen, und nicht nach jenen forschen, die gezielt zu negativen Emotionen führen.

Kontroll-Wert-Theorie von Pekrun zeigen, dass das emotionale Erleben auch durch geeignete Lernumgebungen gesteuert werden kann. Dazu gilt es, Unterrichtssettings bereitzustellen, die den Lernenden erlauben, Kontrolle über ihre Lernaktivitäten und Leistungsergebnisse zu verspüren und sich mit solchen Lerngegenständen zu beschäftigen, die für sie einen hohen Wert aufweisen. Der oben dargestellte Einsatz des Vernetzungspentagraphen und der auf ihm beruhende Unterricht sehen sich als Beitrag zu diesem hohen Anspruch, indem sie klären helfen, welche mathematischen Inhalte und Tätigkeiten als Lerngegenstände geeignet sind, den Wert von Mathematik dem Lernenden erlebbar zu machen.

1.10 Atmosphärisches und die Rolle der Lehrperson

Neben geeignetem Lernmaterial ist auch das Vorleben positiver Emotionen in Bezug auf den Unterrichtsstoff ein Faktor, der sich auf die Lernenden emotionsgünstig auswirken kann (Frenzel & Götz, 2018, S. 116).[29] Es ist also durchaus lohnenswert, die Rolle der Lehrperson im Unterricht erneut in den Blick zu nehmen, denn:

> Im Beisein der Schüler gibt die Haltung des Lehrers zur Sache Mathematik ein nicht-triviales Beispiel humaner Auseinandersetzung mit Sachzwängen, und es macht einen großen Unterschied, ob er sich und seine Schüler der Macht des Faktischen anpassen will oder ob er zeigt, wie man sich immer wieder und auf jedem Niveau bemühen kann, die Fülle der Details ohne Verrat an deren Substanz anhand weniger „ausgezeichneter" Grundgedanken zu entwirren (Führer, 1997, S. 80–81).

Damit wir Lehrpersonen auch gute Vorbilder sein können, müssen wir also zunächst unsere Haltung zur Sache Mathematik klären. Einen ähnlichen Gedanken finden wir auch bei Fischer, der ein ehrliches Verhältnis der Lehrperson zur Sache Mathematik, das auch Schülerinnen und Schülern zugänglich macht wird, als ein Mittel im Kampf gegen die „Mathophobie" sieht. Er stellt zunächst eine „heikle" Frage (Fischer, 1984, S. 68):

---

[29] Wie schon in der Emotionsforschung innerhalb der Mathematikdidaktik zeichnen viele empirische Studien auch beim Einfluss der Lehrperson auf das emotionale Erleben der Lernenden ein heterogenes Bild. Während einige Studien einen direkten Einfluss von positiven Emotionen der Lehrperson auf die der Lernenden sehen, so beispielsweise Frenzel et al. (2009, S. 712), kommen andere zum konträren Ergebnis: „Because teachers were asked about their own enthusiasm for teaching mathematics, we could consider these findings in relation to their own students' cognitive and emotional interest. We had conjectured that a teacher's subject enthusiasm would be positively associated with both students' interest dimensions. Contrary to findings by Schiefele and Schaffner (2015) there was no association between teachers subject enthusiasm and students' emotional interest" (Carmichael et al., 2017, S. 458).

Gibt es eigentlich eine echte Auseinandersetzung des Lehrers mit der Mathematik? Wie sieht sein Verhältnis zur Mathematik aus? Ist es nicht manchmal so, dass dieses Verhältnis gar nicht so gut ist, er in der Klasse aber so tun muss, als wäre ihm die Mathematik das Wichtigste auf der Welt? [[30], MCvdB]

[…] der Lehrer [muss] seine Auseinandersetzung mit der Mathematik und damit sein Verhältnis zum Fach den Schülern zugänglich machen. Das Verhältnis zum Fach wird in den meisten Fällen vom Studium bestimmt sein und muss nicht immer, wie erwähnt, ein positives sein. Gerade dann scheint es mir besonders notwendig, dieses Verhältnis sichtbar zu machen. Die Auseinandersetzung des Lehrers mit der Mathematik sollte zumindest im Hinblick auf den Unterricht erfolgen, insbesondere bei der Planung des Unterrichts (Fischer, 1984, S. 68–69).

Zur Auseinandersetzung der Lehrperson mit Mathematik zum Zweck der Unterrichtsvorbereitung und -durchführung liegt mit dem oben vorgestellten Vernetzungspentagraphen ein gut handhabbares Werkzeug vor, dass den Blick auf theoretisch fundierte zentrale Aspekte von Mathematik lenkt, ohne den Reichtum individuell geplanten Unterrichts einzuschränken. Es ermöglicht Lehrenden eine didaktisch begründbare Entscheidung für Gewichtung und Schwerpunktsetzung im Unterricht und versteht sich so als Beitrag zur normativen Theoriebildung.

Die Rolle der Lehrperson kann im Unterricht allerdings nicht auf dessen Planung und Gestaltung beschränkt werden. Bei der von Führer und von Fischer angesprochenen „Haltung" geht es um mehr als didaktisches und methodisch zielführend eingesetztes Handwerkszeug. Es geht auch um persönliche Einstellungen zur Sache „Unterricht" und „Lehren", um eine persönliche Sicht auf „Lernprozesse". Diese sind dann auch nicht mehr mit der vorgestellten Theoriesprache der Fundamentalen Ideen zu beschreiben. Sie liegen im Atmosphärischen des Unterrichts und drücken sich durch das Vorleben von Freude und Begeisterung für die Sache Mathematik aus, aber auch durch eine wertschätzende und „warme" Beziehung zwischen Lehrenden und Lernenden. Hier stellt die Pädagogische Psychologie drei empirisch erforschte lernförderlich wirkende Persönlichkeitsmerkmale von Lehrenden heraus, die helfen können, genau dies zu erreichen. Konkret sind es diese (vgl. Tausch, 2018, S. 640):

---

[30] Das von Fischer angesprochene „so tun müssen" wird von Lehrenden als Unterrichtsstrategie verwendet. Umfragen zufolge setzen Lehrende eine gespielte Begeisterung für den Unterrichtsstoff ein, wenn dieser als trocken empfunden wird oder er einer schwierigeren Schülerschaft dargeboten werden muss (Sutton, 2004). Das Für und Wider dieser gespielten Begeisterung wird auf Basis verschiedener empirischer Studien zum emotionalen Erleben von Lehrpersonen kontrovers diskutiert: „In the emotional labor approach, attempts to up-regulate pleasant emotions are believed to take effort and lead to stress and burnout […] In contrast, psychological research on emotional regulations stresses the benefits of up-regulation pleasant emotions, arguing that modifying immediate responses in the service of long-term goals can increase overall psychological functions" (Frenzel et al., 2009, S. 712). In der Unterrichtspraxis bleibt es wohl auch „Typsache"", inwieweit Begeisterung für den Unterrichtsstoff in „Durststrecken" auch vorgespielt werden kann und wann gerade dies vor den Augen der Lernenden unglaubwürdig wird.

- *Achtung – positive Zuwendung:* Durch Sprachäußerungen, Aktivitäten, Gestik und Mimik zeigt der Lehrende, dass er die Lernenden grundsätzlich als Personen gleichen menschlichen Werts ansieht. Getätigte Äußerungen von Lehrenden sind grundsätzlich sozial-reversible, das heißt, die Lernenden könnten sie in gleicher Weise gegenüber den Lehrenden verwenden, ohne dass dies einen Mangel an Respekt bedeuten würde. Der Lehrende hat nicht den Wunsch, die Lernenden zu dominieren oder Macht über sie auszuüben.
- *Einfühlendes nichtwertendes Verstehen der Erlebniswelt der Jugendlichen:* Die Lehrenden versuchen, die seelische Erlebniswelt der Lernenden wahrzunehmen und sich vorzustellen, wie die Lernenden ihre innere Welt erleben. Dies kann beispielsweise anhand von Leitfragen beim sensiblen, nichtwertenden Hinhören geschehen: „Welche Bedeutungen haben Äußerungen und Verhaltensweise für den Lernenden?", „Was fühlt er dabei?", „Wie sieht er sich und seine Umwelt?". Durch Rückmeldung des Gehörten/Wahrgenommenen kann der Lehrende dem Lernenden signalisieren, was er verstanden hat, wodurch sich der Lernende wiederum ernstgenommen fühlt.
- *Aufrichtigkeit – Echtheit:* Der Lehrende ist ohne Fassade, ohne professionelles routinemäßiges Gehabe. Er verhält sich den Lernenden gegenüber und im eigenen Klassenraum, wie er wirklich ist. Er strahlt eine Übereinstimmung von Gedanken, Gefühlen und Handlungen aus und verhält sich demnach stimmig gegenüber den Lernenden.[31]

Es fällt leicht, sich vorzustellen, dass Lehrpersonen, die diese drei Persönlichkeitsmerkmale ausgeprägt haben, in besonderem Maße wertschätzend mit ihren Lernenden umgehen und eine lernförderliche Atmosphäre im Unterricht schaffen:[32]

> Lehrer, die sehr achtungsvoll-positiv zugewandt, einfühlend und aufrichtig waren (dies waren ca. 10 % bis 15 % der Lehrer), hatten Schüler, deren Qualität der Unterrichtsbeiträge hoch war, mit hohem Niveau der Denkprozesse, mit guter Arbeitsmotivation [...]. Die Schüler gaben an, in der Unterrichtsstunde fachlich vorangekommen zu sein. Ferner waren die Schüler spontaner, äußerten im Unterricht offener ihre eigenen Gedanken und Gefühle, hatten weniger Angst, nahmen ihre Lehrer günstiger wahr (achtungsvoller, einfühlender und echter) und gaben an, im Unterricht persönlich vorangekommen zu sein (Tausch, 2018, S. 639).

---

[31] Das Fehlen dieser Aufrichtigkeit-Echtheit hat schon Fischer beim Verhältnis zwischen Lehrer und Mathematik bemängelt (s. oben).

[32] Laut den in Tausch (2018) zitierten empirischen Untersuchungen besitzen ca. 15 % der Lehrpersonen die drei lernförderlichen Persönlichkeitsmerkmale in hohem Ausmaß. Dies wurde mithilfe von Tonaufnahmen des Unterrichts der Lehrpersonen sowie deren Beurteilung von neutralen Beobachtern anhand von Einschätzskalen zu den drei Merkmalen festgestellt. Zudem gaben die Lernenden in Fragebögen an, wie sie sich während des Unterrichts gefühlt haben und wie sie ihre Lehrerinnen und Lehrer empfunden haben (Tausch, 2018, S. 639).

Auch der Einfluss der drei lernförderlichen Persönlichkeitsmerkmale auf das Verhalten der Schülerinnen und Schüler wurde schon mehrfach untersucht. Es zeigt sich, dass jene den Lehrpersonen mit deutlich förderlichen Verhaltensformen weniger Disziplinprobleme verursachen, weniger Akte der Zerstörung des Schuleigentums begehen, ein geringeres Aggressionspotenzial aufweisen. Zudem legen diese empirischen Studien nahe, dass auch das Selbstbild der Lernenden in Bezug auf ihr Selbstvertrauen, ihre Zufriedenheit und ihre seelische Autonomie positiv beeinflusst wird (Tausch, 2018, S. 638). Das positive emotionale Erleben der Lernenden kombiniert mit deren Verhalten im Unterricht bedingt dann auch wieder jenes der Lehrperson:

> In unseren Studien haben sich Kontrollüberzeugungen der Lehrkräfte hinsichtlich ihrer Einflussmöglichkeiten auf das Erreichen von Unterrichtszielen als bedeutsam für das personenspezifische Erleben vor allem von Freude und Angst, aber auch von Ärger, erwiesen (Frenzel & Götz, 2007, S. 294).

Diese Forschungsergebnisse legen nahe, dass die in Abschn. 1.9 vorgestellte Wert-Kontroll-Theorie von Pekrun auch auf das emotionale Erleben von Lehrpersonen anwendbar ist.[33]

Die lernförderlichen Persönlichkeitsmerkmale können uns Lehrenden als Leitbild für unser Verhalten im Umgang mit den Lernenden dienen. Sie können damit helfen, einen Teilprozess innerhalb des personenzentrierten Unterrichts zu beschreiben. Ansätze in der Pädagogischen Psychologie gibt es dazu schon, wie die Arbeit von Myriam Schwarzer-Petruck zeigt (Schwarzer-Petruck, 2012; Schupp, 2004). Sie sieht Lehrer, Schüler und Fach in wechselseitiger Beziehung und wählt zur Visualisierung ebenfalls ein didaktisches Dreieck *Lehrende – Lernende – Fach* (siehe Abb. 1.15).

Für das Fach Mathe liefert beispielsweise der Vernetzungspentagraph ein handhabbares Werkzeug für Lehrpersonen zur Analyse des Fachs (der vorliegenden Unterrichtsinhalte). Kombiniert mit weiteren mathematikdidaktischen Theorien können mit ihm Lernumgebungen konstruiert werden, die ein „verständnisintensives Lernen" ermöglichen. Mit der Ko-Konstruktion des Unterrichts, also der Unterrichtsgestaltung mit Einbezug der Lernenden, liefert Schwarzer-Petruck einige Konkretisierungen der drei lernförderlichen Persönlichkeitsmerkmale als Ausprägungen bei der Unterrichtsführung (z. B. konstruktivistischer Umgang mit Lösungswegen und Fehlern, Schülerbeteiligung, spontane Unterrichtsgestaltung, tragende Lehrer-Schüler-Beziehung) (Schwarzer-Petruck, 2012, 2014, S. 30). Diese gilt es, speziell für den Mathematikunterricht weiterzudenken. Auch die Rolle der Lehrperson selbst und ihr „Verhältnis zur Sache" (Fischer, 1984, S. 69)

---

[33] Um ein negatives emotionales Erleben zu transformieren, raten Frenzel und Götz, dass „Lehrkräfte angeleitet werden, die Eigenschaften bestimmter Klassen auszumachen, die diese Emotionen bei ihnen auslösen, und dementsprechend problemspezifische, klassenspezifische Maßnahmen ergreifen, um die Situation zu verbessern" (Frenzel & Götz, 2007, S. 294).

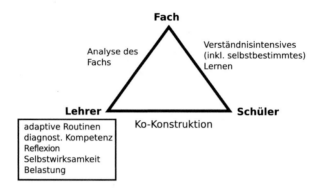

Abb. 1.15 Didaktisches Dreieck. (In Anlehnung an Schwarzer-Petruck, 2012, S. 30)

Mathe gilt es in den Blick zu nehmen, um Lehrpersonen professionelles Handeln auch in diesen (diffizilen) Bereichen zu ermöglichen. Jedenfalls: Ein *lern- und lehrpersonenzentrierter Mathematikunterricht* bietet noch ein weites, lohnenswertes Forschungsfeld.

1.11 Ausklang

Bildung ist ein personenbezogener Prozess. Wir Lehrende können unsere Schülerinnen und Schüler nicht „bilden". Wir können aber eine Umgebung in der Schule entwickeln, die Bildungsangebote schafft. Dies kann in einem die agierenden Personen und die Sache Mathematik ernst zu nehmenden und zugleich wertschätzenden Unterricht, einem Achtsamen Unterricht geschehen. Wie die Sache Mathematik ernst genommen und dabei intellektuell ehrlich zu Mathe für den Unterricht reduziert werden kann, dafür liefert die Mathematikdidaktik fruchtbare Ansätze (vgl. Lambert & Herget, 2017). Ein Beispiel ist die unterrichtspragmatische Reduktion der Theorie Fundamentaler Ideen auf den Vernetzungspentagraphen und dessen hier exemplarisch vorgestellter Einsatz zur Analyse und Konstruktion von Lernumgebungen. Im Unterricht steht uns Lehrenden damit ein handhabbares Werkzeug zur Verfügung, das die Reichhaltigkeit von Mathematik in den Unterricht transportiert und somit eine Auseinandersetzung mit dem Stoff anregt, die uns dann eine didaktisch sinnvolle Entscheidung für unsere Lerngruppe ermöglicht.

Ein Teilprozess des Achtsamen Unterrichts ist das gegenseitige Ernstnehmen aller dort agierenden Personen. Dies gelingt in einem personenzentrierten Unterricht, in dem die Lehrperson als Leitbild die drei lernförderlichen Persönlichkeitsmerkmale (Achtung – positive Zuwendung, einfühlendes, nichtwertendes Verstehen der Erlebniswelt der Jugendlichen, Aufrichtigkeit – Echtheit) vor Augen hat und ihr Handeln und Wirken an ihnen ausrichtet.

Bildung als personenbezogener Prozess fängt schon bei uns Lehrenden an: Wir dürfen unseren Lerngruppen jeden Tag aufs Neue zusätzlich zu unseren fundierten fachlichen, didaktischen und methodischen Fähigkeiten auch unsere Freude und Begeisterung für Mathematik und für unseren Beruf vorleben!

Literatur

Amalric, M., & Dehaene, S. (2016). Origins of the brain networks for advanced mathematics in expert mathematicians. In I. M. Verma (Hrsg.), *Proceedings of the National Academy of Science of the United States of America, 18*(113), 4909–4917.

Andelfinger, B. (2014). *mathe. geschichte, probleme, chancen eines Schulfachs.* Neu-Ulm. edition leibi

von der Bank, M.-C. (2016). *Fundamentale Ideen der Mathematik. Weiterentwicklung einer Theorie zu deren unterrichtspraktischer Nutzung.* Dissertation. https://doi.org/10.22028/D291-26673.

von der Bank, M.-C. (2019). Sicheres und unsicheres Wissen über Pythagoras Geschichtliches im Mathematikunterricht. *Mathematik lehren, 216,* 34–39.

von der Bank, M.-C. (2020). Michael Stifels Quadratbilder. Quadratische Gleichungen geometrisch lösen. *Mathematik lehren, 222,* 23–28.

von der Bank, M.-C. (2021). Lustiges und Merkwürdiges. Zahlenrätsel – unterhaltsam und doch so lehrreich. *Mathematik lehren, 227,* 9–12.

von der Bank, M.-C. (Hrsg.). (2022). Historiographische Perspektiven I. *Der Mathematikunterricht 68*(1).

Barton, D. (2019). Geometrieunterricht mithilfe von selbstgemachten Erklärvideos – Der Einfluss von medialer Projektarbeit auf Emotionen, Motivation und Kompetenzentwicklung in mathematischen Lernsituationen. In *Beiträge zum Mathematikunterricht* (S. 81–84).

Bender, P., & Schreiber, A. (1985). *Operative Genese der Geometrie.* epubli GmbH. Berlin.

Berens, F. (2019). Stress und Coping im Vergleich von Fach- und Lehramtsstudierenden. In *Beiträge zum Mathematikunterricht* (S. 113–116).

Berromeo Ferri, R. (2014). Präferenz oder Fähigkeit? Mathematische Denkstile im Spannungsfeld Persönlichkeit, Kultur und schulischer Sozialisation. In *Beiträge zum Mathematikunterricht* (S. 13–20).

Beumann, S., & Vollstedt, M. (2017). Affektive Theorien in der Mathematikdidaktik. In *Beiträge zum Mathematikunterricht* (S. 1087–1088).

Bikner-Ahsbahs, A. (2014). Theorie und Praxis interessensdichter Situationen. In *Beiträge zum Mathematikunterricht* (S. 189–192).

Collins, A., Brown, J. S., & Newman, S. E. (1989). Cognitive apprenticeship: Teaching the crafts of reading, writing, and mathematics. In L. B. Resnick (Hrsg.), *Knowing, learning, and instruction. Essays in honor of Robert Glaser* (S. 453–494). Lawrence Erlbaum Associates Inc.

Davis, P. J., & Hersh, R. (1985). *Erfahrung Mathematik.* Birkhäuser Verlag.

Dewey, J. (LW) (1986). Zitiert nach: Boydston, J. A. (Hrsg.) (1969–1990). The Later Works 1925–1953 (Bd. 12, 1938). Southern Illinois University Press.

Dorsch, F. (Hrsg.). (2014). *Dorsch – Lexikon der Psychologie* (17. Aufl.). Hogrefe AG.

Eigenmann, P. (1981). *Geometrische Denkaufgaben.* Klett.

Fischer, R. (1984). Unterricht als Prozess der Befreiung vom Gegenstand – Visionen eines neuen Mathematikunterrichts. *Journal für Mathematik-Didaktik, 1/84,* 51–85.

Frenzel, A. C., Götz, T., Ludtke, O., Pekrun, R., & Sutton, R. E. (2009). Emotional Transmission in the Classroom: Exploring the relationship between teacher and student enjoyment. In: *Journal of Educational Psychology 101*(3), 705–716.

Frenzel, A. C., & Götz, T. (2018). Emotionen im Lern- und Leistungskontext. In: D. H. Rost, J. R. Sparfeldt, & S. R. Buch (Hrsg.), *Handwörterbuch Pädagogische Psychologie* (5. überarbeitete und erweitere Aufl.), (S. 109–118). Beltz.

Fritzlar, T. (2013). Mathematische Begabung im jungen Schulalter. In: *Beiträge zum Mathematikunterricht,* S. 42–45.

Gleich, S. (2020). Beeinflusst mathematisches Arbeiten die Kreativität? Eine erste Tendenz. In *Beiträge zum Mathematikunterricht* (S. 333–336).

Guljamow, M., & Vollstedt, M. (2015). Zur Untersuchung der Rolle affektiver Merkmale hinsichtlich mathematischer Kompetenzen in der beruflichen Erstausbildung. *Beträge zum Mathematikunterricht* (S. 328–331).

Halmos, P. R. (1968). Mathematics as a creative art. *American scientist: The magazine of Sigma IX, the Scientific Research, 56,* 375–389.

Hardy, G. H. (2005). *A mathematician's apology.* First electronic Edition. https://www.google. com/url?sa=t&rct=j&q=&esrc=s&source=web&cd=&ved=2ahUKEwiGpJyQ-5b6A hVPNOwKHeOsCnIQFnoECAcQAQ&url=http%3A%2F%2Fwww.arvindguptatoys. com%2Farvindgupta%2Fmathsapology-hardy.pdf&usg=AOvVaw2QOpclQm7nAWZZc3K7 sBdW. Zugegriffen: 15. Sept. 2022.

Käpnick, F. (2012). Intuitive Theoriekonstrukte mathematisch begabter Vor- und Grundschulkinder. In *Beiträge zum Mathematikunterricht* (S. 517–520).

Kollosche, D. (2018). Vom Meiden des Mathematikunterrichts: Befunde und Ursachen. In *Beiträge zum Mathematikunterricht* (S. 1023–1026).

Lambert, A. (2003). Reflektierende Unterrichtsplanung. In T. Leuders (Hrsg.), *Mathematikdidaktik.* Praxishandbuch für die Sekundarstufe I und II. (S. 276–288) Cornelsen Pädagogik.

Lambert, A., & Herget, W. (2017). Die Suche nach dem springenden Punkt. Reduktion als didaktisches Prinzip. In *Mathematik lehren 200* (S. 2–6).

Lambert, A. (2020). Mathematik und/oder Mathe (in der Schule) – ein Vorschlag zur Unterscheidung. *Der Mathematikunterricht 66*(2), 3–15.

Lambert, A., & von der Bank, M.-C. (2021). Nachruf auf Hans Schupp – Erinnerungen für die Zukunft. *GDM-Mitteilungen, 111,* 100–107.

Lergenmüller, A., & Schmidt, G. (Hrsg.). (2017a). *Mathematik Neue Wege. Arbeitsbuch für Gymnasien.* Saarland 8. Schuljahr. Braunschweig. Schoedel.

Lergenmüller, A., & Schmidt, G. (Hrsg.). (2017b). *Mathematik Neue Wege. Arbeitsbuch für Gymnasien.* Saarland 9. Schuljahr. Braunschweig. Schroedel.

Lyotard, J.-F. (2009). *Das postmoderne Wissen. Ein Bericht.* Passagen.

Papert, S. (1982). Mindstorms: Kinder, Computer und Neues Lernen. Basic Books.

Pekrun, R. (1998). Schüleremotionen und ihre Förderung: Ein blinder Fleck der Unterrichtsforschung. *Psychologie in Erziehung und Unterricht, 45,* 230–248.

Pekrun, R. (2006). The control-value theory of achievement emotions. Assumptions, corollaries, and implications for educational research and practice. *Educational Psychology Review, 18,* 315–341.

Poincaré, H. (1976). *Wissenschaft und Methode.* MV-Natural_Science.

Pundsack, F. (2011). Zum Einfluss von persönlichkeitspsychologischen Merkmalen und metakognitivem Monitoring auf Kontrollaktivitäten von Schülern beim Umformen von Termen. In *Beiträge zum Mathematikunterricht* (S. 643–646).

Rezat, S., & Sträßer, R. (2012). From the didactical triangle to the socio-didactical tetrahedron: Artifacts as fundamental constituents of the didactical situation. *ZDM, 44,* 641–651.

Rosebrock, S. (2011). Begabungs- und Kreativitätsförderung aus Sicht der Mathematik und der Mathematikdidaktik. In *Beiträge zum Mathematikunterricht* (S. 699–702).

Schreiber, A. (1983). Bemerkungen zur Rolle universeller Ideen im mathematischen Denken. *Mathematica didactica, 6,* 65–76.

Schukajlow, S., Rakoczy, K., & Pekrun, R. (2017). Emotions and motivation in mathematics education: Theoretical consideration and empirical contributions. *ZDM Mathematics Education, 49*(3), 307–322.

Schupp, H. (1972). Zur Problematik der „Neuen Mathematik" in der Hauptschule. *Die Schulwarte, 25*(9/10), 72–76.

Schupp, H. (1978). Funktionen des Spiels im Mathematikunterricht der Sekundarstufe I. *Praxis der Mathematik, 20*(4), 107–112.

Schupp, H. (2004). Allgemeinbildender Stochastikunterricht. *Stochastik in der Schule 24*(3), 4–13.

Schwarzer-Petruck, M. (2012). *Emotionen und pädagogische Professionalität. Zur Bedeutung von Emotionen in Concept-Change-Prozessen in der Lehrerbildung.* Springer.

Schweiger, F. (1992). Fundamentale Ideen. Eine geisteswissenschaftliche Studie zur Mathematikdidaktik. *Journal für Mathematik-Didaktik, 13*(2/3), 199–214.

Schweiger, F. (2010). *Fundamentale Ideen.* Shaker Verlag.

Sutton, R. E. (2004). Emotional regulation goals and strategies of teachers. *Social Psychology of Education, 7,* 379–398.

Weigand, G. (2004). *Schule der Person. Zur anthropologischen Grundlegung einer Theorie der Schule.* Ergon - ein Verlag in der Nomos Verlagsgesellschaft mbH & Co. KG.

Wiles, A. (2016). *Spiegelinterview mit Andrew Wiles.* https://www.spiegel.de/wissenschaft/mensch/andrew-wiles-das-jahrhundert-genie-a-1113603.html. Zugegriffen: 15. Sept. 2022.

Wilhelm, K. (2022). Nachhaltigkeit im Mathematikunterricht – Der Achtsame Unterricht mit der Sache. In *Beiträge zum Mathematikunterricht,* (S. 507-510).

Wilhelm, K., & Andelfinger, B. (2021). Mathe – heute für morgen: Achtsamer Unterricht. *Mathematik lehren, 227,* 2–8.

Wiernicki-Krips, T. (2022). *Invertieren als Fundamentale Idee der Mathematik. Stoffdidaktische Begründung der Fundamentalität und Anwendung als Analyseinstrument in der Stochastik.* Dissertation (online)

Wie viel Phantasie passt in einen Heißluftballon? – Anregungen, den Mathematikunterricht *etwas anders* weiterzudenken

2

Wilfried Herget

Zusammenfassung

„Erinnerungen für die Zukunft" – in diesem Sinne (Lambert & von der Bank in Mitteilungen der GDM 111: 100–106, 2021) erinnere ich an „etwas andere Aufgaben" (Herget in Wieviel Termumformung braucht der Mensch. 10. Jahrestagung des AK MU&I in der GDM. Franzbecker, Hildesheim, https://www.yumpu.com/de/document/view/20662079/tagungsband-1992-wieviel-termumformung-braucht-der-mensch. 11.1.2023, 1993 ff.), insbesondere auch an „Foto-Fermi-Fragen" (Herget in mathematik lehren 93: 4–9, 1999 ff.) – als authentische(!) Anwendung. Dabei werbe ich dafür, (raum-)geometriehaltige Anlässe zu nutzen, weil sich diese zum einen sehr für das mathematische Modellieren im Matheunterricht eignen – aus vielen guten Gründen – sowie zum anderen für formelarmes Argumentieren. Und ich werbe für einen „Achtsamen Mathematikunterricht", der nicht nur lehrreich ist, sondern auch diskursiv, nützlich – für die Lernenden und für die Lehrenden – und nicht zuletzt unterhaltsam (Wilhelm & Andelfinger in mathematik lehren 227: 2–8, 2021). Dazu stelle ich Beispiele vor, die möglichst spielerisch-attraktiv und anschaulich-vorstellbar für Lernende sind, einfach genug für ein möglichst selbstständiges Erarbeiten von Lösungswegen (auch im Team) und doch hinreichend reichhaltig für eine Vielfalt an Lösungswegen und den damit einhergehenden Herausforderungen einerseits und Erfolgserlebnissen andererseits: „Mathematik ist kein Seil, sondern ein Geflecht" (Hans Schupp, zit. n. Lambert & von der Bank in Mitteilungen der GDM 111: 100–106, 2021). – Schauen Sie doch (noch) mal mit!

W. Herget (✉)
Institut für Mathematik, Martin-Luther-Universität, Halle (Saale), Deutschland
E-Mail: wilfried.herget@mathematik.uni-halle.de

2.1   Много ли человеку математика нужно?

Wie viel Mathe(matik) braucht der Mensch?
– Eine lebensnahe Frage, die ich in Anlehnung an die Novelle „Wie viel Erde
braucht der Mensch?" von Lew Nikolajewitsch Tolstoi (1828–1910) formuliere,
eine Erzählung, die mich als junger Gymnasiast überaus beeindruckte.

Fast noch wichtiger als die Frage „Wie viel?" ist die Frage „Welche?" Mathe
in der Schule ist keine Teilmenge von universitärer Mathematik, sondern eine
historisch gewachsen wertvoll eigenständige Wissensdomäne unserer Kultur.
Wobei, wohlgemerkt, Mathe in der Schule und universitäre Mathematik durchaus Berührpunkte haben (vgl. Andelfinger, 2014 und Lambert, 2020). Berührpunkte, die uns Orientierung liefern können, wenn wir dabei neben den Inhalten
und Methoden wieder stärker den *Menschen* mit in den Blick nehmen als *Person,*
die Mathe(matik) treibt – siehe Hans Schupp (1978), ausführlich dazu auch Marie-
Christine von der Bank (in diesem Band). Eine wichtige Rolle spielt da auch
unsere eigene Haltung und Einstellung: Beim Unterrichten geht es neben dem
„Was" und dem „Wozu" auch um das „Wie" – dazu mehr im zweiten Teil.

> Was guter Mathematikunterricht ist, müssen Lehrende ständig selber erarbeiten
> (Krainer, 2005)!
> Guter Mathematikunterricht beruht auf Dauer nicht allein auf Sachkenntnis und Unter-
> richtstechniken. Guter Mathematikunterricht ist vor allem Einstellungssache, und die
> Widersprüche des Alltags verpflichten und befreien jeden Lehrer zum eigenen Standpunkt
> (Führer, 1997, 4. Umschlagseite).

Nicht einfach. Aber gut möglich, denn Mathe(matik) liefert uns dazu ein festes
Fundament:

> Fundamentale Ideen sind für die Mathematik und das Mathematiktreiben zentrale Aspekte
> wie Inhalte, Handlungen und Einstellungen. Ihr Zusammenspiel macht das Wesen der
> Mathematik aus. Im Mathematikunterricht dienen sie der begründeten Stoffauswahl
> und der Vernetzung von unterrichtsrelevanten Aspekten von Mathematik wie Inhalten,
> Repräsentationen, Aktivitäten, Genese und den Aspekten, welche die Person des Schülers
> betreffen (von der Bank, 2016, S. 6).

Mit den Menschen über Mathe reden (und schreiben) hat noch nie geschadet –
schon gar nicht dem Mathematikunterricht … Lassen Sie mir hier die Chance, in
meiner Vergangenheit als Lehrer und Hochschullehrer zu blättern; wie ich zum
Unterrichten in Mathe stand und heute stehe, und überhaupt: was (nicht nur) mir
zum Mathe-Unterrichten noch immer wichtig ist.

Dies ist fast so etwas wie ein (Teil-)Resümee aus meiner Tätigkeit als Lehrer
und Hochschullehrer, den fast 30 Jahren als Mitherausgeber von *mathematik
lehren* und der Rubrik *Die etwas andere Aufgabe* (seit 2018 mit Anselm Lambert),
geprägt von dem, was ich gelesen, erlebt und geschrieben habe. Und geprägt von
dem langjährigen anregenden Kontakt nach Saarbrücken zu Hans Schupp (1935–
2021) und nun zu der „Lehrstuhl-Familie" um Anselm Lambert.

Wohlgemerkt, ich habe keine fertigen Antworten parat und möchte auch keine vorgeben – Unterrichten scheint mir zu komplex für fertige Antworten: „Sinnfragen können nicht vorweg geklärt werden, letzte Instanz muß das Klassenzimmer bleiben" (Fischer, 1984, S. 69).

Ich sehe mich eher als ein Steigbügelhalter – aufs Pferd steigen und losreiten dürfen und müssen Sie selbst. Und, denken Sie ab und zu daran: Wichtig ist dabei Ihre *Haltung:*

> *Notre tête est ronde pour permettre à la pensée de changer de direction.*
> Unser Kopf ist rund, damit das Denken die Richtung wechseln kann
> *(Francis-Marie Martinez Picabia (1879–1953), französischer Schriftsteller, Maler und Grafiker).*

In diesem Sinne lade ich Sie herzlich ein: Schauen Sie doch (noch) mal mit, nach, hin, zurück … und dann *selber* weiter …!

Mathe ist …

> mitdenken • nachdenken • selberdenken • vordenken
> *(Motto der Mathe(matik)didaktik der Universität des Saarlands)*

… zum Kennenlernen

Meine Zeit als Mathematiklehrer liegt schon eine Weile zurück. Wenn ich eine neue Klasse übernahm, schrieb ich (mit weißer Kreide – damals) meinen Namen an die Tafel (die dunkelgrüne – damals) und dann die drei Fragen:

1. Was gefällt mir an Mathe?
2. Was gefällt mir nicht an Mathe?
3. Was ist Mathe?

Ich verteilte Zettel und bat die Schülerinnen und Schüler, ihre ganz persönliche Antwort aufzuschreiben, weil mich ihre Antworten sehr interessierten. Wer wollte, konnte seinen Namen draufschreiben – oder den Zettel einfach so zurückgeben. Ich nahm die Zettel mit nach Hause, und in der nächsten Stunde sprachen wir darüber. Von diesen Rückmeldungen habe ich viel lernen können, und ich habe meine Klasse so gleich ein wenig näher kennenlernen können – und sie mich.

Jonas Lotz, ein junger Kollege aus Saarbrücken, unterrichtete das allererste Mal eigenverantwortlich. Wie gut klappte das? Dazu bat er nach ein paar Wochen die Schülerinnen und Schüler seiner siebten Klasse, auf einem Zettel Wünsche an ihn und an den Matheunterricht zu notieren. Und er fragte: „Mathematik – was ist das eigentlich? Wie stehst du dazu?" Die Abb. 2.1 zeigt eine dieser Rückmeldungen (Herget, 2017c):

Jonas Lotz dazu: „Dies zeigt nicht nur den bisher erlebten Mathematikunterricht, sondern auch den Scharfsinn des Schülers" – und vor allem das Klassenklima, das den Lernenden ermöglicht, sich frei so kritisch zu äußern – Glückwunsch! Natürlich, etwas später entdeckte er (wie auch ich), mit nun dafür

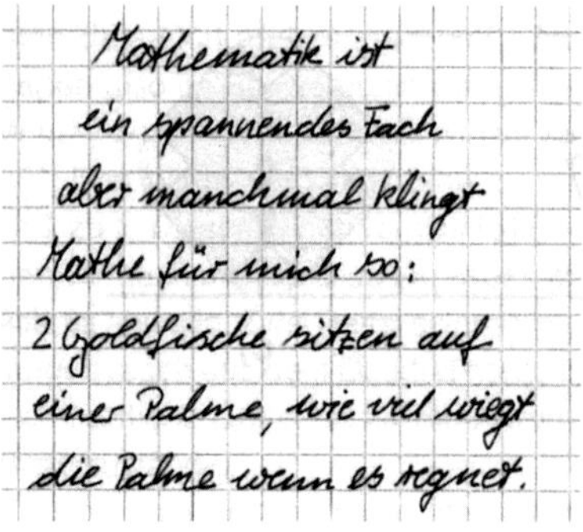

Abb. 2.1 Schülerantwort
zu „Mathematik – was ist
das eigentlich? Wie stehst du
dazu?"

geöffneten Augen, ähnliche und weitere Parodien von Mathe-Aufgaben in den
Tiefen des WWW und auf Postkartenständern in Bahnhofsbuchhandlungen.

Auch in der „richtigen, großen" Literatur gibt es solche lesenswert-bedenkens-
werten Fundstücke. Arno Warzel (1995, S. 5) zitiert aus Heinrich Spoerls *Feuerzangenbowle* (1933) die Aufgaben des alten Lehrers Eberbach – der, von seinem
Direktor angehalten, seinen mathematischen Unterricht doch lebensnäher zu
gestalten, die Sportzeitung studierte …

– Bei einem Wettrennen legt ein Jockei die Strecke in zwei Minuten 32 Sekunden zurück.
Er wog 96 Pfund. In welcher Zeit würde er gesiegt haben, wenn er 827 Pfund gewogen
hätte? […]
– Jemand wirft einen zwei Pfund schweren Stein dreiundzwanzig Meter weit. Wie
weit würde er einen Stein von 0,3 Gramm werfen?
Hans Pfeiffer bedauerte, den tüchtigen Mann nicht mehr persönlich zu erleben.

… und Hans Magnus Enzensberger lässt in seinem wunderschönen *Der Zahlenteufel – Ein Kopfkissenbuch für alle, die Angst vor der Mathematik haben* den
Schüler Robert aus seiner letzten Mathe-Stunde berichten (Enzensberger, 1997,
S. 69, s. a. S. 12 – falls Sie das Buch tatsächlich noch nicht kennen: Schenken Sie
es sich, z. B. zu Weihnachten, blättern Sie durch die faszinierenden Zeichnungen
und lassen Sie sich von der märchenhaften Mathematik anregen):

Wenn 1/3 von 33 Bäckern in 2 ½ Stunden 89 Brezeln backen,
wie viele Brezeln backen dann 5 ¾ Bäcker in 1 ½ Stunden?

Immerhin: Was sagen uns solche „Aufgaben" über real existierenden Mathematikunterricht (vgl. auch Lambert et al., 2020)?!

Es ist, wie es ist – und das hat Gründe. Doch es muss nicht so bleiben, finde
ich.

Aufgaben – lebensfern, lebensfremd, lebensnah, lebenswahr …
Die Klage über die Lebensferne vieler Aufgaben im Mathematikunterricht ist
schon alt, auch in der Didaktik der Mathematik (Lietzmann, 1923, S. 263) …

Die Aufgabensammlungen unserer Zeit atmen zum Teil noch immer diesen Geist einer früheren Zeit. Nur allmählich bricht sich der Gedanke Bahn, daß man die Aufgaben so wählen müsse, daß ihr Inhalt herkommt und wieder hinführt zu einer wirklich mathematischen Anwendung.

Die amtlichen preußischen Richtlinien zu den Lehrplänen für die höheren Schulen von 1925, in der Tradition der Meraner Reform von 1905 und dem darauf beruhenden Lehrplanvorschlag des DAMNU (Deutscher Ausschuß für den mathematischen und naturwissenschaftlichen Unterricht) Büchter et al. 2007 von 1922, beginnen mit *Methodischen Bemerkungen*. Dort findet sich gleich zu Beginn unter „Allgemeine Grundsätze" an prominenter Stelle:

> 3. Angewandte Aufgaben sollen der Wirklichkeit entnommen sein und zu praktisch wertvollen Ergebnissen führen. Durch Berücksichtigung der anderen Unterrichtsfächer und der Umwelt des Schülers sind die Anwendungen für sachliche Belehrungen nutzbar zu machen [...] (nach Lietzmann, 1926, S. 262; vgl. Lambert, 2005, S. 73).

Doch wie ist dieses hehre Ziel in der Unterrichtspraxis wirklich zu erreichen, dieser Blick über das eigene Fach hinaus? – Auch die Diskussion über die entsprechenden tatsächlichen Möglichkeiten von Mathematikunterricht ist schon alt. Der reformpädagogische Volksschuldidaktiker Adolf Kruckenberg, in den 1930ern Pädagogik-Professor an der Universität Halle, unterschied vier Typen von „konstruierten Wirklichkeitsaufgaben":

- Aufgaben, die Wirklichkeit verfälschen und zum Scheindenken führen,
- lebensfremde Aufgaben,
- lebensnahe (fingierte) Aufgaben,
- lebenswahre (nicht fingierte) Aufgaben.

Schon spannend, dass er seine Auflistung mit der verfälschten Wirklichkeit beginnt. Darüber hinaus betont er, dass wir daneben auch innermathematische Aufgaben und reine Phantasieaufgaben berücksichtigen sollten (Kruckenberg, 1950, S. 137 f.). Diesen Kompass können wir noch heute sinnvoll nutzen auf dem nicht einfachen Weg hin zu einer ausgewogenen Aufgabenkultur.
Doch wie weit kommen wir mit *lebenswahren* Aufgaben im Mathematikunterricht ... und gibt es solche überhaupt? In den frühen 1980ern, weit vor PISA (Programme for International Student Assessment), entstand das Buch *Mathematikaufgaben. Anwendungen aus der modernen Technik und Arbeitswelt* von Werner Schmidt – sogar unterstützt durch das deutsche Bundesministerium für Forschung und Technik. Doch schon im Vorwort warnt der Autor selbst, man könne „keineswegs darauf vertrauen, daß eine anwendungsbezogene Mathematikaufgabe von vornherein Aufmerksamkeit oder sogar Begeisterung weckt", meist schrecke „das Fremde, Neue, Unfaßbare eher ab, und es kann dann vorkommen, daß die Schüler lieber Routineaufgaben rechnen wollen" (Schmidt 1984, S. 6, zit. n. Sensenschmidt, 1995).

Für Bernd Sensenschmidt (1995) jedenfalls sind – mehr oder weniger authentische – Anwendungsaufgaben keine Lösung:

> Ehe wir MathematiklehrerInnen uns den Kopf zerbrechen, mittels welcher Anwendungs-aufgabe wir den Wirklichkeitsbezug [...] im Mathematikunterricht verdeutlichen und damit sinnstiftend tätig werden können, sollten wir unsere eigene Haltung und Einstellung selbstkritisch prüfen, vor allem unseren Beitrag zur Selektion.

Und – bitte! – lesen Sie dieses Zitat gerne noch ein zweites Mal, *bis zum Schluss* ... – Ja, Mathematik ist wichtig, doch für viele nicht leicht. Ich möchte Mathe möglichst vielen möglichst nahe bringen, möchte gern (m)einen Beitrag dafür leisten, dass sie neue Sichtweisen kennenlernen, neue Erfahrungen machen, eigene Erfolge erleben: *Geht doch!*

2.2   Mathematik *kann* durchaus nützlich sein – keine Frage

„Der mathematische Blick" ist der Titel des Heftes 145 von *mathematik lehren,* das ich 2007 herausgegeben habe. Im österreichischen Reifeprüfungskonzept ist zu lesen (Dangl et al., 2009, S. 9):

> Mathematik ist *ein* möglicher Modus der Weltbegegnung, eine spezifische Brille, die Welt um uns herum zu sehen bzw. zu modellieren.

Ja, das sehe ich auch so. Keine Frage: Mathematik *kann* nützlich sein – im Sinne von erfolgreich anwendbar, kann helfen, reale Situationen zu beschreiben, zu gestalten, vorherzusagen – jenseits der Mathematik, über die Mathematik hinaus.

Mir liegt grundsätzlich sehr daran, im Unterricht *auch* diesen direkten Nutzen der Mathematik für den „Rest der Welt" im Blick zu halten – zugleich aber auch die *Grenzen* dieses Nutzens, denn das gehört für mich immer mit dazu: Was kann ich der Mathematik anvertrauen? Und was nicht?

Roland Fischer sieht in einem solchen Darüberhinausgehen einen „Prozeß der Befreiung vom Gegenstand [der Mathematik]" und „vom mathematischen Wissen" (Fischer, 1984, insbes. S. 59; siehe dazu auch von der Bank, 2016, S. 86).

Und ich werbe sehr dafür, dies im Mathematikunterricht zum Thema zu machen (vgl. etwa Herget, 1986, 1989, 1995c, 2002b, 2003c, 2007b, c, 2018c; Herget & Richter, 1997; Herget & Scholz, 1998, 2018; Herget & Förster, 2002; Herget & Steger, 2002; Herget & Maaß, 2016). So authentisch wie möglich – bezüglich der inhaltlichen Sache *und* bezüglich der sozialen Situation Unterricht.

Allerdings: Lässt sich eine solche Orientierung an Anwendungen auch in zentralen schriftlichen Prüfungssituationen einigermaßen ehrlich abbilden? Ich habe meine Zweifel. Und *wie weit* ist – wohlgemerkt: in solchen zentralen Prüfungen! – Anwendungsorientierung überhaupt unverzichtbar nötig? Reduziert auf den Kern, könnte weniger hier auch mehr sein.

„Die Crux der authentischen Aufgaben ist ihr Mangel"
Thomas Jahnke hat in seiner unnachahmlichen Art auf den Punkt gebracht, wie herausfordernd es ist, die großmundig formulierten Ansprüche nach wirklicher Authentie zu erfüllen (Jahnke, 2011, S. 165 – in seinem Vortrag (Jahnke, 2005) hatte er übrigens darauf hingewiesen, dass es keinen Grund gäbe, den Zungenbrecher *Authentizität* zu verwenden):

> Die Crux der authentischen Aufgaben ist ihr Mangel. Es gibt keine oder – wenn man es versöhnlicher ausdrücken will – fast keine. Ich meine, man sollte sich eingestehen, dass es keine authentischen Aufgaben gibt. (Und wenn mal einer eine finden sollte, dann kann man das ja feiern.) In aller Regel sind Aufgaben didaktische Konstrukte. Da mag der Konstrukteur noch so geschickt sein und seine Spuren zu verwischen suchen, es wird ihm nicht gelingen.

Sachsituationen – zum Vergessen

> „Ein Maurer braucht für eine kleine Gartenmauer zwei Stunden – wie lange brauchen 13 Maurer?" – Kurzes Überlegen, dann schnell der Griff zum Taschenrechner: 2 [÷] 13 [=] … 0,153846153 Stunden! Na gut, wie viele Minuten? Moment … [x] 60 [=] … 9,23076923 Minuten!

Ist doch alles richtig, oder??? (Herget, 1999):

> Bereits zum Ende der Primarstufe und zu Beginn der Sekundarstufe I verfestigt sich im Sachrechnen eine folgenreiche Entwicklung: Aufgaben werden zwar im Rahmen einer vermeintlichen Sachsituation formuliert, beim Lösen jedoch ist dieser Zusammenhang durchweg „zu vergessen" – es wird nach dem Lösungsschema aus der letzten Mathe-Stunde einfach drauflos gerechnet, das zugrundegelegte Modell wird nicht geprüft und hinterfragt; zum Schluss wird das Ergebnis zweimal unterstrichen und, wenn es denn unbedingt sein muss (dem Zwang des Lehrers folgend, aber ohne wirklichen eigenen Bezug zur Ausgangssituation), noch ein Fünf-Worte-Ergebnissatz formuliert.

Vor gut 20 Jahren hielt „Mathematisches Modellieren", in den Bildungsstandards als anzustrebende Kompetenz ausgezeichnet, ganz offiziell Einzug in die Mathe-Klassenzimmer in Deutschland (und nicht nur dort). Der *Modellbildungskreislauf* (etwa Schupp, 1998a, S. 11) – als „Modell" des Mathematischen Modellierens – zählt mittlerweile längst zur mathematikdidaktischen Folklore.

Der erste Schritt dabei ist das *Mathematisieren,* das „Übersetzen" von der „Sprache" einer (mehr oder weniger) realen Situation in die Sprache einer (mehr oder weniger) passenden Mathematik, das „Über-Setzen" (etwa mit einer Fähre) vom Ufer der Realität an das Ufer der Mathematik. Und nach dem Arbeiten in und mit der Mathematik geht es dann wieder zurück in die Realität, indem die mathematischen Ergebnisse geeignet interpretiert – zurück über-setzt – und bewertet werden.

Wie lassen sich dieses Mathematisieren und dieses Interpretieren und Validieren, dieses „Über-Setzen" hin und zurück, zu einer wirklich tragfähigen Brücke zwischen diesen beiden „Welten" ausbauen? Eine Brücke, die von beiden Seiten durchgängig begehbar ist und die auch nach der Schulzeit möglichst breit und tragfähig bleibt, wenn sie denn einmal benötigt wird?

„Sölliche spöttliche Exempla wöllen oft mehr Wort haben denn die nützliche"
Eine erste, einfache Möglichkeit sind Aufgabenvariationen, die bewusst
die Grenzen eines vermeintlich naheliegenden, aber eben zu schlichten
mathematischen Modells überschreiten ... etwa die obige Gartenmauer, die nun
aber – aufgepasst! – von stattlichen 120 Maurern in einer Minute gebaut wird:
Man stelle sich das Gewusel einmal vor ... (s. a. Andelfinger, 2014, S. 117).
     Oder eine „Brauchen-Aufgabe"-Verwandlung wie diese:

> „Eine Schülerin braucht für den Heimweg 5 Minuten.
> Wie lange brauchen drei Schülerinnen?"

In meiner 7. Klasse hatten wir nicht nur die „Propis" und die „Anti-Propis" zum
Thema gemacht, sondern daneben auch ähnliche Aufgaben zu „Sonstis" (also zu
Situationen, die weder proportional noch antiproportional sinnvoll zu lösen sind:
„Ein Ei hart kochen dauert 7 min. Wie lange dauert es bei 7 Eiern?"). Und wir
hatten als wesentliche Strategie festgehalten, bei jeder Aufgabe, als ersten Schritt:

> Welches „Rezept" passt hier?
> Proportionalität? Oder Umgekehrte Proportionalität?
> Oder keines von beiden?

Julia, eine meiner Schülerinnen, schrieb zu der obigen Schülerin-Heimweg-Auf-
gabe in der Klassenarbeit, ganz ohne zu rechnen, einfach nur: „Drei Schülerinnen
brauchen 15 Minuten" – um dann (ihr Augenzwinkern konnte ich mir dabei lebhaft vorstellen) in der nächsten Zeile zu ergänzen: „... weil sie sich so viel zu
erzählen haben!" (Herget, 1999). Mission erfüllt.
Schon Walther Lietzmann (1880–1959), der die deutschsprachige Mathematikdidaktik im ersten Drittel des vergangenen Jahrhunderts wesentlich geprägt hat,
spricht über das Dilemma eines „lebensnahen" Mathematikunterrichts. Anselm
Lambert hat diese sogenannte „Lebensnähe" am Beispiel von Dreisatzaufga-
ben wie „Zwei Hühner legen an drei Tagen vier Eier. Wie viele ...?" kritisch-
konstruktiv analysiert. Auch er wirbt für einen entsprechenden Ausweg (Lambert,
2007, S. 78) und blickt dabei im Einklang mit Lietzmann sogar noch einige
weitere Jahrhunderte zurück (s. a. Herget & Lambert, 2021):

> Bereits durch einfache Variation der Aufgabe kommt man umhin, Realitätsnähe zu
> heucheln. Walther Lietzmann hat bereits vor langer Zeit vorgeschlagen, die Aufgabe zu
> beginnen mit:
>
> „1 ½ Hühner legen in 1 ½ Tagen 1 ½ Eier ..."
> (vgl. z. B. Lietzmann, 1941, S. 122 – das Buch beginnt er übrigens mit einem Zitat von
> Michael Stifel aus dem Jahre 1553: „Sölliche spöttliche Exempla wöllen oft mehr Wort
> haben denn die nützliche.") Diese offensichtliche Realitätsferne verrät den Lernenden ehr-
> lich, dass wir hier eine mathematische Struktur eingekleidet haben und von ihnen das Ent-
> kleiden der Aufgabe fordern. Nicht mehr und nicht weniger.

Damit ist die Aufgabe – im Sinne von Thomas Jahnke – durchaus *authentisch* (Jahnke, 2011, S. 169):

> Wenn man die Bezeichnung authentisch für Mathematikaufgaben retten will, dann darf man sie nicht an die Realität oder authentische Kontexte binden, sondern muss sich mit der übertragenen Bedeutung ‚echt‘, ‚glaubwürdig‘, ‚zuverlässig‘ begnügen. Unter ‚echt‘ könnte man auch ‚in sich stimmig‘ verstehen, ob eine Aufgabe also nichts anderes will, als sie zugibt.

Übrigens: Die Aufgabe

> „1 ½ Hühner legen in 1 ½ Tagen 1 ½ Eier. Wie viele Eier legt ein Huhn am Tag?"

legte die Journalistin Katrin Wilkens fünf Hochschulangehörigen vor und berichtete darüber in dem Artikel „Zur Eierfrage" in der satirischen Zeitschrift *Titanic* (Januar 1995, S. 62–65). Thomas Jahnke dazu (Herget et al., 2001, S. 8): „[Hier] machen die Zahlenangaben sofort deutlich, dass es nicht um die Leistungsfähigkeit von Legehennen oder die Kalkulation eines Hühnerhalters geht, sondern um die – durchaus reizvolle – Frage, ob und warum man von anderthalb, anderthalb, anderthalb auf eins, eins, eins schließen darf oder nicht."

Gern erinnere ich auch an Martin Glatfeld, der schon auf den Unsinn mancher Schulbuchaufgaben hinweist:

> In der Plakatmalerei eines Kaufhauses stehen 6 angebrochene Dosen mit schwarzer Plakatfarbe. Die Dosen haben noch folgenden Inhalt: $0,725$ kg; $\frac{5}{8}$ kg; $\frac{3}{4}$ kg; $\frac{1}{5}$ kg; $0,875$ kg; $1\frac{9}{20}$ kg. Wieviel schwarze Plakatfarbe kommt zusammen, wenn alle Reste in eine große Dose gegossen werden (Glatfeld, 1983, S. V)?

Wie lange mag das gedauert haben, diese feinsinnig-buchhalterische Zusammenstellung eben dieser Plakatfarben-Massenmaße zu ermitteln und so zu notieren? Dann aber unterbrach offenbar jemand das eifrige Werkeln, um zu fragen, was sich ergäbe, wenn man endlich all die Farbgebinde zusammengießen würde – wobei offenbar niemand im Schulbuch sich sorgen muss, dass diese „große Dose" vielleicht zu klein sein könnte …

Und dann sind da noch die „Kapitänsaufgaben" (Baruk, 1989) mit dem namensgebenden Prototyp

> Auf einem Schiff sind 26 Schafe und 11 Ziegen.
> Wie alt ist der Kapitän?

Sie haben etliche Jahre die Mathematikdidaktik beschäftigt – einen ersten Einblick gibt Warzel (1995).

… lieber offensichtlich (und möglichst phantasievoll) eingekleidet …

> Mathematik ist nicht nur „Rechnen",
> Mathematik ist aber auch nicht nur Mathematisieren
> *(Helmut Heugl).*

Als wohltuenden Kontrast empfehle ich die Aufgaben „Mathe im Advent" der DMV (Deutsche Mathematiker-Vereinigung): Phantasievoll und charmant, adressaten- und zeitgerecht eingekleidet – mit der (augenzwinkernden?) Werbung „Lebensnahe, sinnvolle und weihnachtliche Anwendungen findest du täglich vom 1. bis 24. Dezember auf www.mathe-im-advent.de" und mit der seit Jahren bewährten *Appetizer-Aufgabe* „Die Wichtel in der Sahara":

> Wichtel Waldemar hat einen wichtigen Auftrag: Er muss die Wunschzettel aller Kinder in den Oasen der Sahara abholen. Dort kommt die Post nicht so oft vorbei. Als Wichtel ist er schnell unterwegs – er startet in Timbuktu und schafft die gesamte Reise durch die Wüste in 6 Tagen. Als kleiner Wichtel kann er aber nur maximal 4 Tagesrationen an Proviant tragen, er braucht also Hilfe.
> Die Wüste ist für die fliegenden Rentiere zu heiß und Kamele sind zu langsam. Deshalb kann Waldemar nur andere Wichtel als Begleitung mitnehmen. Sie sind genauso schnell wie er, können aber auch nur je 4 Tagesrationen an Proviant mitnehmen. Wie viele Wichtel muss Waldemar deshalb mindestens mitnehmen, damit niemand auf der Tour verhungert oder verdurstet und auch er selbst wohlbehalten nach Timbuktu zurückkehrt?

Nach Adolf Kruckenberg eine reine Phantasieaufgabe, auf deren jahrhundertelange Tradition er mit einem Beispiel aus Indien aus der Mitte des 12. Jahrhunderts hinweist (Kruckenberg, 1950, S. 136 f., s. a. als „Gleichungspoesie" bei Lietzmann, 1941):

> Von einem Schwarm Bienen läßt sich ein Fünftel auf einer Kabombablüte, ein Drittel auf einer Silindhablüte nieder. Der dreifache Unterschied ... flog nach den Blüten einer Kutuja. Eine Biene blieb übrig [...]. Sage mir die Anzahl der Bienen!

… ganz im Sinne von Hans Schupp, einem der Großen der Mathematikdidaktik der letzten Jahrzehnte (Schupp, 1998a, S. 14): „Lieber eine hübsche Denksport-, eine interessante historische, eine offensichtlich eingekleidete Aufgabe als eine ernst gemeinte Scheinanwendung."

2.3   Matchball Abitur? … ernst gemeinte Scheinanwendung

> Zu Risiken und Nebenwirkungen lesen Sie die Packungsbeilage und fragen Sie Ihren Arzt oder Apotheker.
> *Gesetz über die Werbung auf dem Gebiete des Heilwesens – Heilmittelwerbegesetz (HWG), § 4 Abs. 3*
> Die Schule soll stets danach trachten, dass der junge Mensch sie als harmonische Persönlichkeit verlasse, nicht als Spezialist
> *(Albert Einstein, 1895–1976).*

Spätestens seit PISA sind sie allen Betroffenen, Schülerinnen und Schülern wie Lehrerinnen und Lehrern, kompetenzstandardmäßig sehr vertraut: all die Zentralabitur-Aufgaben, die wortreich eine vermeintlich reale Situation beschreiben, mit einer wohlkonstruierten Sequenz von kontextorientiert vermeintlich realen Fragen – etwa Herget (2018d, S. 6) … (Abb. 2.2)

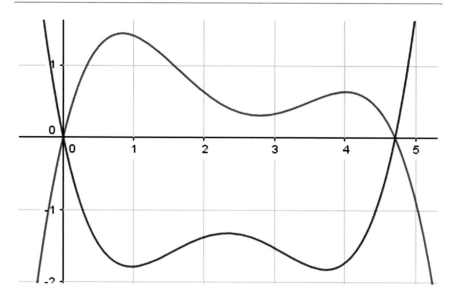

Abb. 2.2 Puppenwagen-Seitenteil (Skizze nicht maßstabsgerecht)

... der Spielzeugpuppenwagenseitenteilspeziallack

Eine Spielzeugfabrik stellt Puppenwagen her. [...] Die Außenfläche eines dieser Seiten-
teile kann in einem kartesischen Koordinatensystem mit dem Koordinatenursprung O
(1 Längeneinheit entspricht 1 Dezimeter) dargestellt werden (siehe Abbildung). Die obere
Begrenzungslinie der Außenfläche zwischen den Punkten O und $A(x_A/0)$ kann durch den
Graphen der Funktion f und die untere Begrenzungslinie [...] durch den Graphen der
Funktion g beschrieben werden [...]

$$f(x) = -0{,}106x^4 + 1{,}082x^3 - 3{,}602x^2 + 4{,}039x \quad (x \in \mathbb{R}, 0 \le x \le x_A) \quad \text{und}$$

$$g(x) = 0{,}135x^4 - 1{,}269x^3 + 3{,}962x^2 - 4{,}618x \quad (x \in \mathbb{R}, 0 \le x \le x_A).$$

[...] Jedes 0,5 cm dicke Seitenteil des Puppenwagens soll vollständig (Außenfläche,
Innenfläche und Randfläche) mit einem für Kleinkinder gefahrlosen Speziallack über-
zogen werden. Ermitteln Sie den Inhalt der zu lackierenden Fläche eines Seitenteils des
Puppenwagens.

Hmm. Wenn ich mir da so die Designerin vorstelle, wie sie am Reißbrett – äh,
natürlich am Computer – die Konturen des Puppenwagens entwirft ... Gibt
sie dann diese beiden Polynome ein? Eher nicht, denn eher gibt sie Punkte,
Steigungen und Krümmungen ein, aus denen der Computer für sie hübsch aus-
sehende Bézier-Kurven berechnet. Interessieren würde mich dann schon, wie
der dann ausgerechnet auf diese beiden Funktionen mit ausgerechnet diesen
Koeffizienten gekommen ist – das aber ist hier gerade *nicht* gefragt ... warum
eigentlich nicht? – Wofür ist es denn gut, zu lesen, dass es sich um einen Puppenwagen handelt? Motiviert mich das, spornt mich das an, irgendwie? In einer solch

besonderen Prüfungssituation? Sollte es nicht vor allem um das *Verstehen* der Schul-Analysis gehen? Und eben *nicht* um das oberflächlich-routinemäßige Entkleiden von zwei offensichtlich mühsam-bemüht dürftig verkleideten Polynomfunktionen?

Jedenfalls trägt das ausgesprochen wenig bei zur *Mathematical Literacy,* dem erklärten Anspruch bei PISA:

- Erkennen und Verstehen der Rolle, die die Mathematik in der sozialen, kulturellen und technischen Welt spielt,
- angemessenes Beurteilen von Sachverhalten unter mathematischen Gesichtspunkten,
- aktives Anwenden der Mathematik, um Anforderungen des Alltags zu bewältigen.

Wohlgemerkt, ich habe großen Respekt vor all den Kolleginnen und Kollegen, die diese Aufgaben konstruieren (müssen). Denn Aufgaben unter diesen Rahmenbedingungen zu liefern, das dürfte alles andere als eine dankbare Aufgabe sein.

… das Gartenniederschlagversickerungsmuldenbrett

Noch ein Realität nur heuchelndes Zentralabitur-Aufgabenbeispiel – ebenso polynomträchtig (hier nach Herget 2018a):

„Für die Versickerung von Niederschlag soll im Garten eine Mulde angelegt werden …" Der Querschnitt wird beschrieben mittels $f(x) = 1/64x^3 + 3/32x^2$, und es ist zu prüfen, ob die Mulde nicht zu steil ist. Und natürlich ist die Querschnittsfläche zu berechnen. Ferner gibt es das Brett mit $k(x) = -9/64x$ (ja, genau dieses Brett …), und es ist zu zeigen, dass es die Mulde nur im Punkt $A(-3|27/64)$ berührt (ja, eben genau dort …). Und zu guter Letzt ist da noch die Brücke mit $g(x) = -1/32\,x^2 - 1$ … Der Text füllt eine ganze Seite, auf der zweiten Seite finden sich die Skizzen mit allen Bezeichnungen.

Noch einmal: Wie nützlich ist hier wohl diese „Kurvendiskussion"? Wirklich nützlich, um eine Niederschlagversickerungsmulde im Garten zu planen und dann ein Brett an die Böschung anzulehnen?

Doch ich bekenne, dass auch viele der vor Jahren mit vereinten Kräften und viel Engagement entwickelten *etwas anderen* Abituraufgaben in diesem Sinne keineswegs kritikfest sind (so etwa Herget 1995b, 1996, 2000d).

… die lineare Tennisspielaufschlagabschlagrückschlag-„Kurve"

Kunst-voll-künstlich verkleidet wird im Abitur nicht nur die sogenannte Kurvendiskussion – noch herausfordernder wird es für die Aufgabenkonstrukteure in der analytischen Geometrie, denn da muss alles auch noch geradewegs linear sein:

Das Rechteck *OAEK* stellt ein Tennisspielfeld dar. Die Koordinaten für die folgenden Punkte lauten: $O(0|0|0)$, $A(27|0|0)$, $B(27|18|0)$, $C(27|39|0)$, $E(27|78|0)$, $F(27|39|3,5)$, $H(0|39|3,5)$ und $M(13,5|39|3)$.

Alle Koordinaten haben die Längeneinheit Fuß (ft). Das Netz ist an Pfosten befestigt, die durch die Strecken $\overline{CF}$ und $\overline{GH}$ dargestellt sind. Es hat an den Enden eine Höhe von 3,5 ft und fällt geradlinig ab, bis es in der Mitte M nur noch eine Höhe von 3 ft hat. Der Boden wird durch die xy-Ebene dargestellt. Der Ball wird als punktförmig angenommen.

Hier folgt dann eine Zeichnung zum Tennisfeld mit allen Linien und Punkten ...

a) Geben Sie die Koordinaten des Punktes D an.
Berechnen Sie die Länge der Diagonalen des Spielfeldes.
[...] Die Flugbahn des Balls wird als geradlinig angenommen.
Bei einem Aufschlag wird der Ball im Punkt $P(13|0|10,4)$ getroffen, fliegt in Richtung $\vec{v} = (13|58,5|-10,4)$ und trifft im Punkt Q auf dem Boden auf.
b) Zeigen Sie, dass Q im Spielfeld liegt.
c) Die Geschwindigkeit des Balles wird mit 90 Fuß pro Sekunde als konstant angenommen.
Bestimmen Sie, wie viel Zeit vom Abschlag im Punkt P bis zum Auftreffen des Balles auf dem Boden vergeht.
d) Berechnen Sie die Größe des Winkels, unter dem der Ball auf den Boden auftrifft.
e) Spiegelt man die Gerade, die die Flugbahn des Balles beschreibt, an der xy-Ebene, ergibt sich die Gerade b. Die Gerade b beschreibt die Flugbahn direkt nach dem Aufprall.
Bestimmen Sie eine Gleichung der Geraden b.

Tennisspielen mit punktförmigem Ball, der geradlinig fliegt und brav gemäß dem Reflexionsgesetz abspringt ... Keine Frage: Mathematik *kann* nützlich sein (Herget & Maaß, 2016); hier allerdings wohl kaum. Warum solche Verkleidungen? In solch einer Prüfungssituation? Welche Kompetenzen sind hier wirklich gefragt?

„Flugsicherung" – ein überzeugender Anwendungskontext ...
Bei den Abituraufgaben in der analytischen Geometrie sind sich Wolfgang Henn und Andreas Filler (2015, S. 235 ff.) einig: „Einer der wenigen überzeugenden Anwendungskontexte [...] ist der Themenkreis ‚Flugsicherung'." – Unter den Blinden ist der Einäugige König.

Zwei sich am Himmel scheinbar kreuzende Kondensstreifen (Abb. 2.3) können zu Fragen anregen (Henn & Filler, 2015, S. 235):

- Haben die Flugzeuge Glück gehabt, dass sie nicht zusammengestoßen sind?
- Kreuzen sich die Bahnen der Flugzeuge?
- Wenn sie sich kreuzen, sind dann die Flugzeuge gleichzeitig am Schnittpunkt?
- Hätten sie zusammenstoßen können?
- In welchem Abstand sind sie aneinander vorbeigeflogen?

... und die bedauernswerten linearen Raubvögel
Was aber tun, wenn man nicht schon wieder eine Flugsicherungsaufgabe im Abitur stellen will? Aus den Flugzeugen werden einfach ein Raubvogel und ein Singvogel – auf geht's (der vollständige Aufgabentext aus einem Berliner Zentralabitur findet sich bei Henn und Filler (2015, S. 236 ff.):

Abb. 2.3 Flugbahnen. (Foto: photodisk, www.freeimages.com)

Ein Raubvogel gleitet geradlinig gleichförmig in der Morgensonne über den Frühnebel. Er befindet sich in einer Höhe von 830 m im Punkt $P_0(3260 \mid -1860 \mid 830)$ und eine Sekunde später in $P_1(3248 \mid -1848 \mid 829)$. Im selben Zeitraum fliegt ein Singvogel geradlinig gleichförmig im morgendlichen Frühnebel von $Q_0(800 \mid -600 \mid 200)$ nach $Q_1(796 \mid -592 \mid 201)$, 1 LE = 1 m.

a) Geben Sie für die Flugbahnen je eine Geradengleichung an. […]

b) Die obere Grenze des Frühnebels verläuft in einer Ebene E. Die Ebene E ist orthogonal zu … und verläuft durch den Punkt … […]

c) Berechnen Sie den Abstand des Raubvogels vom Singvogel in dem Moment, in dem der Singvogel den Frühnebel verlassen möchte. […]

d) In diesem Moment flieht der Singvogel (vom Punkt S aus) zurück in den Frühnebel auf derselben Geraden, auf der sich der Raubvogel nähert.

Berechnen Sie die im Frühnebel mindestens erforderliche Sichtweite, damit der Raubvogel den Singvogel nicht aus den Augen verliert, wenn jetzt Singvogel und Raubvogel
jeweils dreimal so schnell fliegen wie zuvor. […]

Henn/Fillers Kommentar: „Raubvögel, die auf geradlinigen Bahnen flögen, wären
längst ausgestorben. […] Was Schüler allerdings für die Aufgabe lernen müssen,
ist, dass kritische Fragen (zumindest im Abitur) unangebracht sind […]. Mit
Modellierungskompetenz hat dies nichts zu tun – diese wird eher verhindert, wenn
man völlig unsinnige Modelle der Realität vorgibt." – Ja, in der Tat.

Warum überhaupt ausschließlich zentrale Abschlussprüfungen?
In meiner Zeit als Lehrer reichte ich für die (schriftlichen wie mündlichen) Abitur-
prüfungen meine Aufgaben-Entwürfe bei der zuständigen Bezirksregierung ein.
Die kamen dann nach einiger Zeit kommentiert zurück. Zugegeben, es machte
Arbeit – erst einmal für mich, dann auch für den zuständigen Fachreferenten.
Es war durchaus spannend für uns Lehrkräfte, ob und wie unsere Vorschläge
angenommen wurden. Dass die Aufgaben zu meinem Unterricht passten – und zu
meinen Schülerinnen und Schülern –, war jedenfalls gesichert.
   War früher alles besser? Nein, natürlich nicht. Jedoch:

Warum will man Lehrpersonen, die den ihnen anvertrauten Lernenden selbstgesteuertes,
die eigenen Erfolge (meta-)kontrollierendes Lernen ermöglichen sollen, nicht zutrauen,
ihre eigene Tätigkeit selbstverantwortlich zu kontrollieren? Das ist fragwürdig (Lambert,
2005, S. 79)!

Und, vor fast hundert Jahren (Lietzmann, 1926, S. 207):

Es ist klar, daß eine Prüfung von Schülern, die man durch ein- oder mehrjährigen Unterricht ihrer ganzen Eigenart und ihren Leistungen nach kennt, ganz anders ausschaut, als
eine Prüfung von gänzlich Unbekannten. Vom Standpunkte des Stoffes aus betrachtet
wird die Prüfung der eigenen Schüler schwerer sein; man wird in den Anforderungen im
allgemeinen erheblich weiter gehen. Auf der anderen Seite aber ist die Prüfung für die
Schüler sehr viel leichter, weil sie die Eigenheiten des Lehrers, den Stoff, den er fordert,
die Wege, die er bei den Ableitungen vorzieht, und vieles andere kennen. Entsprechendes
gilt vom Lehrer.

Mathe ist mehr als Können und Wissen und Kompetenzen. Und allemal mehr
als das, was sich in einer schriftlichen Prüfung abtesten lässt – selbst wenn die
Prüfung nicht zentral gestellt ist.

2.4   Vielfältige Vielfalt – *die etwas andere Aufgabe*

Man muss die Zukunft im Sinn haben und die Vergangenheit in den Akten
(Charles-Maurice de Talleyrand-Périgord, 1754–1838).

„Erinnerungen für die Zukunft" – in diesem Sinne (Lambert & von der Bank,
2021) erinnere ich an „etwas andere Aufgaben" (Herget, 1995a), eine Initiative,

die seit nun fast dreißig Jahren durch die regelmäßige Rubrik „Die etwas *andere Aufgabe*" in der Zeitschrift *mathematik lehren* bis heute viele interessierte Leserinnen und Leser an Schulen, Hochschulen, Fachseminaren und der Schulverwaltung erreichen konnte. Wie vielfältig die Möglichkeiten für solch „etwas andere Aufgaben" sind, zeigen die Anregungen zu Aufgabentypen und bewährten Konstruktionsstrategien, etwa Herget (1993, 1994a, b, 1995a, b, 2000a, 2006, 2012; Bruder, 2000; Neubrand, 2006). Einige ausgewählte Ideen für solche „Denk-Aufgaben" (vgl. auch Eigenmann, 1964) stelle ich im Folgenden vor.

Textkarge Aufgaben – weglassen und Weg lassen

Häufig sind es insbesondere die besonderen Anforderungen an (Zentral-)Prüfungsaufgaben sowie der angestrengt angestrebte Anwendungsbezug, die zu sehr textreichen Aufgaben führen, siehe etwa die oben diskutierten Abituraufgaben:

> [Der Schüler/die Schülerin] empfindet die Konfrontation mit der Anwendungsaufgabe nicht als Herstellung von Lebensnähe, wie die Lehrperson dies beabsichtigt hatte, sondern als bedrohliche Erschwernis auf dem Weg zu einer im Sinne des eigenen Abschlußziels passablen Mathematiknote (Sensenschmidt, 1995).

Ein besonderer Aspekt der Reduktion ist für mich der Umgang mit den Formulierungen von Aufgaben, siehe die ausführliche Darstellung in Herget (2017a). In diesem Abschnitt betrachte ich zunächst rein innermathematische Aufgaben unter diesem Aspekt – im nächsten Abschnitt wird sich dann mein Blick wieder mehr in den „Rest der Welt" weiten.

Mir gefallen grundsätzlich textkarge Aufgaben, gerade in der Geometrie – Aufgaben mit wohlüberlegt reduziertem Text (auch und sogar in Prüfungssituationen). Die Abb. 2.4 zeigt eine faszinierende Aufgabe, die ich von Rüdiger Vernay seit den 1980er Jahren kenne.

Übrigens: Die Aufforderung „Schätze zuerst!" bewährt sich hier wie andernorts: Wer einmal geschätzt hat, will wissen, ob er Recht hat – und wer anfangs nur rät, lernt mehr und mehr, das Schätzen gegenüber dem Raten zu schätzen …

Es ist ausgesprochen spannend, wie viele verschiedene Wege es bei dieser Aufgabe gibt, um zu einer Lösung zu gelangen (Vernay, 2007, 2009; Neubrandt, 2006, S. 163–166). Dabei hilft insbesondere die fundamentale Strategie *Zeichne Hilfslinien ein – und sieh bekannte Figuren, Winkel, Strecken*. Hier erweist sich das Achteck als ausgesprochen lösungsfreundlich, weil es viele Möglichkeiten für einfache Dreiecke, Quadrate, Rechtecke bietet.

Übrigens: Es gibt außerdem eine ausgesprochen elegante Lösung (Herget & Lambert, 2019a), die sogar für jedes regelmäßige 2*n*-Eck funktioniert – sehen Sie es (Abb. 2.5)?

Auch bei Hans Schupp finden wir eine Aufgabe, die demonstriert, wie schon ein schlichtes – regelmäßiges? unregelmäßiges? – Achteck nachhaltig mathematische Argumentationen anregen kann (Abb. 2.6; Schupp, 1988b).

Und – nicht zu vergessen: Eine wahre Fundgrube ist das leider längst vergriffene Buch *Geometrische Wiederholungs- und Denkaufgaben* von Paul Eigen-

Abb. 2.4 Welcher Bruchteil
dieser Figur ist grau gefärbt?
– Schätze zuerst!

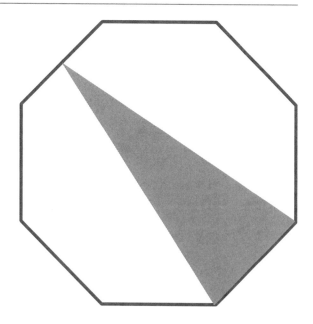

Abb. 2.5 Dreieck im
regelmäßigen 2*n*-Eck: eine
elegante Lösungsidee (Herget
& Lambert, 2019a)

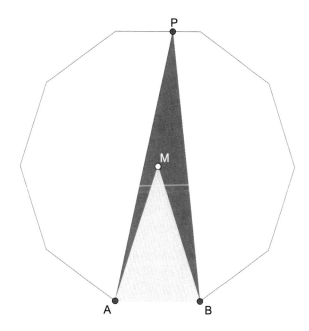

mann (1964). Diese einzigartig-unvergleichliche Sammlung voller ausgeprägt
textkarger Geometrie-Aufgaben hat in den letzten Jahren erfreulicherweise
wieder mehr Aufmerksamkeit bekommen (etwa Rembowski, 2017; Herget, 2016;
Ludwig & Reit, 2016). Und es gibt nun auch – kleinen – Ersatz: Edward Southall

Abb. 2.6 Ist das Achteck regulär? – Wer meint *Ja?* Wer meint *Nein?*

aus Huddersfield und Vincent Pantaloni aus Versailles haben zwei Büchlein mit lauter schmackhaften *Geometry Snacks* veröffentlicht (Southall & Pantaloni, 2015, 2018). Auch hier bestehen die Aufgaben aus Bildern und wenigen Worten. Und sie bieten Lösungswege an, oft sogar mehrere. Zwei *Snacks* daraus zum Reinknabbern finden Sie bei Herget und Lambert (2020).

Der besondere Charme dieser „Eigenmann-Aufgaben" (die Zeichnungen sind durchweg nicht maßstabsgetreu!): Sie kommen praktisch ohne jeden Text daher, mit ganz wenigen Angaben. Argumentieren, Schritt für Schritt – das kann man an diesen vielen kleinen Aufgaben entlang lernen, Schritt für Schritt … auch ganz ohne formal-algebraische Darstellungen, siehe etwa Abb. 2.7:

Abb. 2.7 Eine textkarge Aufgabe (Skizze nicht maßstabsgetreu). (Nach Eigenmann, 1964, Aufgabe 16)

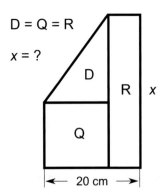

- Beim Dreieck ist der Flächeninhalt proportional mit dem Faktor ein halb zu einer Grundseitenlänge und zur zugehörigen Höhe.
- Quadrat und Dreieck haben hier den gleichen Flächeninhalt, also ist die die Quadratseite verlängernde Höhe des Dreiecks doppelt so lang wie eine Quadratseite.
- Quadrat und Dreieck lassen sich mit einem zum Dreieck kongruenten Dreieck zu einem in einer Seitenlänge gleichen Rechteck mit dem Dreifachen des Flächeninhalts des gegebenen Rechtecks ergänzen.
- Entsprechend teilen sich die anderen Seiten die Länge 20 cm im Verhältnis 3:1.
- Damit hat das Quadrat die Seitenlänge 15 cm (und das gegebene Rechteck eine Seitenlänge von 5 cm).
- Zur Bestimmung von x addieren wir nun Quadratseitenlänge und die Länge der oben betrachteten Dreieckshöhe und erhalten 45 cm.

Oder, etwas anders formuliert:

- Damit das Dreieck flächengleich zum Quadrat ist, muss seine Höhe doppelt so groß sein.
- Also ist die Höhe x des Rechtecks dreimal so lang wie die Quadratseite.
- Damit ist die Grundseite des Rechtecks ein Drittel so lang wie die Quadratseite.
- Also teilen sich Quadratseite und Rechteck-Grundseite die Länge 20 cm im Verhältnis 3:1, d. h. 15 cm : 5 cm.
- Damit ist die Höhe des Rechtecks $3 \cdot 15$ cm, also 45 cm.

Besonders interessant: Auf die interessierte Frage „Wie hast du es gemacht? Wie bist du rangegangen? Wo hat es gehakt? Was hat dir dann weitergeholfen?" gibt es viele, oft sehr unterschiedliche Antworten – lauter ausgezeichnete Mit-Lern-Gelegenheiten für alle Beteiligten, wirklich für alle.

Übrigens ist es attraktiv und oft nicht allzu schwer, eine vorgelegte Aufgabe so umzugestalten, dass sie textkarger wird (vgl. auch Herget, 2000a, S. 7, 2017a). Hier z. B. eine Finalrunden-Aufgabe 2016 des *Pangea Mathematikwettbewerbs,* entwickelt von dem Aufgabenteam um Benjamin Rott und Serdar Altuntas (Herget, 2017c):

In ein gleichschenkliges Dreieck mit den Seitenlängen $a = b = 13$ cm, $c = 10$ cm und der Höhe $h_c = 12$ cm ist ein Kreis einbeschrieben, der alle Seiten des Dreiecks von innen berührt.

Berechne den Radius des Kreises.

Neben dem sorgfältig formulierten Aufgabentext findet sich Abb. 2.8.

Wie könnte ich diese Aufgabe textkarger gestalten? Wenn der Satz des Pythagoras bekannt ist, könnte ich zunächst einmal auf die Höhe h_c verzichten. Und ganz im Sinne von Eigenmann (1964) könnte ich die Aufgabe sogar ganz ohne Worte stellen, etwa in Abb. 2.9.

Abb. 2.8 Abbildung
zu dem ausführlichen
Aufgabentext, Pangea-
Mathematikwettbewerb 2016

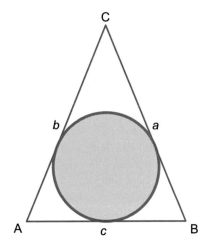

Abb. 2.9 … und ganz ohne
Worte als „Eigenmann-
Aufgabe"

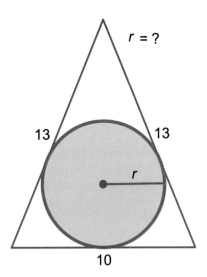

Um einen Weg zum Gesuchten zu finden, genügen hier elementare Problemlöse-
Strategien: Was ist gegeben, was ist gesucht? Welche Hilfslinien kann ich
ergänzend „hineinsehen"? Welche Figuren kann ich nun „hineinsehen"? – Sehen
Sie's (Herget, 2017c)?

Ein Exkurs …

In „Thema mit Variationen" von Hans Schupp findet sich eine spannende Variation
dieser Aufgabe, als Initialaufgabe für weitere Variationen durch Schülerinnen und
Schüler (Schupp, 2002, S. 299). Er fragt nicht nach dem Radius und beginnt nicht
mit *einem* Kreis. Er füllt das gleichschenklige Dreieck sukzessive mit *unendlich
vielen* Kreisen, die den vorhergehenden Kreis und die beiden Schenkel berühren,

und fragt nach dem Gesamtflächeninhalt. Eine elegante, einfache Lösung (durch einen Schüler) – ohne geometrische Reihe – gelingt mit einer Ähnlichkeitsbetrachtung: Jeder Kreis hat ein umhüllendes symmetrisches Trapez, und diese Trapeze samt ihrem jeweiligen Kreis sind ähnlich zueinander; es genügt also das Verhältnis eines Kreises zu seinem Trapez zu bestimmen – naheliegenderweise des ersten –, um das Verhältnis des Flächeninhaltes der gesamten Kreise-Figur zum Dreieck berechnen zu können. Die Schülerinnen und Schüler haben dann im Rahmen einer dreistündigen Unterrichtseinheit die Aufgabe ohne weitere Lenkung des Lehrers selbstständig variiert und erfolgreich bearbeitet – ein Beispiel dafür, dass und wie Lernende den Raum nehmen, wenn wir ihn mal frei lassen (Schupp, 2002, S. 301):

> […] 3. Statt Kreise werden „auf dem Kopf stehende" gleichseitige Dreiecke einbeschrieben. 4. Welchen Umfang haben alle Kreise zusammen? 5. Es werden nur die ersten drei Kreise betrachtet […] 10. Statt Kreise werden Quadrate einbeschrieben. Welchen Umfang und welchen Flächeninhalt haben alle Quadrate zusammen?

2.5   Feine Foto-Fermi-Fragen – *geometrisch modellieren*

> Wissen ist Macht. Aber Unwissenheit bedeutet noch lange nicht Machtlosigkeit
> *(Enrico Fermi, 1901–1954).*
> Phantasie ist wichtiger als Wissen, denn Wissen ist beschränkt.
> *(Albert Einstein, 1895–1976).*

An dieser Stelle werbe ich insbesondere für die „Foto-Fermi-Fragen" (Herget, 1999 ff.), auch „Bilder-Aufgaben" genannt – ich weite damit wieder meinen mathematischen Blick hin zum „Rest der Welt". Ausgangspunkt ist regelmäßig ein Interesse weckendes Foto, und die Aufgaben kommen mit wenig Text aus – „Ein Bild sagt mehr als 1000 Worte" (vgl. Herget, 2001 – doch dass man auch Bilder und Figuren erst einmal „richtig lesen" lernen muss, ist eine durchaus bedenkenswerte Feststellung, vgl. Lietzmann, 1926, S. 54 ff. und die Erfahrungen in Lambert & Kortenkamp, 2014, S. 652).

Diese Aufgaben haben durchweg das Zeug dazu, als Initiationsprobleme zu dienen (Wagenschein, 1974, S. 54):

> … (dabei) braucht der Lehrer nur das geeignete Phänomen (eine Figur, ein Tun, ein Geschehen) stumm zu exponieren, und das Problem erhebt sich daraus wie von selbst und ‚ruft' fast jedem Betrachter zu (wie Hilbert es formuliert haben soll): „Hier bin ich. Suche die Lösung."

Besonders lohnt es sich, *(raum-)geometriehaltige* Anlässe zu nutzen, weil sich diese sehr für das mathematische Modellieren im Matheunterricht eignen – aus vielen guten Gründen (vgl. etwa auch Krawitz & Schukajlow, 2018, 2022). All das geht gut zu zweit, aber auch in Einzelarbeit oder in einem größeren Team (Herget & Pabst, 2009; Herget & Richter, 2012).

Dabei kann ich hier verweisen auf die grundlegende Diskussion zu all den so besonderen Möglichkeiten, Fermi-Aufgaben im Mathematikunterricht zu nutzen, wie sie an anderen Stellen ausführlich dargestellt wurden (vgl. etwa Herget, 1999, 2000d, 2001, 2002a, 2003b; s. a. Herget et al., 2001, insbes. S. 12–15, 2011; Herget & Torres-Skoumal, 2007; Leuders, 2001; Herget et al., 2007; Wilhelm, 2020, 2021) sowie die ausgesprochen ausführlichen, Unterrichtspraxis-erprobten und Referendariats-tauglichen Erläuterungen in dem jeweiligen Begleitbuch zu den beiden Karteikarten-Sammlungen „Die Fermi-Box 5.–7. Klasse" (Büchter et al., 2007, S. 2–37) und „Die Fermi-Box 8.–10. Klasse" (Büchter et al., 2011, S. 2–25).

Die im Folgenden vorgestellten Produktiven Aufgaben können uns als vertrauensbildende Maßnahmen dienen; sie sind als kleine Modellbildungen ein Gewinn für jeden Unterricht und helfen, den Weg für eine reflektierende Modellbildung im Unterricht zu bereiten (Lambert, 2007).

Das (raum-)geometrische Modellieren deckt alle Aspekte des mathematischen Modellierens ab (s. etwa Schupp, 1988a, siehe unten). Aber – und darin sehe ich einen großen Vorteil gegenüber vielen der üblichen sog. Anwendungen im Mathematikunterricht – wir bleiben dabei auf eine ganz eigene, besondere Weise ehrlich und bescheiden, was den erklärten Anspruch an eine *authentische* Anwendungssituation anbetrifft (s. dazu die Kritik in Jahnke, 2011, siehe oben). Und es regt durchgängig an zu einer angemessenen Bescheidenheit bezüglich der erreichbaren numerischen Genauigkeit – ein Aspekt, der von grundsätzlicher Bedeutung in Anwendungssituationen sein sollte. Und, übrigens: Es passt damit sehr gut zu einer *Bildung für nachhaltige Erziehung,* siehe unten – wegen der dort durchweg unscharfen Datenlage.

Schätze zuerst!

Ein erstes Beispiel – Ausgangspunkt ist hier ein spontanes Foto, das ein junger Kollege augenzwinkernd anlässlich eines Kongresses aufnahm, „Le Pouce" – der Daumen (1963), ein Werk des französischen Künstlers César Baldaccini (1921–1998), beim Ludwig-Museum in Koblenz (Abb. 2.10).

Was für ein Daumen! In menschlichen Maßstäben überlebensgroß, keine Frage. Eher ein Riesen-Dinosaurier-Hinterfuß. Und es lassen sich mathematikhaltige Foto-Fragen stellen, etwa

Wie groß wäre ein Mensch, der solch einen riesigen Daumen hätte?
Schätze zuerst!

Doch wie können wir unsere Schätzungen auf den Prüfstand schicken? Klar, wir könnten im WWW recherchieren, ob wir Daten über das Kunstwerk finden, und wir würden u. a. auch Fotos entdecken von Césars „Le Pouce" in Paris, La Défense (dieses größte und schwerste Exemplar ist sogar etwa fünfmal so hoch und wiegt 18 t) oder in Marseille (Césars Geburtsstadt). Doch – eine wichtige Erkenntnis! – es geht überraschend gut auch ganz ohne Recherche: Was bietet das

Abb. 2.10 Der Riesen-
Daumen – Wie groß wäre …?
(Foto: Jan Wörler)

Foto, jenseits der Interesse weckenden ungewöhnlichen Idee von César? Nun, zum
Vergleichen haben wir hier den Mann. Der Riesen-Daumen ist etwa anderthalb-
mal so hoch wie der Mann – also schätzungsweise zweieinhalb Meter. Und nun?
Meinen Daumen kann ich messen: etwa 5 cm. Der Riesen-Daumen ist also etwa
50-mal so hoch wie meiner lang. Also (wieso eigentlich?) wäre ein Mensch mit
einem solchen Riesendaumen etwa 50-mal so hoch wie ich, d. h. 80 bis 90 m
hoch.

Vielleicht so hoch wie der Kirchturm in der Nachbarschaft? Der höchste Kirchturm der Welt, der 161,53 m hohe Turm des Ulmer Münsters, ist jedenfalls „nur"
etwa doppelt so hoch (Abb. 2.11).

Diese skurrile Gigantismus-Idee lässt sich anhand vieler mehr oder weniger
künstlerischer Objekte in dem beschriebenen Sinne im Unterricht nutzen, ob es
überlebensgroße Tierplastiken sind, ein als Riesen-Fußball verkleideter Fernseh-
turm oder ein riesiges Osterei. Auf die Spitze treibt es Eric Grundhauser (2013)
auf www.atlasobscura.com, indem er aus Flickr- und Wikimedia-Fotos von sieben
sorgfältig ausgewählten Statuen in drei Kontinenten einen stattlichen Riesen
zusammenpuzzelt (s. a. https://www.atlasobscura.com/search?kind=places&q=g
iant). Vielleicht haben Sie ja Freude daran, so etwas einmal als Recherche- und

Abb. 2.11 Der Mann mit
dem Riesen-Daumen – in
Ulm. (Montage/Foto: Lukas
Wachter/Jan Wörler)

Präsentations-Aufgabe an hinreichend affine Schülerteams zu vergeben (vgl. etwa
Herget & Pabst, 2009)? Als Lehrer würde es mir jedenfalls in den Fingern jucken
– in meinen kleinen, natürlich …

Und wie hoch sind bekannte monumentale Statuen wie die Freiheitsstatue
in New York, die Christus-Statue bei Rio de Janeiro, das Hermannsdenkmal im
Teutoburger Wald bei Detmold? Wie groß war der Koloss von Rhodos, eines der
sieben Weltwunder der Antike? – Apropos, Koloss von Rhodos: Warum man sich
belastbare Grundvorstellungen der unterschiedlichen Größen Länge und Volumen
erarbeiten sollte (siehe dazu auch Herget, 2000b, insbesondere S. 12–14):

> Der Koloss von Rhodos wird in der antiken Literatur häufig erwähnt – gerne als Bei-
> spiel für übertriebene Größe und Größenwahn. In diesen Kontext gehört auch folgende
> Anekdote: „Die Rhodier, die zunächst eine mittelgroße, etwa 18 Meter hohe Statue bei
> Chares bestellten und den Preis festlegten, änderten den Auftrag und verdoppelten die

Maße. Chares merkte zu spät, dass er den achtfachen statt den doppelten Preis hätte fordern müssen. Er ging an dem Auftrag bankrott, was ihn dann in den Selbstmord trieb" (Sextus Empiricus, Adversus mathematicos 7, 106 f., zit. n. de.wikipedia.org [27.11.2022]).

Bestimmt fallen Ihnen (und Ihren Schülerinnen und Schülern) noch weitere ungewöhnliche Mathe-Fragen dazu ein, etwa

Wie viel Nagellack bräuchte man für diesen Riesen-Daumennagel?
Wie schwer ist wohl dieses Kunstwerk?

Übrigens: Eine solche Sequenz – von der Frage nach einer *Länge* über eine Frage zu einer *Fläche* bis hin zu einer Frage zu einem *Volumen* – bietet sich bei derartigen Foto-Fragen häufig an. Und fördert Grundvorstellungen und Größenvorstellungen.

Alle diese Foto-Fermi-Fragen lassen sich entsprechend Schritt für Schritt beantworten – wohlgemerkt stets mit der unvermeidbaren Ungenauigkeit, denn aus dem Foto können zwangsläufig nur ungefähre Informationen herausgelesen werden, sodass oft fast nur noch die Größenordnung, die Zehnerpotenz zählt (Wilhelm, 2020).

Exkurs: Schätzen von Größen!

„Täuschungen bei der Größenschätzung" überschreiben Walther Lietzmann und Viggo Trier (1923, S. 1) das erste Kapitel ihres Büchleins *Wo steckt der Fehler?*

Ich beginne mit einer Reihe ganz einfacher Schätzungen, bei denen zwischen geschätzten und wirklichen Werten, die entweder durch Messung oder durch Rechnung – eine ungefähre Überschlagsrechnung reicht aus – festgestellt werden, meist eine große Kluft zu klaffen pflegt. […]
d) Denke an einen dir bekannten runden Turm der näheren oder weiteren Umgebung deines Wohnortes. Das Wievielfache des Umfanges ist seine Höhe? […]
i) Ist es möglich, alle Bewohner der Erde auf der Fläche des Bodensees unterzubringen?

Ganz im erklärten Sinne von Lietzmann und Trier: Notieren Sie zunächst Ihre spontane Schätzung schriftlich – und vergleichen Sie dann mit dem tatsächlichen Wert … als Überleitung zum nächsten, zentralen Abschnitt, bei dem es durchweg ums „gute" Schätzen geht. Damit es nicht untergeht: Konsequenterweise lassen die beiden in Aufgabe m) noch die Konsequenzen von i) auf den Pegel des Bodensees schätzen.

Wissen um die Grenzen von Wissen – das mathematisch Ver-Antwort-bare

Es macht also Sinn, mathematische Exaktheit von Genauigkeit für die Wirklichkeit zu unterscheiden (Lambert, 2020).

Also bewusst besonnene „Bescheidenheitsmathematik" statt unbedacht blinder Präzisionsmathematik (Wilhelm & Andelfinger, 2021, S. 6)!

Wie soll man den Wert der absoluten Genauigkeit der Mathematik wirklich schätzen lernen, wenn man nicht gelernt hat, dass im „Rest der Welt" diese Präzision und Zuverlässigkeit fast nie erreichbar ist?

Und umgekehrt kann man mit dieser Ungenauigkeit nur dann „so gut wie möglich" umgehen, wenn man die Möglichkeiten der exakten Mathematik zu nutzen gelernt hat (Herget, 1999, S. 9).

… ganz genau … und ungefähr – beides hat seinen Wert, zur rechten Zeit, am rechten Ort:

Bei solchen Problemstellungen gilt es Abschied nehmen von der vertrauten Genauigkeit der Zahlen, von der Eindeutigkeit der Ergebnisse – von manchen Schülerinnen und Schülern geliebt, von anderen gehasst.
Hier wird es unsere besondere Aufgabe als Lehrkräfte sein, eine Brücke zwischen diesen beiden Welten zu schlagen, zwischen der Schärfe der Mathematik und der Unschärfe im „Rest der Welt" – denn beide Welten sind wichtig, beide sind unverzichtbar […] (Herget & Klika, 2003, S. 18).

Übrigens: Auch dieses Spannungsfeld zwischen Präzision und Näherung wird schon in den preußischen Richtlinien von 1925 adressiert, ebenfalls prominent unter „Allgemeine Grundsätze" (nach Lietzmann, 1926, S. 262; vgl. Lambert, 2005, S. 73):

4. Der Schüler ist schon frühzeitig dazu anzuleiten, durch einen einfachen Überschlag oder einen zeichnerischen Entwurf vor der genauen Ausführung seiner Aufgabe sich Rechenschaft zu geben über das zu erwartende Ergebnis. […]
5. Die schon auf der Mittelstufe erzielte Einsicht in die Grenzen der Genauigkeit solcher Rechnungen, die mit Messungen zusammenhängen, wird in den oberen Klassen in allen geeigneten Fällen zu einer Abschätzung der im Endergebnis erreichten Genauigkeit gesteigert.

Und heute, hundert Jahre später, wo öffentliche und soziale Medien uns fast spielerisch bequem ein Vielfaches an Informationen, Zahlen und Ziffern liefern? Die polarisierenden Diskussionen zu den akuten Herausforderungen der weltweiten Klima-Krise und der Covid-19-Pandemie zeigen deutlich, wie sehr das (Wunsch-)Bild von fertiger, widerspruchsfreier Wissenschaft im Denken und Wünschen der Menschen verbreitet ist – und da trägt der übliche Mathematikunterricht leider seinen Teil zu bei. Dazu gehört auch das lineare-proportionale Modell-Denken, das wohl tief in uns Menschen fest installiert ist – leider gelingt es im Mathematikunterricht nicht genügend, dies wenigstens einigermaßen aufzuweichen und auszuweiten, um ähnlich fest die wichtige Erkenntnis zu verankern, dass es daneben zumindest noch das exponentielle Modell für Wachstum gibt und dieses sich eben deutlich anders verhält (vgl. etwa Herget et al., 2003):

„Wir gehen davon aus, dass sich die Infektionszahl alle drei Tage verdoppelt und die Kurve sich parabolisch nach oben bewegt"
(Oberbürgermeister Burkhard Jung, Leipziger Volkszeitung, 21./22.3.2020, S. 15).

„Exponentielles Wachstum ist heimtückisch. Es bedeutet, wenn eine Intensivstation in 10 Tagen halbvoll ist, ist sie nach weiteren 10 Tagen ganz voll"
(Gesundheitsminister Jens Spahn am 6.11.2020 im Bundestag).

Übrigens: Anselm Lambert und Anke Leiser schildern einen ausgesprochen vielseitig-vielfältigen *und* unterrichtspraktikablen Ansatz, wie dies bei der Behandlung der Exponentialfunktionen in Klassenstufe 10 zu realisieren ist (Lambert & Leiser, 2021).

Kurzum: Das Wissen um das *mathematisch Ver-Antwort-bare* und der Umgang mit den Möglichkeiten, aber auch mit den Grenzen der Mathematik sind heute noch viel wichtiger als früher. Allerdings: In den Bildungsstandards (Mittlerer Schulabschluss, i. d. F. von 2022) spielt „Bescheidenheitsmathematik" eine eher bescheidene Rolle (etwa in Leitidee 1 mit „… runden Zahlen dem Sachverhalt entsprechend sinnvoll", „… prüfen und interpretieren Ergebnisse, auch in Sachsituationen", in Leitidee 2 immerhin „… bewerten die Ergebnisse sowie den gewählten Weg in Bezug auf die Sachsituation"), und in zentralen Prüfungen wird sie nicht wirklich gefordert. – Unverantwortbar, finde ich.

It is better to be vaguely right than exactly wrong
(Carveth Read, 1848–1931).

Bildung für nachhaltige Entwicklung (BNE) – ein aktuelles Thema für „Fermi-Mathematik"

Themen, die Schüler emotional berühren und durch mathematische Argumente befördert werden können, haben in der Regel eine politische Dimension, und es wäre unredlich und kurzfristig, ihr ständig ausweichen zu wollen. Demokraten erzieht man nicht, indem man vormacht, wie man sich heraushält (Führer, 1997, S. 117).

[Die] Fähigkeit zur kritischen Auseinandersetzung mit Mathematik setzt aber die Fähigkeit voraus, mathematische Werkzeuge zu benutzen, um Alternativen auszuloten. Wird dies mit gesellschaftlichen Kontexten verknüpft, in denen Entscheidungen zu treffen sind, so können Schülerinnen und Schüler einen Eindruck davon bekommen, in wie weit Mathematik in diesen Prozessen helfen kann (Lengnink & Prediger, 2001).
Mathematik als eine Schule der Nachdenklichkeit sollte auf Nachdenklichkeit nicht nur in Bezug auf Mathematik zielen, sondern auf ihre Bedeutung sowie das Verhältnis von Mathematik und Mensch (Prediger, 2002).

BNE ist eine Bildungskampagne, international und national getragen von einem breiten Spektrum verschiedener Akteurinnen und Akteure. Sie soll zu zukunftsfähigem Denken und Handeln befähigen und es allen ermöglichen, die Auswirkungen des eigenen Handelns auf die Welt zu verstehen und verantwortungsvolle, nachhaltige Entscheidungen zu treffen (de.wikipedia.org [22.12.2022]).

BNE ist für die Schule ein ganz besonderer, ausgesprochen aktueller, wichtiger Themenkomplex. Dabei ist es durchgängig so, dass notwendige Informationen hier fast nie mit strenger „mathematischer" Genauigkeit vorliegen können – doch in vielen Fällen sind für Prognosen durchaus mathematische Modelle zu nutzen, und es ist ausgesprochen allgemeinbildend, zumindest die *Größenordnung* eines Problems möglichst zügig und verlässlich ab- und einschätzen zu können.

Damit geht es hier also um einen ganz spezifischen Beitrag des Mathematikunterrichts für BNE – eben *diese* Erkenntnis im Umgang mit Berechnungen und Prognosen kann in *dieser* Qualität *nur* im Mathematikunterricht geleistet werden. Allerdings: Es erfordert von allen Beteiligten einen *etwas anderen* „Mathe-Blick", jenseits der vertrauten Präzisionsmathematik – wie bei nahezu jedem ernsthaften mathematischen Modellieren wird „Bescheidenheitsmathematik" dabei ein Thema:

> Auf die numerischen Ergebnisse kommt es eben nicht wesentlich an, wenn es um Modellierungskompetenz geht, sondern auf die Herangehensweise, auf taktvollen Umgang mit unsicheren Messwerten und auf die Bereitschaft, eigene Rechenergebnisse sach- und selbstkritisch zu relativieren (Führer, 2005).

Katharina Wilhelm, eine junge Kollegin aus Saarlouis, hat sich in den letzten Jahren konsequent und ausgesprochen ideenreich und praxisorientiert dieser Herausforderung gestellt, u. a. mit „Nachhaltigkeits-Fermis" (Wilhelm, 2020, 2021, 2022; s. a. Herget & Lambert, 2019b, 2022a, b, c). Hier ein Beispiel für eine vielfältige, herausfordernde, aber doch textarme Aufgabe im Rahmen einer wohlverstandenen BNE.

„Toastbrot-Müll bis zum Mond" – eine Foto-freie Fermi-Frage

Unter der Überschrift „*Unnachhaltigkeit* hinterfragen – und mit Ungenauigkeit umgehen lernen" stellt Katharina Wilhelm fünf Ideen vor, bettet sie in das BNE-Konzept ein, diskutiert ausgewählte Schülerlösungen und reflektiert Erfahrungen und Herausforderungen (Wilhelm, 2020). Die folgende Medien-Meldung über den verschwenderischen Umgang mit Toastbrot ist eine dieser fünf Ideen.

Es gibt einen guten Grund, warum Sie Toast einfrieren sollten

Jeden Tag landen im Vereinigten Königreich 25 Millionen Scheiben Toast im Müll, da die Verbraucher es nicht schaffen, den Toast rechtzeitig zu konsumieren, und einen nicht ganz frisch getoasteten Toast für ungenießbar halten. Dabei wäre es so einfach, diesen riesigen Müllberg an Brot zu vermeiden. Die Regierungskampagne „Love Food Hate Waste" appelliert dazu nun an die Verbraucher, Toastbrot einzufrieren und Toast nicht nur zum Frühstück zu konsumieren.

Angesprochen werden sollen vor allem die 18- bis 34-Jährigen, von denen 69 Prozent zugeben, wöchentlich Brot wegzuwerfen, obwohl 26 Prozent sogar wissen, dass sie das Brot einfrieren könnten.

(nach stern.de, 09.03.2019)

Katharina Wilhelm (s. a. Herget & Lambert, 2019b) hat dazu Fragen an ihre Schülerinnen und Schüler gestellt, ganz im Sinne der BNE: zum einen, um durch

Abb. 2.12 Toastbrotscheiben. (Foto: Rainer Zenz, CC BY-SA 3.0, wikimedia.org)

spektakuläre Vergleiche möglichst anschauliche Vorstellungen von der genannten
Menge von Toastbrot aufzubauen, und zum anderen, um diese Verschwendung
bewusst zu reflektieren (Abb. 2.12):

- Wenn wir die Toastscheiben stapeln würden, wie hoch wäre der Turm nach
  einem Jahr?
  Und wann würde der Turm bis zum Mond reichen?
- Wie viele LKW würden benötigt, um den Toastmüll abzufahren?
- Welche Landfläche wird pro Jahr dafür unnötig beackert?

Eine 500 g Toastpackung mit 20 Scheiben ist rund 25 cm hoch. Nach einem Tag
wäre unser Toastmüll-Turm mit 25 Mio. Scheiben über 300 km hoch, nach einem
Jahr über 100.000 km. Nach vier Jahren würde der Toast-Turm also locker bis zum
Mond reichen – theoretisch.

Wie viele LKW bräuchte es für den Transport? 625 t Toastmüll sind es am Tag,
also über 200.000 t im Jahr. Dafür benötigten wir über 20.000 Zehntonner-LKW –
wir recherchieren: eine LKW-Schlange, vielleicht von Saarbrücken bis Köln.

Wie groß ist das unnötig beackerte Land? Wir recherchieren: In der *Augsburger
Allgemeinen* vom 09.07.2017 erklärt Landwirt Johann Fröhlich, dass ein Quadrat-
meter Weizenanbau etwa 750 g Mehl liefert. Toastbrot enthält mindestens 90 %
Weizenmehl, die täglichen 25 Mio. Toastscheiben Müll enthalten also gut 560 t
Mehl. Der Anbau dafür benötigt etwa 0,75 km², also im Jahr weit über 250 km² –
wir recherchieren wieder: Das ist ein Viertel der landwirtschaftlichen Nutzfläche
des Saarlands, immerhin.

Katharina Wilhelm hat weiter gefragt, auch mit Ideen ihrer Schülerinnen und
Schüler:

- Wenn wir diese Toastbrotpackungen nebeneinanderlegen würden, wie lang wäre die Schlange nach einem Tag, nach einem Jahr?
- Welche Fläche könnten wir mit diesem täglichen Toastbrotmüll auslegen?
- Wie groß wäre ein Würfel aus diesem täglichen Toastbrotmüll?

Und, immer wertvoll, der bewusste persönliche Bezug, auch im Rückblick:

- Welche Vergleichsgröße könnt ihr euch am besten vorstellen?
- Findet jeweils entsprechende Vergleichsgrößen aus eurem Umfeld.
- Was bedeuten die Zahlen für jede einzelne Person?

Und, überhaupt: Wie könnten die Zahlen in der Medien-Meldung wohl zustande gekommen sein?

Alles in allem, ein weites, immer wieder auch unterhaltsames Spektrum sehr unterschiedlicher Fragen und Aufträge, mehr oder weniger herausfordernd, oft verbunden mit notwendiger Recherche jenseits der Mathematik, aber durchweg mit überraschenden Ergebnissen, die zur weiteren Diskussion, zum Selber-Weiter-Denken und zum Selber-Weiter-Fragen anregen – wo passiert das sonst schon so im Mathematikunterricht?

Katharina Wilhelms Fazit:

> [Die Aufgaben regen] also zum kontextgebundenen, sinnvollen Umgang mit Ungenauig-keiten an, können verschiedene Aspekte der Leitideen und Kompetenzen der Bildungs-standards in sich vereinen und tragen gleichzeitig fächerübergreifend zu einem nachhaltigen Denken – eine Notwendigkeit für die Gestaltung der Zukunft – bei. Keine einmalige Thematisierung, sondern eine wiederholte Einbettung solcher Aufgaben schafft eine längerfristige Perspektive und trägt zum Kompetenzaufbau bei. Zu beachten ist hier-bei, dass „Betroffenheit und Angst allein lähmen, wenn solchen Gefühlen keine konkreten Handlungsmöglichkeiten entsprechen" (Heymann, 1996, S. 88). Das bedeutet, dass auch über die Mathematik hinausgehende Nachgespräche und Reflexionen ihren festen Platz in der Unterrichtseinheit haben müssen.

Ein weiteres BNE-Fermi-Beispiel von Katharina Wilhelm (Wilhelm, 2021) hat Bernhard Andelfinger vorab (2020) auch in seiner Überarbeitung von „Kompass Mathe" aufgenommen – dort geht es darum, verschiedene Daten und Behauptungen zum Thema Umweltschutz und Nachhaltigkeit nachzuprüfen, vor allem aus dem Bereich Konsum (Greenpeace Magazin, 2018, S. 32–35). Dabei fokussiert Andelfinger vor allem auf den so deutlich erkennbaren *Diskurs* während der Aufgabenbearbeitung innerhalb der einzelnen Schülergruppen und während des Austausches zwischen den Gruppen und schließlich im Plenum – und er betont, wie wertvoll das „Sich gegenseitig aufklären" („Lernen durch Lehren", s. Leuders, 2001, S. 179) und das „In Alternativen denken und handeln" ist (s. a. Andelfinger, 2014, S. 149, 2022, S. 29).

Warum also ausgerechnet „BNE-Fermis"? Eine besondere Gelegenheit bei Fermi-Fragen ist, Bescheidenheit bezüglich der Genauigkeit zu lernen – Genauig-keit von Informationen und von Ergebnissen – eben: Wissen um die Grenzen von

Wissen. Das hilft auch zu verstehen, wie Wissenschaft „funktioniert", wie Wissenschaftler miteinander diskutieren – Wissen über die grundsätzliche Unsicherheit von Wissen, insbesondere jenseits der Mathematik. Und: Gerade in BNE-Fragen reicht meist sogar schon eine passende Zehnerpotenz aus – für eine Betroffenheit, eine Nachdenklichkeit (Prediger, 2002), die dann zum Handeln führen kann.

Ganz im Sinne einer wohlverstandenen BNE.

... mit viel Geometrie und wenig Text ...

Die Fermi-Fragen zur BNE zeigen: Fermi-Fragen gibt es auch ohne Foto. Das gilt durchaus auch für manch eine geometrische Fermi-Frage – wenn die Situation direkt in der Klasse „vorzeigbar" ist.

Ich bringe eine preiswerte Zahnpastatube mit: „Fällt euch dazu eine Mathe-Aufgabe ein?" Meist wird es dann lustig – die so vertrauten „realitätsnahen" Schulaufgaben lassen grüßen. Doch stets ist auch eine Frage dabei, die ich erfreut aufgreife (Herget, 2000b, S. 5, 2007a, Karteikarte E3, S. 124 f.):

> Wie lang ist eigentlich der Streifen Zahncreme, der in der Zahnpastatube steckt?
> Was schätzt ihr?

Jede und jeden lasse ich erst einmal für sich schätzen und das Ergebnis nur für sich notieren. Dann geht es darum, sich mit der Nachbarin/dem Nachbarn auszutauschen – da wird's schnell lebhaft in der Klasse. Schließlich fassen wir gemeinsam die Schätzungen und die mittlerweile längst gestarteten Diskussionen zusammen. Ich bin gespannt und immer wieder begeistert von den Einfällen der Schülerinnen und Schüler. Das Experiment mit dem Auspressen der Tube kann und will ich der Klasse nicht verweigern (dafür habe ich eine Rolle umweltfreundliches Backpapier mitgebracht (die Abb. 2.13 entstand vor Jahren bei einer Veranstaltung mit Studierenden in Halle (Saale), damals noch mit Alufolie), doch zunächst machen wir uns auf einen oder zwei der vorgeschlagenen mathematischen Wege.

Abb. 2.13 Wie lang ist eigentlich der Streifen Zahncreme ...? (Foto: Rolf Sommer, Oppin)

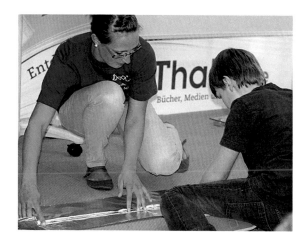

Das Tuben-Volumen können wir auf der Tube ablesen: 125 ml. – Ich frage nach: Kann das stimmen? Wie können wir das Volumen auch rechnerisch abschätzen? Viele der Gruppen kommen damit gut allein zurecht, bei den anderen helfe ich, so wenig wie nötig: Der Tuben-Körper lässt sich näherungsweise modellieren als Zylinder oder als Quader, die wir geeignet „halbierend verkürzen", um das Spitzzulaufen am Tubenende auszugleichen – so bekommen wir gleich die Gelegenheit zu einer recht einfachen mathematischen Modellierung, die dann wunderbar am Tuben-Aufdruck nachprüfbar ist.

Den Zahnpastastreifen modellieren wir „natürlich" als Zylinder. Die Öffnung der Tube gibt den Durchmesser vor, wir messen nach: Bei uns waren es 6 mm. Als Querschnittsfläche ergibt sich dann $A = \pi r^2 = \pi \cdot 3^2 \approx 28 \text{ mm}^2$. Selbst ohne Kreisformel könnten wir uns behelfen: Als Ersatz-Querschnitt bietet sich ein Quadrat an, und zwar etwa mit der Seitenlänge 5 mm – das würde für die Querschnittsfläche $A = a^2 = 5^2 \approx 25 \text{ mm}^2$ liefern, in hierfür völlig ausreichender Genauigkeit.

Wie lang ist nun der Streifen? Jedenfalls hat er das Volumen 125 ml, also … ja, ja, ja … 125 cm^3. Wäre er 1 m lang, hätte er das Volumen $V = \pi r^2 l = \pi \cdot 3^2 \text{ mm}^2 \cdot 1000 \text{mm} \approx 28.000 \text{ mm}^3$, also … ja, ja, ja … 28 cm^3. Bei 2 m wären es 56 cm^3, bei 4 m 112 cm^3, bei 5 m 140 cm^3. Wir halten fest: 4 m Zahnpastastreifen könnten wir schaffen. Ungefähr.

– Und jetzt krame ich meine Alufolie – äh, nicht doch: meine Rolle Backpapier raus … endlich!

Schließlich, als Hausaufgabe, ganz locker:

> Wie oft kannst du dir mit einer Tube die Zähne putzen?

Sie werden es gemerkt haben: Im Vergleich zu vielen der üblichen „Anwendungsaufgaben" sind diese (raum-)geometriehaltigen Fermi-Fragen nicht nur ausgesprochen textkarg, sondern sie verlangen auch nach nur gut überschaubaren Modellier-Werkzeugen – ganz im Sinne von Hugh Burkhardt (1981, S. 15):

> Only mathematics that is very well absorbed seems to be usable in modelling. The problem situation must be simple if the pupil is to successfully develop models for himself – far simpler than when he has the model provided for him by the teacher.

Und er ergänzt:

> The teacher should provide the minimum support needed to avoid discouragement – we believe that, generally, it pays for him to know the problem fairly well.

Das gibt den Schülerinnen und Schülern (und mir als Lehrer) die Möglichkeit, den Wunsch von Hans Freudenthal zu erfüllen:

> Ich möchte, dass der Schüler nicht angewandte Mathematik lernt, sondern lernt, wie man Mathematik anwendet (Freudenthal, 1973, S. 76).

Abb. 2.14 Wie viele Kuchen
passen auf ein Fußballfeld?
(Foto: Janie Glatzel)

Fermi-Fragen – auch schon in der Grundschule

All das kann schon in der Grundschule beginnen. Janie Glatzel, damals noch Studentin im Schulpraktikum in Halle (Saale), wollte anlässlich eines internationalen Fußball-Events eine Wette einlösen: „Ich backe so viel Kuchen, dass er ein Fußballfeld abdeckt" (Abb. 2.14). Faszinierend: Ihre 4. Klasse rechnet begeistert mit und nach, wie lange ihre Lehrerin damit wohl beschäftigt sein würde: „Oh je, Frau Glatzel, Sie müssten 111 Jahre lang backen!" (Glatzel, 2013).

Viele solche für die Primarstufe, aber teilweise auch darüber hinaus geeignete Ideen finden sich mittlerweile im WWW, aber auch als farbige Aufgabenkarten, etwa in Ruwisch und Schaffrath (2017). In dieser Fragebox wird durchgängig von der Frage „Kann das stimmen?" ausgegangen – so fällt der Einstieg leichter: Kann die Größenordnung überhaupt stimmen? Wer glaubt *ja*, wer glaubt *nein*? Und wie können wir das jetzt entscheiden? Habt ihr eine Idee?

2.6   Der Heißluftballon … mehr als heiße Luft

> Nicht die Vielzahl, sondern die Qualität der Aufgaben ist entscheidend
> (Schupp, 1988a, S. 14).

Bezüglich des Einsatzes solcher Bilder-Aufgaben im Mathematikunterricht verweise ich ausdrücklich auf Anselm Lambert (2007). Er hat dort überzeugend begründet, warum er sich für derartige Fermi-Foto-Fragen als „Produktive Aufgaben" (Herget et al., 2001) entschieden hat, um in das mathematische Modellieren einzuführen. Ausführlich stellt er dar, wie und auf welchem Weg er dazu seinen Unterricht geplant und durchgeführt hat, und beschreibt gut nachvollziehbar seine Erfahrungen dabei – samt konkreter Lösungen durch seine Schülerinnen und Schüler.

Eine der von ihm genutzten Aufgaben ist der „Heißluftballon", Abb. 2.15:

> Wie viel Liter Luft sind in diesem Heißluftballon?

Bei den ursprünglichen Versionen dieser Aufgabe liegen spektakuläre Fotos vor, die einen Stuntman zeigen, der oben auf dem Heißluftballon steht. Diese

Abb. 2.15 Heißluftballon. (Foto: HenkvD, commons. wikimedia.org CC BY-SA 4.0)

durchweg farbigen Fotos sind natürlich auch für den Einsatz im Unterricht besonders attraktiv (Herget, 2000b, S. 18, 22–24; Herget et al., 2001, S. 32, 142 f., 2011, S. 63 ff.; Herget & Klika, 2003, S. 15; Büchter et al., 2011, Karteikarte D6, S. 122 f.).

Die Aufforderung „Schätze zuerst!" passt auch hier. Die Schätzergebnisse der Zweierteams sammele ich nur kurz. Und wenn ich meinen großzügigen Tag habe, biete ich auch Kubikmeter statt Liter an.

Dann geht es „richtig los". Hier bietet sich die Größe einer der Personen im Ballon-Korb als Maßstab an. Wir gehen davon aus, dass sie etwa 1,80 m groß ist. Dieses Maß passt etwa 15-mal in die Höhe des Ballons (ohne Gondel) und etwa 13-mal in die Breite. Daraus ergeben sich für die Höhe etwa 25–30 m und für die Breite etwa 20–25 m.

Wie kann man das Ballon-Volumen bestimmen? Je umfangreicher und feinsinniger unser mathematischer Modellbau-Werkzeugkasten ist, umso mehr Möglichkeiten haben wir, den Ballon durch einen geometrischen Körper zu modellieren. Grundsätzlich ist das erst einmal gut, wenn man mehr als nur ein Werkzeug hat – der bekannte Psychologe Abraham H. Maslow wusste es: „I suppose it is tempting, if the only tool you have is a hammer, to treat everything as if

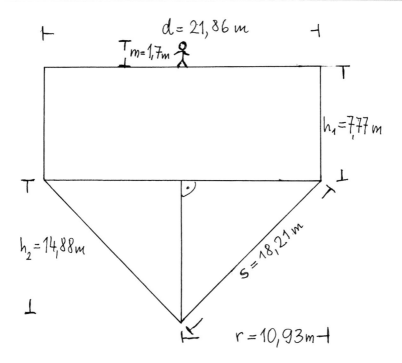

Abb. 2.16 Ein naheliegendes Modell für den Heißluftballon. (Nach Lambert, 2007, S. 86)

it were a nail" (Maslow, 1966, S. 15 – s. a. https://de.wikipedia.org/wiki/Law_of_the_Instrument). Locker übersetzt:

> Wer nur einen Hammer hat, für den sieht die ganze Welt wie ein Nagel aus.

Allerdings, je umfangreicher unser mathematischer Werkzeugkasten ist, umso eher werden wir nach möglichst feinsinnigen Modellen Ausschau halten. Oft ist das auch sinnvoll – aber eben nicht immer.

Denn angesichts der hier sehr unscharfen Ausgangsinformationen (Größe des Menschen als Vergleichsmaßstab aus dem Foto) können aufwendige Modelle – wie etwa ein Rotationskörper mit einer möglichst gut approximierenden Ballon-Hüll-Kurve – ihre Stärken gar nicht ausspielen (Herget et al., 2011, S. 63 ff.). Typische, gegen Ende der Sekundarstufe I naheliegende Lösungen verwenden durchweg als Ansatz, den Ballon etwa unten durch einen Kegel und oben durch einen Zylinder oder durch einen Kugelabschnitt zu modellieren (Abb. 2.16, vgl. Lambert, 2007 – die Schülerlösung dort bezieht sich auf das Foto in Herget et al., 2001, S. 32) – auch ich bin beim ersten Mal so rangegangen. Rosel Reiff (2007) berichtet eindrucksvoll, wie eine von ihr geleitete Hauptschulklasse den Ballon oben sogar durch eine *gestauchte* Halbkugel modellierte, also durch ein halbes Rotationsellipsoid, und das betreffende Teil-Volumen intuitiv aus dem Halbkugel-Volumen „gestaucht" berechnete.

Doch selbst diese Ideen erweisen sich auf den zweiten Blick als „oversized". Denn in unserer Situation hier reicht für eine hinreichend gute Schätzung schon ein ganz schlichtes Modell: Eine Kugel oder sogar ein einfacher Würfel, die wir uns „nach Augenmaß" so vorstellen, dass sie teilweise über den Ballon herausragen, ihre Seitenflächen aber teilweise in den Ballon „hineintauchen". Auf diese Weise kann man als gute Näherung hier eine Kugel mit einem Durchmesser von etwa 17 m, aber auch einen einfachen Würfel mit einer Kante von vielleicht etwa 15 m wählen. Für das Kugel-Modell ergibt sich ein Volumen von knapp 3000 m³, für das Würfel-Modell gut 3000 m³. Wir einigen uns schnell: Das Volumen des Heißluftballons ist etwa 3000 m³. Und wenn die Person nur 1,75 m groß ist? Zuerst qualitativ funktional: Erhalten wir dann ein größeres Volumen für den Ballon – oder ein kleineres? Dann quantitativ: Wie geht unsere (lineare) Messungenauigkeit ins (kubische) Volumen ein? Und wir können Intervall-Arithmetik betreiben: Wenn die Person zwischen 1,70 m und 1,90 m groß ist, in welchem Bereich liegen dann unsere Schätzungen?

Kann das überhaupt hinkommen? Wir schauen gespannt bei *wikipedia* nach: „Gängige Größen sind 3000 bis 10.000 Kubikmeter." Prima, das passt!

Auch hier werden Ihnen (und Ihren Schülerinnen und Schülern) sicherlich weitere Fermi-Fragen zu dem Foto einfallen, etwa

Wie viel Stoff braucht man für die Ballon-Hülle?
Wie lange müsste man mit einer (Heiß-)Luftpumpe für dieses Volumen pumpen?

(Die Ballonhülle besteht aus einer Kunststofffaser, mit Polyurethan luftdicht beschichtet, und muss Temperaturen von über 100 °C aushalten.)

Rückblick – für die Zukunft
Wir halten fest, wieder einmal: Was können wir aus dieser Aufgabe für die Zukunft mitnehmen?

- So, wie Hilfs *linien* eine wesentliche Strategie zum Problemlösen bei zweidimensionalen Geometrieaufgaben sind (etwa Eigenmann, 1964; Ludwig & Reit, 2016), sind Hilfs *körper* eine zentrale Problemlösestrategie bei derartigen Geometrieaufgaben im Raum.
- Und: Die Idee der *Intervall-Arithmetik,* das Rechnen mit jeweils kleinstmöglichen und größtmöglichen Werten – dies erleichtert uns, Abschied zu nehmen von der so liebgewordenen Präzision all der vielen Stellen, die der Taschenrechner uns so schnell, bequem und verlässlich liefert. Doch, zugegeben, dieser Abschied fällt nicht leicht … Abb. 2.17 (Lambert, 2007, bezogen auf das Foto in Herget et al., 2001, S. 32).

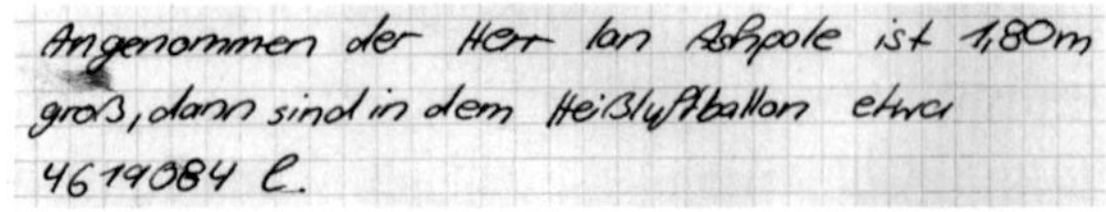

Abb. 2.17 … der Abschied von der Präzisionsmathematik fällt nicht leicht … (Aus Lambert, 2007, S. 86)

Angenommen der Herr im Aldipole ist 1,80 m groß, dann sind in dem Heißluftballon etwa 4679084 l.

Aber, Mathematikunterricht enthält mehr als nur mathematische Inhalte. Als Rosel Reiff (2007) ihre Schülerinnen und Schüler im Anschluss an die Heißluftballon-Aufgabe fragte, was sie denn heute gelernt hätten, schrieben diese:

- in einer Gruppe arbeiten,
- miteinander auskommen,
- gemeinsam nach einem Lösungsweg suchen,
- sich Inhalte gegenseitig erklären,
- sich gegenseitig helfen, z. B. beim Üben der Präsentation,
- Aussehen des Plakates absprechen,
- Rechnungen gegenseitig überprüfen,
- …

und erst dann (auf Nachfrage!) etwas zu den Inhalten:

- Schätzen,
- Überschlagen,
- proportionale Zuordnung,
- Strahlensatz,
- Berechnung des Volumens (Kegel, Zylinder, Kugel …),
- Berechnung des Flächeninhalts,
- …

Überhaupt: Wie wär's, wenn wir – immer wieder mal – unsere Schülerinnen und Schüler fragen, was sie gerade gelernt haben? Könnte doch wirklich interessant werden … für beide Seiten.

Wie viel Nass passt in das Fass?
Zugabe gefällig? Zum Ballon passt auch das vielleicht ein Jahrhundert alte Gruppenfoto der dunkle Jacken und Hüte tragenden Männer, die ein übermannshohes Holzfass rollen, mit dem Motto „Zeit mal wieder ein Faß zu öffnen!" (Herget, 2001; Büchter et al., 2011, Karteikarte E10, S. 148 f.) – und die Fragen, die sich natürlich aufdrängen:

> Wie viel Nass passt in das Fass? Und wie lange brauchen die Männer, um es leer zu trinken?

Diese Aufgabe – nun ja, zumindest die erste Frage – hat es immerhin in die offiziellen deutschen *Bildungsstandards im Fach Mathematik für den Haupt-schulabschluss* (Jahrgangsstufe 9) geschafft, herausgegeben 2004 von der Kultus-ministerkonferenz (KMK, 2004, S. 16 f.). – Das freut mich immer noch.

Die Lösung ist einfach, jetzt, wo wir Routine haben: Die Männer dienen als Maßstab – also ist das Fass rund 3 m lang mit einem Durchmesser von knapp 3 m. Am schnellsten und bequemsten geht es mit dem schlichten, mittlerweile von uns hochgeschätzten Würfel-Modell, hier vielleicht „etwa 2,5 × 2,5 × 2,5", also: In das Fass passen rund 10–20 m³ pädagogisch wertvolles Wasser. Fertig! Klar, dass die Bildungsstandards den Aufgabentext ernsthafter fassen …

> Wie viel Liter Flüssigkeit passen ungefähr in dieses Fass? Begründe deine Antwort.

Im Kommentar, durchaus erfreulich (S. 17): „Entscheidend für die Lösung ist die Idee, geeignete Vergleichsgrößen und Körpermodelle zu finden, die der Realität nahe kommen." Dass die Bildungsstandards dann allein die Zylinder-Lösung favorisieren – schon schade. Immerhin lesen wir: „Es gibt keine eindeutige Lösung, aber mehrere Wege zu begründeten Antworten, die im Unterricht reflektiert werden sollten." – Ja, Reflektieren ist immer gut. Doch als Ergebnis, unreflektiert, ohne jeden relativierenden Kommentar: „Unter der Annahme (Durchmesser ca. 3 m und Höhe ca. 3 m) passen ungefähr 21.000 L Flüssigkeit in das Fass" – diese unver-Antwort-bare Genauigkeit kritisiert Lutz Führer (2005) sehr treffend als *„numerical illiteracy"*:

> Es geht doch beim mathematischen Modellieren nicht um irgendeinen genauen Zahlenwert, sondern […] um den „realistic approach", den die PISA-Konstrukteure des Utrechter Freudenthal-Instituts mit Recht hochhalten. […] Auf die numerischen Ergebnisse kommt es eben nicht wesentlich an, wenn es um Modellierungskompetenz geht, sondern auf die Herangehensweise, auf taktvollen Umgang mit unsicheren Messwerten und auf die Bereitschaft, eigene Rechenergebnisse sach- und selbstkritisch zu relativieren. […]
>
> Insofern „numeracy" dazu erzieht, numerische Ergebnisse zu echten Sachfragen bezüglich ihrer Kontextuierung und bezüglich der Unsicherheiten der Datengewinnung und Modellkonstruktion zu relativieren, liefert sie zweifellos wertvolle Beiträge zur Gewöhnung an Sachlichkeit, vernünftiges Reden, Empathie und zur (früher so genannten) kommunikativen Kompetenz.

Mathe ist mehr – mehr als Rechnen …

Mathematik ist nützlich, Mathematik ist gehaltvoll, Mathematik ist schön … Wir sind bestrebt, dies im Unterricht deutlich werden zu lassen. Aber ist am Ende nicht doch das sichere Rechnen entscheidend, für den Erfolg, für die gute Note? Ist alles andere nur schmückendes Beiwerk (vgl. Herget, 2000a)?

Typisch bei diesen *etwas anderen* Aufgaben ist: Nicht das Rechnen und das pure Ergebnis stehen im Fokus, sondern vielmehr all die Schritte *vor* dem Rechnen und dann *nach* dem Rechnen:

> „Here is a situation. Think about it!" (Henry Pollak, 1964, 1978, S. 306).

Dazu noch einmal Hans Schupp (s. a. Schupp, 2000b) – er sieht die Konstituierung von Sinn …

> … eben nicht nur durch Aufgabenlösen, sondern durch Beschaffen von Informationen, Erkunden, Vergleichen, Experimentieren, Vermuten, Begründen, Zurückweisen usw.,

wobei diese Aktivitäten einander erheblich näher sind als bei fachsystematischem Vorgehen (Schupp, 2000a, S. 59).

Und Altmeister Walther Lietzmann dazu:

> Ein vernünftiger Unterricht wird […] nicht nur Reproduktion – in der übrigens auch ein guter Teil aktive Geistigkeit steckt –, sondern Eigenproduktion pflegen. […] Mir persönlich scheint dabei eines sicher, daß die Erziehung zu gesteigerter Selbsttätigkeit über Aufgaben führen wird (Lietzmann, 1926, zit. n. Herget, 2000a).

Und natürlich gilt es, die Schülerinnen und Schüler auf veränderte Aufgabenstellungen angemessen einzustimmen:

> Aber unstrittig ist, dass es im Mathematikunterricht noch mehr als bisher darum gehen muss, die Bedeutung, Tragweite, Anwendbarkeit der mathematischen Begriffe und Methoden zu vermitteln, und weniger darum, ein fertiges (Rechen-)Rezept souverän zu beherrschen – denn das kann der Taschencomputer besser (Herget, 2000a, S. 10)!

Warum „Offene Mathematik"?

Roland Fischer und Günther Malle unterscheiden offene und geschlossene Modelle (Fischer & Malle, 1985, S. 261 f.; s. a. Lambert, 2007):

> – Geschlossene Modelle zeichnen sich aus durch strenge Voraussetzungen, ein Zurechtstutzen der Wirklichkeit, eindeutiges Kalkulieren, eindeutige Konsequenzen und das Erledigen der Frage (unter diesen Bedingungen).
> – Offene Modelle zeichnen sich hingegen aus durch vage Voraussetzungen und das Zulassen von Alternativen, durch ihre Verbindung mit der Welt (ohne die es zu keiner Lösung kommt) und ein für Diskussionen offenes, transparentes Kalkulieren.

Und sie leiten entsprechende Argumente für das Öffnen der Aufgabenstellungen im Unterricht ab:

- Viele in der Schule vermittelte Theorien sind überentwickelt im Vergleich zum „täglichen Bedarf".
- „Geschlossene Modelle" sind fragwürdig geworden, insbesondere wenn es um Voraussagen geht.
- Teamarbeit ist gefragt: Man muss darstellen, Argumente vorbringen, überzeugen beziehungsweise sich überzeugen lassen.
- Die „geschlossene" Mathematik ist ein Abarbeiten von Symbolfolgen – für diese Tätigkeit gibt es heute Maschinen.
- „Offene Mathematik" kann bei der Entwicklung geschlossener Mathematik nützlich sein (als Darstellungs- und Kommunikationsmittel), war im Forschungsprozess schon immer von Bedeutung, betont Wissenschaft als perspektivische und nicht als absolute Wahrheit.

Thomas Jahnke fordert entsprechend „Produktive Aufgaben" für einen ebensolchen Mathematikunterricht (Herget et al., 2001): „Produktive Aufgaben sind

Aufgaben, die die Schülerinnen und Schüler zur Eigentätigkeit anregen, sie sehen und wundern, vermuten und irren, suchen und finden, entdecken und erfahren lassen."

Und Anselm Lambert verweist auf den besonderen Wert einer *reflektierenden Modellbildung* entlang an eben solchen produktiven Aufgaben (Lambert, 2007):

Auf der einen Seite „setzt das Verständnis des Realitäts-Modell-Bezuges eine gewisse Reife, eine Fähigkeit zu relativierendem und bewertendem Denken voraus" (Schupp, 1988a, S. 15), auf der anderen Seite aber können wir den Erwerb dieser Fähigkeit gerade durch eine bewusste Diskussion eines selbst abstrahierten Modells an geeignet gewählten konkreten Beispielen unterstützen.

Und nicht zuletzt ist die Reflexion der Ebenen Welt und Mathematik Voraussetzung einer reflektierenden Bewertung von Mathematik als Spiel und Mathematik als Werkzeug.

Problemorientierter Unterricht

Bei Günter Schmidt (1981, S. 81) findet sich der folgende Verweis auf eine Arbeit „Zur problemhaften Gestaltung des Mathematikunterrichts" (Schneider, 1978) – ich habe hier „problemhaft" ersetzt durch „problemorientiert":

– [Problemorientierter] Unterricht besteht nicht nur aus dem Stellen und Aufnehmen komplexer (größerer) Probleme und deren Lösung, sondern gerade auch in der ständigen Anreicherung mit problemhaften Fragestellungen und Impulsen geringeren Ausmaßes, die aus einer überlegen zielbewußten, fachlich und methodisch sicheren Position des Lehrers organisch eingefügt werden. Dabei spielt das schöpferische Reagieren des Lehrers aus der Situation heraus eine entscheidende Rolle.

– [Problemorientierter] Unterricht kann sich nur erfolgreich entfalten, wenn die sozialen Beziehungen zwischen Lehrer und Schülern (das „Lehrer-Schüler-Verhältnis") positiv entwickelt sind, wenn es viele Schülerfragen gibt, wenn keine Frage unbeantwortet bleibt, wenn aber dabei der Lehrer nicht als allein Antwortender, als Besserwisser auftritt, wenn auch fehlerhafte Wege verfolgt werden, bis man zum Erkennen der Fehler gelangt (vom Lehrer behutsam beschleunigt), wenn originelle Ideen Anerkennung finden, selbst wenn sie nicht voll zum Ziele führen, wenn Mut gemacht wird, wenn skizzenhafte Überlegungen erlaubt sind, wenn man etwas ausprobieren darf, wenn man nicht sofort alles ins „Reine" schreiben muß, wenn man „einen Zettel" verwenden darf. Damit wird ein ganzer Unterrichtsstil gekennzeichnet.

Instruktiv vs. konstruktiv – Frontalunterricht vs. Selbsttätigkeit der Lernenden

Der vom Katheder referierende Lehrer prägte für mich das Bild vom Unterricht „früher" (Abb. 2.18) – bis ich Lietzmanns Methodik-Bände las, die nun immerhin rund ein Jahrhundert alt sind. „Ideen konstruktivistischen Lernens findet man bereits im reformpädagogischen *Arbeitsunterricht,* der reflektierende Selbsttätigkeit des Schülers als Lernmethode wollte" (Lambert, 2005, S. 76). Lietzmann greift die Ideen der Reformpädagogik auf: „Wir wollen unsere Schüler zur Selbständigkeit im geistigen Arbeiten erziehen, wollen sie bewußt methodisch arbeiten lehren" (Lietzmann, 1926, S. VII). Er sieht aber die Grenzen und setzt sich kritisch mit dem „Entweder – Oder" auseinander (s. a. Lambert, 2006a):

Abb. 2.18 Lehrer Lämpel.
(Aus Wilhelm Busch: Max
und Moritz)

Die nächstliegende Methode, die auch lange Zeit in unseren höheren Schulen geherrscht
hat und heute in manchen Fächern noch überwiegt, ist die […] des Vortrags […]
(Lietzmann, 1926, S. 145).

Man kann aber auch, statt in einer Front vorzugehen, den Einzelunterricht in der
Klasse aufrecht erhalten. Jeder Schüler hat seine einzelne Aufgabe, der Lehrer geht von
einem Schüler zum anderen, hilft hier und dort ein, kontrolliert hier und dort, kurz, es
ist nicht ein Gegenüber von Klasse und Lehrer, sondern ein vielfältiges Gegenüber von
Einzelschüler und Lehrer (Lietzmann, 1926, S. 146).

Die Frage-Antwortmethode ist gar nicht so schlecht, wie sie gemacht wird. […] Wenn
die Fragen für das allgemeine Klassenniveau zu leicht sind, wenn sie lediglich suggestiv
wirken, dann liegt der Fehler eben nicht an der Methode, sondern am Fragenden […].
Der Klassenunterricht muß […] unbedingt auf das Durchschnittsniveau eingestellt sein.
[…] Die mittlere Einstellung erfordert nun aber, daß gleichwohl auch Fragen fallen, die
für die allerschlechtesten Schüler beantwortbar sind, und andererseits natürlich auch
Fragen für die mathematischen Köpfe. Noch einmal sei es gesagt, die Frage-Antwortmethode braucht durchaus nicht ein Feind gesteigerter Selbsttätigkeit zu sein; wenn sie es
sein sollte, liegt es an der falschen Art ihrer Einstellung auf die Schüler (Lietzmann, 1926,
S. 149).

Auch ganz aktuelle Arbeiten wie etwa Güç und Kollosche (2022) lassen ahnen,
wie viel Forschungs- und Entwicklungsarbeit zu diskursivem und schüler-
zentriertem Unterricht noch immer offenbleibt.

2.7   „Achtsamer Mathematikunterricht" – beziehungsweise …

Leben ist nicht genug, sagte der Schmetterling.
Sonnenschein, Freiheit und eine kleine Blume gehören auch dazu.
(Hans Christian Andersen, 1805–1875).

Partnerarbeit, Experimentieren, Reflektieren … – aber auch ein Lehr-Vortrag und ein fragend-entwickelnder Unterricht, der nicht routinemäßig-automatisch abgespult wird, sondern zur rechten Zeit bewusst genutzt wird – sollten heute zum Repertoire im Mathematikunterricht gehören. Jedenfalls: mehr als zu meiner Lehrer-Zeit.

Und neben dem notwendigen Wissen und den notwendigen Fertigkeiten und Fähigkeiten geht es – auch im Mathematikunterricht – darum, Werte, Einstellungen, Haltungen zu vermitteln, im Sinne einer wohlverstandenen Allgemeinbildung (s. etwa Lambert, 2020; Lambert & Herget, 2017; Herget, 2000a):

> Die Schule (lateinisch schola von altgriechisch σχολή [skʰoˈlɛː], Ursprungsbedeutung: „Müßiggang", „Muße", später „Studium", „Vorlesung") […], ist eine Institution, deren Bildungsauftrag im Lehren und Lernen, also in der Vermittlung von Wissen und Können durch Lehrer an Schüler, aber auch in der Wertevermittlung und in der Erziehung und Bildung zu mündigen, sich verantwortlich in die Gesellschaft einbringenden Persönlichkeiten besteht (de.wikipedia.org, [22.11.2022]).

Fähigkeiten, Haltungen, Einstellungen – Mathematik ist mehr als Können und Wissen

> Damit der Matheunterricht auch über die Schule hinaus wirksam wird, muss er mehr vermitteln […]: einen achtsamen Umgang miteinander und mit der Welt, in der wir leben, sowie einen aufmerksamen Umgang mit den Möglichkeiten der Mathematik (Wilhelm & Andelfinger, 2021).

Ja, Mathematik ist mehr als Fertigkeiten und begriffliches Wissen, und das muss auch unser Mathematikunterricht spiegeln – dazu empfehle ich insbesondere Heinrich Winters fast 40 Jahre alten Basisartikel im Heft 2 der damals frisch gegründeten Zeitschrift *mathematik lehren* (Winter, 1984, S. 8 ff., Unterstreichungen im Original):

> <u>Wissen</u> lässt sich kaum scharf von Fertigkeit trennen. So <u>kann</u> der Schüler die Multiplikation ganzer Zahlen, wenn er <u>weiß</u>, wie die Vorzeichen der Faktoren das Vorzeichen des Produkts bestimmen. […]
> Dennoch ist es für unseren Zweck sinnvoll, zwischen Fertigkeit und Wissen zu unterscheiden. Begriffliches Wissen über mathematische Zusammenhänge repräsentiert sich nämlich vornehmlich in offenen Netzwerken, Fertigkeiten sind dagegen am reinsten in geschlossenen und einsinnig gerichteten Handlungsprogrammen darstellbar. […]
> Fertigkeiten und Wissen haben nur dienende Funktion; die eigentlichen und entscheidenden Zielsetzungen des Mathematikunterrichts sind auf die Schulung von übergeordneten, womöglich sogar fachübergreifenden, <u>Fähigkeiten</u> gerichtet. Was Fähigkeiten genau sind, ist schwer zu sagen. Vielleicht überzeugt diese Faustformel:

Fähigkeit im Bereich X = Tüchtigkeit, Probleme im Bereich X zu lösen. […]
Über Fertigkeiten, Wissen und Fähigkeiten hinausgehend sollen in der Schule auch
bestimmte Haltungen und Einstellungen begünstigt werden, z. B. sollen die Schüler
lernen, konzentriert und sorgfältig zu arbeiten, Fehler positiv aufzuarbeiten, vergeb-
liche Lösungsbemühungen zu ertragen usw. Sie sollen eine positive Einstellung zur
Verstandestätigkeit und Selbstvertrauen in ihre eigene Denktätigkeit erlangen.

Roland Fischer geht hier noch einen Schritt weiter, durchaus provokativ:

Wesentliches Ziel des Mathematikunterrichts muß es sein, zur Befreiung von der
Herrschaft der Mathematik über den Menschen beizutragen, indem ein neues Ver-
hältnis zwischen Mensch und Mathematik aufgebaut wird, das von einem stärkeren
Selbstbewußtsein des Menschen gegenüber dem Wissen gekennzeichnet ist
(Fischer, 1984, S. 60).

Übrigens, so Heinrich Winter (1984, S. 10), noch immer lesens- und bedenkenswert:

Haltungen und Einstellungen übertragen sich vom Lehrer auf den Schüler und umgekehrt
(!) und von Schülern auf andere Schüler.

Mathematische Allgemeinbildung – die Winter-Grunderfahrungen

„In Mathe wird gerechnet!" – Ja, Rechnen und klare Regeln gehören zur
Mathematik. Doch Mathematik ist eben mehr als das – siehe etwa die drei Grund-
erfahrungen nach Winter (1995), die Heinrich Winter in die damalige medien-
öffentliche Diskussion zur schulischen Mathematik-Allgemeinbildung nach
Heymann (1996) eingebracht hatte und die sich seither in vielen Lehrplänen und
Standards wiederfinden:

Der Mathematikunterricht sollte anstreben, die folgenden drei Grunderfahrungen, die viel-
fältig miteinander verknüpft sind, zu ermöglichen:
– Erscheinungen der Welt um uns, die uns alle angehen oder angehen sollten, aus Natur,
Gesellschaft und Kultur, in einer spezifischen Art wahrzunehmen und zu verstehen;
– mathematische Gegenstände und Sachverhalte, repräsentiert in Sprache, Symbolen,
Bildern und Formeln, als geistige Schöpfungen, als eine deduktiv geordnete Welt eigener
Art zu lernen und zu begreifen;
– in der Auseinandersetzung mit Aufgaben Problemlösefähigkeiten, die über die
Mathematik hinausgehen (heuristische Fähigkeiten), zu erwerben.

In (Lambert & Herget 2019) haben wir gezeigt, mit welch elementaren Beispielen
aus dem „Reich der Zahlen" diese Winter-Grunderfahrungen bereits adressierbar
sind.

Mathematik hat viele Gesichter

People don't do mathematics because it's useful. They do it because it's interesting
(Paul Lockhart).

Abb. 2.19 Ansichtssache – Mathematik hat viele Gesichter … „Necker-Würfel". (Aus Lengerke, CC BY-SA 4.0, commons. wikimedia.org)

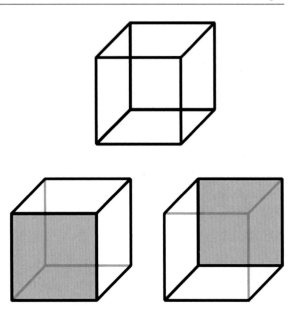

Anwendungs-, Kontext-, Realitätsorientierung – diese „Seite" der Mathematik spielt durchaus eine wichtige Rolle. Doch dies ist nicht alles: Hans Schupp (2004, S. 6) verweist auf „die janusköpfige Struktur der Mathematik (weltzugewandt, weltabgewandt)". – Mathematik hat viele Gesichter (s. a. Herget, 2018d, Abb. 2.19):

- *Angewandt:* Mathe lernen, wozu soll das gut sein? Eine Antwort darauf ist ein anwendungs- und realitätsorientierter Unterricht. Er zeigt: Mathe ist nützlich.
- *Abgewandt:* Mathe kann auch einfach nur „schön" sein. Für nichts gut. Einfach nur schön. In einen allgemeinbildenden Unterricht gehört auch diese Seite.
- Und zu Mathe gehört schließlich auch eine eigene, besondere Haltung – ich nenne dies hier kurz *gewandt:* Diese Haltung, diese Einstellung zeigt sich durch sorgfältig-angemessenes Begründen und inhaltliches Argumentieren, selbstständig-forschendes Arbeiten und ideenreiches Problemlösen (auch im Team), kritisches Hinterfragen und selbstkritisches Reflektieren …
- Und daneben wird etwas Viertes deutlich – ich nenne dies hier passend *zugewandt:* Um den Schülerinnen und Schülern „meine" Mathematik näherbringen zu können, muss ich mich ihnen zuwenden. Ehrlich, transparent, fair, verlässlich.

Hans Freudenthal (1905–1990), erfolgreicher Mathematiker, hat sich sehr auch für die Mathematikdidaktik engagiert. Und er hat in seinem zweibändigen Klassiker *Mathematik als pädagogische Aufgabe* mit deutlichen Worten manch ein Defizit im realen Mathematikunterricht beschrieben:

Wie oft merkt der Lehrer zu seiner großen Enttäuschung, daß vor wenigen Wochen Gelerntes, wie es scheint, spurlos verschwunden ist, wenn es inzwischen nicht geübt wurde. Daß ein logischer Weg vom Damaligen zum Heutigen führte, hilft da nichts, denn es war nicht der Schüler, sondern der Lehrer oder Lehrbuchverfasser, der diesen Zusammenhang konstruiert hatte, in der Meinung, daß solche Konstruktionen geheimnisvoll im Geist des Schülers wirken. Die Brocken Mathematik, die der Schüler in diesen Wochen betrieben hat, waren Fremdkörper in der von ihm erlebten Wirklichkeit; sie werden so schnell wie möglich eliminiert (Freudenthal, 1973, S. 78).

Und, dort zwar gerichtet an Lehrerinnen und Lehrer der Grundschule, aber durchaus wohl passend für alle Schulstufen und -arten (Freudenthal, 1982):

Mathematik ist keine Menge von Wissen. Mathematik ist eine Tätigkeit, eine Verhaltensweise, eine Geistesverfassung.

… [Man] erwirbt Mathematik als Geistesverfassung nur über Vertrauen auf seine eigenen Erfahrungen und seinen eigenen Verstand. Viele … haben im Mathematikunterricht erfahren, daß sie mit ihrem Verstand nichts anfangen können, daß es ihnen am rechten Verstand fehlt, daß der Lehrer und das Buch doch alles besser wissen, als sie es sich selber ausdenken können. …

Eine Geisteshaltung lernt man aber nicht, indem einer einem schnell erzählt, wie er sich zu benehmen hat. Man lernt sie im Tätigsein, indem man Probleme löst, allein oder in seiner Gruppe – Probleme, in denen Mathematik steckt.

Achtsamer Mathematikunterricht – lehrreich, diskursiv, nützlich, unterhaltsam

«On ne voit bien qu'avec le cœur» – „Man sieht nur mit dem Herzen gut. Das Wesentliche ist für die Augen unsichtbar." Eines der zahlreichen zitierwürdigen Zitate aus Antoine Saint-Exupérys *Der Kleine Prinz.* Dazu passen auch die diversen Versionen des sogenannten *Eisbergmodells,* die darauf verweisen, dass uns Menschen nur ein kleiner Teil (etwa der Kommunikation) wirklich bewusst ist, ein größerer Teil dagegen im Unterbewussten wirkt (siehe etwa *wikipedia*). Wie beim Eisberg, von dem der größte Teil unter Wasser ist.

Und es erinnert uns an einen *Achtsamen Mathematikunterricht,* wie ihn Katharina Wilhelm, junge Lehrerin, und der damals 90-jährige Bernhard Andelfinger in Wilhelm und Andelfinger (2021) gemeinsam entwickeln, aufbauend auf der Idee des „Sanften Mathematikunterrichts" (Andelfinger, 1989, 1993, 2014): Es geht eben nicht allein darum, die „Sache" (bei uns die Mathematik) und die „Welt" (die Rahmenbedingungen, die Lehrpläne, auch die Nützlichkeit der Inhalte) ernst zu nehmen. Sondern es gilt auch, uns bewusst zu werden, wie wichtig die Beziehungsebene ist – zwischen den Beteiligten, den Schülerinnen und Schülern und uns Lehrenden. Tatsächlich spielen die Beziehungen zueinander und untereinander eine große Rolle für den Erfolg unseres Unterrichts. Doch wir haben sie oft weniger im Blick. Wie beim Eisberg.

Dazu gilt es, so Marie-Christine von der Bank (2023, in diesem Band), „Bildung als personenbezogenen Prozess anzuerkennen und die im Unterricht agierenden Personen ernst zu nehmen, mit all ihren individuellen und kollektiv geteilten Einstellungen zur Sache Mathematik, zum Mathematiktreiben und zum Lernen". Kurz: Es geht ihr um einen *„lehr- und lernpersonenzentrierten Unterricht":*

> Damit ist das Ziel klar – wie nun aber dahinkommen? Wer kann schon mittwochs in der 2. Stunde seine Klasse *in Freude* unterrichten? Aber *mit Freude* unterrichten, das können und das sollten wir! Wir haben die Chance, unsere Einstellungen zur Mathematik und zum Mathematiktreiben authentisch und empathisch vorzuleben und sie so den Lernenden zugänglich zu machen, damit sie dann in eben jenen (nach)wirken. Es bedarf dazu einer wertschätzenden Atmosphäre im Unterricht, in der inhaltliches Arbeiten in Lernumgebungen möglich ist, die zum Einlassen einladen und zum Ausleben Raum bieten (von der Bank, 2023).

Zu einer solchen *wertschätzenden Atmosphäre* im Unterricht gehört für mich als Lehrer, mir bewusst zu sein, welchen Wert die *ligeværdighed* – „Gleichwürdigkeit" – hat. Diesen Begriff benennt der dänische Familientherapeut Jesper Juul als einen wichtigen, stärkenden, tragenden und verbindenden Wert für Beziehungen, geprägt von Achtung und Vertrauen:

> Gleichwürdig bedeutet nach meinem Verständnis sowohl »von gleichem Wert« (als Mensch) als auch »mit demselben Respekt« gegenüber der persönlichen Würde und Integrität des Partners. In einer gleichwürdigen Beziehung werden Wünsche, Anschauungen und Bedürfnisse beider Partner gleichermaßen ernst genommen […]. Gleichwürdigkeit wird damit dem fundamentalen Bedürfnis aller Menschen gerecht, gesehen, gehört und als Individuum ernst genommen zu werden (Juul, 2006, S. 24).

Meinen Schülerinnen und Schülern *gleichwürdig* zu begegnen meint, sie in ihrem *Mensch-Sein* anzuerkennen – bedeutet aber *nicht,* dass sie die gleichen Rechte und Pflichten haben: *Die Führung im Unterricht behalte ich.* Für die fachinhaltlichen und die methodischen Aspekte in meinem Unterricht bin *ich* verantwortlich – und eben auch für das Beziehungsklima (s. a. Jung, 2020, S. 84 ff.).
Achtsamer Mathematikunterricht hat sehr deutlich eben auch das *Nichtkognitive* im Blick, jenseits von Können und Wissen – siehe ausführlich von der Bank (2023), auch Charon (2021). Und das passt auch zu BNE – siehe etwa schon Andelfinger (1989), Volk (1996), Herget (2003d):

> **Achtsam** steht dabei für einen die Person und die Sache in besonderem Maße wertschätzenden Unterricht. Er verfolgt das Ziel, die Bereitschaft der Lernenden zu entwickeln, sich der Mathematik auch über die Grenzen der Schule zu bedienen – so auch bei Fragen, Aspekten oder Entscheidungen, die den Bereich der Nachhaltigkeit betreffen (Wilhelm, 2023, Hervorhebung im Original).

Damit kommen wir grundsätzlich den Wertorientierungen und Einstellungen vieler Jugendlichen heute entgegen. „Neue Achtsamkeit" – so titeln Gudrun Quenzel und Ulrich Scheekloth ihre knappe Skizze zu den Ergebnissen der Shell-Jugendstudie 2019:

Mehr Aufmerksamkeit und Mitgefühl für sich und andere aufbringen. Persönliche und andere Ressourcen besser einschätzen und entsprechend handeln. Das sind einige Grundprinzipien der Achtsamkeit. Wenn auch vielen die philosophischen Hintergründe des Ansatzes unbekannt oder egal sind, so nimmt Achtsamkeit als Wert bei jungen Menschen eine wichtige Rolle ein (Quenzel & Scheekloth, 2022, S. 16).

Politisches Engagement ist die Wertorientierung, die in den letzten zwei Jahrzehnten bei jungen Menschen am stärksten an Bedeutung gewonnen hat, gefolgt von umweltbewussten Verhalten und Lebensgenuss. […]

Dass Achtsamkeit hier auch andere Menschen einschließt, zeigt sich unter anderem darin, dass die Wertorientierung, die eigenen Bedürfnisse auch gegen andere durchzusetzen, seit 2002 deutlich an Zustimmung verloren hat (Quenzel & Scheekloth, 2022, S. 17).

Die Allgemeinbildungsfrage lässt sich weder heute noch morgen ohne den Blick in die Gegenwart und die Zukunft der Menschheit diskutieren, siehe auch Melanie Herget (2003a) – und dazu gehören alle drei BNE-Aspekte Ökologie, Soziales, Ökonomie. Und hier ist auch der Mathematikunterricht gefragt. – Mathe kann und darf nicht wertfrei sein (z. B. Andelfinger, 1989, S. 31):

Aufklärung ist nicht Erklären, denn Erklären ist lediglich die mehr oder weniger rationale Formulierung des Bestehenden (Vormweg, 1980). Aufklärung dagegen eröffnet die Hintergründe und Absichten und gibt den Weg frei zur Diskussion, zu Alternativen (Andelfinger, 2014, S. 188).

Für die Zukunft ist ein konsequentes Umdenken, ein „Vernetztes Denken", ein „Denken in Alternativen" erforderlich (Melanie Herget, 2003a, S. 4).

Selbstwirksamkeit – ein Meta-Ziel des Mathematikunterrichts

Achtsamer Mathematikunterricht (Wilhelm & Andelfinger, 2021) ist ein Unterricht, der sowohl die Person als auch die Sache wertschätzt und damit in der Unterrichtskultur verschiedene Dimensionen – nämlich lehrreich, diskursiv, nützlich und unterhaltsam zu sein – zu vereinen versucht. Das pädagogische Moment besteht dabei darin, den Schüler*innen zum einen bedeutsame Erfahrungen zu ermöglichen – durch Aufklärung und Ernstnehmen – und zum anderen Freude und Erfolg zu gewährleisten – durch positive Selbstwirksamkeitserlebnisse (Hoffkamp, 2023).

Anselm Lambert (2020) diskutiert die Unterschiedlichkeit der beiden Denk-Kulturen *Mathe* und *Mathematik:* Mathe in der Schule und die Fach-Mathematik. *Selbstwirksamkeit* bezeichnet er als „Meta-Ziel" des Mathematikunterrichts (Lambert, 2020, S. 10) – zum Vergleich: Als entsprechendes Meta-Ziel der (Fach-) Mathematik nennt er *Schönheit.*

Ziel allgemeinbildenden Mathematikunterrichts sollte […] insbesondere eine erfolgreiche persönliche Auseinandersetzung mit den erlebbaren, mathematisch beschreibbar gefassten Wirklichkeiten sein – mit der außermathematischen, aber ebenso auch mit einer selbsterlebten innermathematischen – und damit verbundene positive Selbstwirksamkeitserlebnisse. […]

In der Mathematik dient die Darstellung der Garantie der Exaktheit der Inhalte, in Mathe (in der Schule) primär dem Verstehen dieser. (Ob es evtl. ein Menschenrecht auf Nichtverstehen geben sollte, ist noch weitgehend undiskutiert.) (Lambert, 2020, S. 4)

Lernförderliches Klima, „lernpositive Hormonlage"

Frederic Vester schreibt (1998):

> Positive Emotionen, Spaß, Interesse, Neugierde und Begeisterung schaffen eine körperliche Hormonlage, die es unserem Gehirn erlaubt, das Wahrgenommene effektiv zu verarbeiten. Lernen ohne Spaß und eigenes Interesse ist eine Qual und ebenso mühsam wie der Gebrauch eines multimedialen Informationssystems, das trocken und spröde reine Fakten präsentiert.

Wie lässt sich eine derartige „lernpositive Hormonlage" erreichen? Damit setzt sich Bernd Sensenschmidt (1995) auseinander – sein Fazit:

> Sicherlich kann ich als einzelner Lehrer „von oben" vorgegebene Rahmenbedingungen, allen voran die Stofffülle, alleine nicht ändern. Nicht verordnet ist indes das Image, das der Mathematikunterricht als „Horrorfach" bei nicht wenigen SchülerInnen hat, die mit Mathematik alles andere als Neugierde, Lernvergnügen, Erfolgserwartung verbinden und bei denen sich im Mathematikunterricht kaum eine „lernpositive Hormonlage" (Vester) einstellt.

Was alles können wir als Lehrerin, als Lehrer tun für solch ein lernförderliches Klima?

Konstruktives Feedback – und Minimethoden

Fachliches Lernen und Pädagogisches sind nicht zu trennen – dazu beschreibt Andrea Hoffkamp (2018) einige ihrer zentralen Erfahrungen an einer Berliner Gemeinschaftsschule im sozialen Brennpunkt. Dabei stellt *Feedback* durch vielerlei unterrichtspraktische „Minimethoden" eine ganz wesentliche Verbindung dar – um einerseits so den Schülerinnen und Schülern zu zeigen „Ich sehe dich" und andererseits genügend Rückmeldung zu erhalten, um den Unterricht auf die Gruppe abzustimmen:

> Ein lernförderliches Klima setzt eine zutrauende Haltung und Vertrauen voraus. Zugleich geht es gerade in Mathematik um einen konstruktiven Umgang mit Fehlern, um auch die Leistungsangst abzubauen, die hemmt. Deswegen ist häufiges und konstruktives Feedback, das auf *die Sache* und auf *das Lernen* bezogen ist, wesentlich für den Lernerfolg und die Beziehungsarbeit.
> Gerade an Schulen in sozialen Brennpunkten bekommen Kinder zu Hause oft wenig Aufmerksamkeit. Da tut es ihnen sichtlich gut, Feedback zu erhalten – wenn es sich zugleich um *konstruktive* Aufmerksamkeit handelt, die die Kinder tatsächlich weiterbringt (Hoffkamp, 2018, S. 29).

Hier noch eine kleine Idee, eine „Minimethode", schon viele Jahre alt und doch immer noch jugendfrisch – Angelika Bikner-Ahsbahs' (2000) vielfältige „Geburtstagsaufgaben": Die Geburtstage der Kinder werden mit einer Aufgabe gefeiert, in der die Ziffern dieses Tages eingearbeitet sind:

> Kalle hat am 18.11.1996 Geburtstag.
> Verteile Klammern und Rechenzeichen in der Aufgabe 18 11 – 19 9 6 = so, dass a) ein möglichst großes, b) ein möglichst kleines Ergebnis herauskommt.

So entsteht eine besondere Beziehung zu der Aufgabe – nicht nur für das Geburtstagskind – und eine lebendige Dynamik, bis schließlich dahin, dass die Kinder selbst die Aufgabe verändern und phantasievoll weiterentwickeln.

Staunen und Wundern mit Mathe …

> Das Schönste, was wir erleben können, ist das Geheimnisvolle
> *(Albert Einstein, 1895–1976).*

„Spaß und Mathematik verhalten sich für die meisten Menschen wie Feuer und Wasser", so Gustav Fölsch (1992), doch „[…] wir tun in der Regel viel zu wenig für die auch die Nicht-Freaks einladende, bunte, Interesse weckende Verpackung!" Er beschreibt eine Projektwoche für Klassen 6–8, in der es um Verblüffendes und Zauberhaftes geht, um lustige Denksportaufgaben und mathematikhaltige Spiele, einschließlich eines Besuchs bei einer Bank und in einer Fachhochschule. Die Ergebnisse präsentierten die Schülerinnen und Schüler dann beim „Tag der offenen Tür". – Zu Schüler-Präsentationen siehe etwa Büchter et al. (2007, S. 18–19) und das Heft 143 „Präsentieren" von *mathematik lehren,* insbesondere Reiff (2007).

Viele kleine Ideen zum Staunen im „normalen" Mathematikunterricht haben Petra Merziger und ich im Heft 181 „Überraschungen" von *mathematik lehren* zusammengestellt (Herget & Merziger, 2013).

Dazu gehören natürlich auch die mathematischen Zaubertricks, die insbesondere die Jüngeren faszinieren (siehe etwa Hetzler, 1985b, 2003a; Brauner, 2013a, b; Herget & Bikner, 1985).

Marie-Christine von der Bank (2021) beschreibt ihre Erfahrungen mit einem klassischen Zahlenrätsel: „Rätsel erzeugen Spannung, sie verblüffen, sind lustig, wirken auf den ersten Blick vielleicht sogar merkwürdig, und sie motivieren, der Sache auf den Grund zu gehen." Diese besondere Atmosphäre stärkt die Selbstwirksamkeit, wie Schüleräußerungen erahnen lassen:

- Es war cool, dass meine Eltern es nicht direkt konnten.
- Es war besser als Mathe! Können wir das nicht immer machen??
- Wir haben die Rätsel im Team gelöst und haben uns gegenseitig geholfen.
- Ich habe es selbst rausgefunden.
- Wir durften uns selbst was ausdenken.

… auch mit Geometrie …

Mathe-Zaubern geht auch mit Geometrie – etwa Verschiebepuzzle, bei denen sich Flächeninhalte scheinbar verändern (etwa Ringel & Ringel, 2013; Strick, 2017, S. 241–260) – ein Klassiker, der sich schon bei Lietzmann und Trier (1923, S. 22) findet, siehe Lambert (2006b, S. 68).

Besonders faszinierend, immer wieder, nicht nur für Kinder: das *Moebiusband,* das nur eine einzige Seite hat und einen einzigen Rand … Und wenn man es längs in der Mitte aufschneidet, passiert Unglaubliches … (Abb. 2.20) … man kann es

Abb. 2.20 Zaubern mit dem Moebiusband. Kinder-Uni Halle (Saale). (Foto: Rolf Sommer, Oppin)

auch ebenso dritteln, dann passiert noch Unglaublicheres … und man kann auch zwei Exemplare passend über Kreuz aufeinander kleben und dann jeweils mittig schneiden, dann passiert unglaublich Wunderschönes … aber das wäre eine ganz eigene Geschichte wert …

… und mit Humor, der passt

Humor ist Verstand plus Herz geteilt durch Selbsterkenntnis
(François Truffaut, 1932–1984, frz. Regisseur und Schauspieler).

Eine weitere kleine, aber grundlegend-fundamentale Idee ist *Humor* – ein Humor, der zu der jeweiligen Situation des Unterrichts und zu den jeweiligen Lehr-Lern-Beteiligten passt. Ein passender Witz, ein treffender Cartoon, eine kurze Geschichte können manchmal kleine Wunder bewirken. Und es ist immer auch eine Frage des Verhältnisses zwischen Lernenden und Lehrenden, die Frage nach der Atmosphäre zwischen beiden:

Die Schule muss die Freude am Lernen entwickeln. Es gibt nichts, was man wissen muss – nur etwas, das man wissen will
(Hans-Georg Gadamer, 1900–2002, Philosoph).

Konkrete Anregungen, um Unterrichtsmaterial in diesem Sinne auch im Hinblick auf eine positive Lernatmosphäre zu gestalten, und eigene Erfahrungen damit finden sich bei Herget (1986) und Herget und Weyers (2006), einschließlich vieler Literaturhinweise:

Mit Humor lässt sich leichter lernen, Misserfolge können besser verarbeitet werden. Wir verlernen das Lachen, wenn wir einem permanenten Druck ausgesetzt sind, der uns überfordert. Da ist oft noch nicht einmal ein Lächeln übrig. Dabei öffnet gerade das Lachen Türen, die Humorlosen versagt bleiben.

Lächeln Sie einfach mal nur so für sich – wenn niemand Sie beobachtet. Lassen Sie Ihre Mundwinkel ganz leicht nach oben wandern … lassen Sie das Lächeln sich mehr und mehr in Ihrem Gesicht ausbreiten … und fühlen Sie, wie allein durch die Bewegung der zahlreichen Schmunzel-Muskeln im Gesicht (fast) immer sich Ihre Stimmung verändert (Herget & Weyers, 2006).

2.8 Weniger ist mehr – manchmal. Das didaktische Prinzip *Reduktion*

La perfection est atteinte, non pas lorsqu'il n'y a plus rien à ajouter, mais lorsqu'il n'y a plus rien à retirer.
Perfektion ist nicht dann erreicht, wenn man nichts mehr hinzufügen kann, sondern wenn man nichts mehr weglassen kann
(Antoine de Saint-Exupéry, 1900–1944).

Mathematik ist mehr – mehr als Können und Wissen. Ja, klar, aber: Wie und wo finde ich denn den Raum und die Zeit, damit solches „Mehr" in meinem Unterricht sichtbarer wird? Wie kann ich im Unterricht inhaltliche Schwerpunkte setzen? Was ausführlicher machen und wo etwas kürzen?

In „Wie viel Erde braucht der Mensch?", der ganz zu Anfang erwähnten Novelle Tolstois, geht es um den Bauer und Gutsbesitzer Pachom, den die Gier nach immer mehr Land in den Tod treibt – am Ende reicht für ihn die Erde seines Grabs. „Der Titel mit seiner bedeutungsschweren Frage ist zu einer stehenden Formel geworden, zu einem geflügelten Wort, mit dem das Streben, ja die Gier nach Eigentum hinterfragt wird" (de.wikipedia.org, [11.11.2022]).

Unsere Frage ist: *Wie viel Mathe braucht der Mensch?*

An das Problem „Viel Stoff – wenig Zeit" geht Martin Lehner (2006, S. 29–49) heran, indem er dem exemplarischen Lernen Martin Wagenscheins folgt, den *Mut zur Lücke* zulässt im Sinne von „Mut zur Gründlichkeit, Mut zum Ursprünglichen" (Wagenschein, 1988, S. 31 ff., 37, 52) und Wagenscheins Metapher der *Grundlandschaft* und der *Tiefenbohrungen* illustriert – „gründlich statt vollständig" (Abb. 2.21 – s. a. Herget, 2018a).

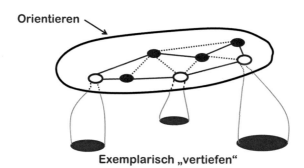

Abb. 2.21 „Grundlandschaft" und „Tiefenbohrungen" nach Wagenschein. (Nach Martin Lehner 2006)

Anselm Lambert hat darauf hingewiesen, dass mit dem didaktischen Prinzip *Reduktion* neben *Transformation* ein zweiter Kandidat für eine fundamentale Idee der Mathematikdidaktik vorliegt. Reduktion bedeutet aber nicht, Anspruchsvolles einfach wegzulassen oder in kleinste Häppchen zu zerlegen. Sondern zu prüfen, ob das Anspruchsvolle wirklich wesentlich ist – und dann die dafür notwendige Zeit sich zu nehmen, sich zu geben. Und einen Weg zu finden, den anspruchsvollen wesentlichen Happen ausreichend verdaulich zu gestalten – vgl. dazu die Anregungen in Lambert und Herget (2017):

> Dabei geht es um sinnvolle fachliche und methodische Orientierung bei der nötigen, intellektuell redlich bleibenden didaktischen Reduktion von Stoff – einer achtsamen Reduktion. Eine solche nimmt das Vermögen der Lernenden und auch der Lehrenden über den gesamten Schulalltag hinweg ernst und behält es stets im Blick. Unterschiedliche Darstellungsmöglichkeiten und ihre Vernetzungen spielen hier eine zentrale Rolle, gerahmt von einer Unterrichtskultur, die die Sache und alle agierenden Personen wertschätzt (Herget et al., 2022).

Keine Frage: Eine durchgängige Herausforderung ist dabei, geradezu artistisch eine Balance zu wahren zwischen *zu schwer* und *zu leicht* – und das angesichts der Heterogenität einer Schulklasse:

> Schwierig ist es, die Hürden treffsicher, reduziert und dennoch kognitiv fordernd zu thematisieren, denn es gilt – im Sinne achtsamen Unterrichts – Freude und Erfolg zu gewährleisten. Erfolg kann durch achtsame Reduktion ermöglicht werden und die Freude durch Verstehen. Reduziert man auf diese Weise, so sind Reduktion und intellektuelle Ehrlichkeit keine Gegenspieler mehr, sondern bedingen einander. [...] Achtsame Reduktion [...] orientiert sich am Kern der Sache, um diesen nicht aus dem Blick zu verlieren. Daraus kann intellektuell ehrlicher Unterricht erwachsen, der Bildungschancen eröffnet und Stoff und Form (Schupp, 2016) vereint, und zwar ohne das Pädagogische zu vernachlässigen (Hoffkamp, 2023).

Dazu bedarf es überzeugender Best-Practice-Beispiele – und einer vertrauensvollen und konstruktiven Zusammenarbeit mit Kolleginnen und Kollegen, auch vor Ort:

> It takes a whole village to raise a child *(Sprichwort, aus Afrika)*.

Zeit nehmen, Zeit geben, Zeit lassen ... „Wait Time" ... und weniger Aufgaben

„Wenn du es eilig hast, gehe langsam" (Konfuzius), denn „Schildkröten können dir mehr über den Weg erzählen als Hasen". Und Bestseller-Autor Lothar Seiwert (2018) ergänzt: „Wenn du es noch eiliger hast, mache einen Umweg."

Erkenntnisprozesse brauchen Muße (Lambert & Herget, 2017). „Formulieren (durch Lernende), Verstehen, Problemlösen und Reflektieren erfordert Zeit!" (Hinrichs, 2022, S. 46).

„*Wait Time*", „Wartezeit" – das ist in den USA seit den 1970ern mehr und mehr ein festes Thema in der Lehreraus- und -weiterbildung. In der deutschsprachigen Mathematikdidaktik, so habe ich den Eindruck, spielt es allerdings (fast) keine Rolle. Leider. – Worum geht es?

Anfang der 1970er wertete Mary Budd Rowe hunderte von Tonaufnahmen von Unterrichtsstunden aus. Dabei stellte sie fest (Rowe, 1972, 1974): Im Durchschnitt ist die *Wait Time* der Lehrenden nicht länger als eine Sekunde! Und zwar sowohl die Wartezeit auf eine Antwort nach einer Lehrerfrage an die Klasse oder gezielt an eine Schülerin/einen Schüler als auch die Wartezeit, wenn im Verlauf der Antwort eine Pause auftrat. Dabei spielte es kaum eine Rolle, ob es sich um eine anspruchsvolle „Denkfrage" handelte oder um eine einfache Wissensfrage.

Und sie konnte zeigen, dass eine längere Wartezeit von 3 bis 5 s sich durchweg positiv auswirkt: Sprachgebrauch und Argumentationen verbesserten sich, ebenso Einstellungen und Erwartungen sowohl der Schülerinnen und Schüler als auch der Lehrenden; die Schülerantworten wurden um ein Vielfaches länger, es ergab sich ein intensiverer, offenerer, mutigerer Austausch innerhalb der Klasse, mehr beteiligten sich, die Zahl der „Ich weiß nicht" und der Nicht-Antworten nahm ab – und die Lehrenden wurden flexibler, stellten mehr anspruchsvollere Fragen und weniger „Ja-Nein"-Fragen. Diese Erkenntnisse wurden seither durchgehend bestätigt, quer über Schultypen, Jahrgangsstufen und Unterrichtsfächer hinweg (Tobin, 1986, 1987). Einen guten aktuellen Überblick gibt Kleinschmidt-Schinke (2018).

Eine Auswertung von 22 Mathematik-Unterrichtsstunden zum Thema *Begründen in der Geometrie* in Klassenstufe 8 am Gymnasium findet sich in Heinze und Erhard (2006). Sie kommen auf eine durchschnittliche *Wait Time* von 2,5 s – angesichts des anspruchsvollen Unterrichtsthemas doch eine sehr kurze Wartezeit. Das bei uns typische fragend-entwickelnde Unterrichtsgespräch lebt ja von der Idee, die „Ich zeige und erkläre, wie und warum es geht"-Lehrerrolle auf diese Weise zu verbinden mit einer wohlbegründeten Schülerorientierung im Sinne des „Lernen muss jede und jeder schließlich selbst" – doch angesichts solch kurzer *Wait Time* wäre es schon ein Wunder, wenn das wirklich gelingen würde.

Können Sie sich vorstellen, bei einer Frage an die Klasse nur ein, zwei Sekunden zu warten? Auch bei Fragen wie „Wie hast du es gemacht? Wie bist du rangegangen? Wo hat es gehakt? Was hat dir dann weitergeholfen?" – Also, wenn ich heute Lehrer wäre, würde ich tapfer üben, von eins bis mindestens drei zu zählen. Bei jeder Frage von mir an die Klasse. Bei jeder … eins … zwei … drei … Langsam … und ggf. auch bis fünf … Und dabei ein ganz klein wenig lächeln, wenn ich merke, dass ich ungeduldig werde. Weil ich weiß, dass es sich lohnt, geduldiger zu sein. Und es würde wohl nicht schaden, wenn die Schülerinnen und Schüler sehen, dass ich etwas lächle …

Und noch etwas zum Thema *Zeit* – damit habe ich seit Beginn meiner Lehrerzeit nur gute Erfahrungen gemacht:

Kennen Sie das, am Ende einer Klausur, Klassenarbeit, Schularbeit? Wenn fast alle, die Köpfe tief gebeugt über den Heften, gerötet vor Anstrengung, schnell noch etwas zu Papier bringen wollen? Was tun?! – Als Lehrer und Hochschullehrer habe ich gelernt, wie gut es allen Beteiligten tut (auch mir, denn ich muss es ja korrigieren und bewerten!), wenn ich *weniger Aufgaben* stelle (Herget, 2017b). Von jedem Aufgabentyp so wenige, wie ich es verantworten konnte. Und ich freute mich, wenn am Ende der Arbeit fast alle (!) schon abgegeben hatten.

Denn es geht mir nicht um „Schnell, schnell!" – dafür gibt es Taschenrechner und Computer –, sondern eben ums Verstehen, Begreifen, Bearbeiten und Überarbeiten, ums sorgfältige Vor-, Mit-, Nach-, Quer-, Drumherum- und Hinterher-Denken, ums Argumentieren, Kommentieren, Reflektieren. So viel Zeit darf sein. Das ist mir wirklich wichtig.

Fair, redlich, transparent, verlässlich – auch in Prüfungssituationen

Fair, redlich, transparent, verlässlich … – das gilt für mich grundsätzlich im Umgang mit Schülerinnen, Schülern, Studierenden. Und nicht zuletzt in Prüfungssituationen.

Natürlich überlege ich mir vorher, was ich in den Bearbeitungen zu einer Klausur erwarte und wie ich es bewerten will. Und reagiere dann während der Durchsicht situationselastisch – etwa wenn ich feststelle, dass man meinen Aufgabentext durchaus missverstehen konnte (… wenn ich so an manch eine Stochastik-Aufgabe denke …) oder dass es andere Lösungswege gibt als den oder die von mir erwarteten (gerade in der Geometrie).

Ich halte es aus, wenn die Klausur besser ausfällt als „normal" – denn was heißt schon „normal"? Jedenfalls tue ich (und tun Lernende) viel, um die sogenannte „Normalverteilung" hin zu besseren Noten zu verschieben! Gut, daran zu erinnern:

> Die besondere Bedeutung der Normalverteilung beruht unter anderem auf dem zentralen Grenzwertsatz, dem zufolge Verteilungen, die durch additive Überlagerung einer großen Zahl von unabhängigen Einflüssen entstehen, unter schwachen Voraussetzungen annähernd normalverteilt sind. […] Die Abweichungen der Messwerte vieler natur-, wirtschafts- und ingenieurwissenschaftlicher Vorgänge vom Erwartungswert lassen sich durch die Normalverteilung […] in sehr guter Näherung beschreiben (vor allem Prozesse, die in mehreren Faktoren unabhängig voneinander in verschiedene Richtungen wirken) (de.wikipedia.org, [11.11.2022]).

Und lesen sie dies gerne nochmal, und betonen Sie jeweils *„unabhängig"*.

Übrigens, falls Sie tapfer genug sind, etwas Ironisch-Alternatives zur handelsüblichen Notengebung zu lesen, das sich zumindest in meinem Stochastikunterricht vielfach bewährt hat (es geht ums „Zensuren-Würfeln"), schauen Sie einmal bei Herget (1992, 1997) rein. Und, augenzwinkernd-ernsthaft und fächerübergreifend, *Die Zensurenkonferenz* (Hiems, 1985), „Ein deutsches Lustspiel […] zum Vorlesen und Nachdenken für Schüler der 8.–10. Klasse": Es gibt viele durchaus einleuchtende, doch sich gegenseitig widersprechende Aspekte, wie Noten zu ermitteln sind. Und es gibt tatsächlich sehr, sehr viele mathematische Möglichkeiten, Mittelwerte zu definieren (vgl. auch Herget, 1985a; Lambert & Herget, 2004).

Und was, wenn die Klausur einmal schlechter ausfällt? – Dann frage ich mich, welchen Anteil *ich* daran haben könnte und welche Konsequenzen ich daraus ziehen sollte. Und ich spreche mit einer Kollegin, einem Kollegen meines Vertrauens darüber – und dann auch mit den Betroffenen, der Lerngruppe. So offen wie möglich.

Fürs Lernen und zur Vorbereitung auf die Prüfungssituation bespreche ich alle Übungsaufgaben so gut wie möglich und so gut wie nötig. Und ich beantworte alle Rückfragen der Lernenden, selbst die Standard-Frage „Kommt das auch in der Arbeit dran?" Ehrlich. Wirklich ehrlich. Ich kann mir jedenfalls nicht vorstellen, ausgewählte Aufgabentypen absichtlich nicht zu besprechen oder bewusst nur sehr kurz, um ausgerechnet diese dann in der Prüfung zu verwenden – etwa um zu sehen, wer es „auch so" beherrscht.

Und ich käme nicht auf die Idee, unangekündigte Leistungstests schreiben zu lassen – als ob es wirklich helfen würde, aus Angst zu lernen. Nein, Angst ist kein guter Lehrmeister. Da habe ich als Lehrer lieber auf Transparenz gesetzt. Wenn Sie, liebe Kollegin, lieber Kollege, dies auch so handhaben, haben Sie Glück – denn Sie können jetzt auf die Ergebnisse der aktuellen empirischen Wissenschaft verweisen (Bielecke et al., 2022): Werden die Leistungskontrollen verlässlich angekündigt, so wirkt dies emotional positiv, baut Ängste ab, erhöht die Freude am Lernen und verstärkt die Leistungsfähigkeit. Na also.

In Prüfungssituationen gibt es – eben unvermeidbar – kein Gleichgewicht zwischen mir als Prüfer-Lehrer und meinen Lernenden als Geprüfte. Umso mehr muss ich alles tun, um ausreichend fair und transparent mit ihnen umzugehen.
Fair, redlich, verlässlich – das wünsche ich mir schließlich auch von den Lernenden. Natürlich.

2.9   Zum guten Ende – naheliegend …

> Teaching is not about information. It's about having an honest intellectual relationship with your students
> *(Paul Lockhart, 2009, S. 46).*

Der Mathematikunterricht ist wie ein Tanker – es dauert halt, wenn am Kurs etwas zu ändern ist. Immerhin: „Kleine Schritte sind besser als keine Schritte" (Willy Brandt) und „Großes entsteht immer im Kleinen" (Motto des Saarlands):

> The longer you can look back, the farther you can look forward
> *(Winston Churchill, 1874–1965).*

„Ich geh meine eigenen Wege", textete und sang Heinz Rudolf Kunze 1988. „Eigene Wege sind schwer zu beschreiben, sie entstehen ja erst beim Gehn." – Und er sang auch, 1997, Mut machend: „Du bist nicht allein."

In diesem Sinne möchte ich gern noch auf ein, zwei ältere „Fundstücke" hinweisen.

Pólyas „10 Gebote für Lehrer"

George (György) Pólya (1887–1985), ausgewiesener Mathematiker, ist bekannt durch seine längst klassischen Bücher zur Vermittlung und Charakterisierung von Problemlösestrategien. Hier seine „10 Gebote für Lehrer" (natürlich auch für Lehrerinnen), siehe Pólya (1967, S. 175):

1. Man soll sich für seinen Gegenstand interessieren.
2. Man soll seinen Gegenstand kennen.
3. Man soll über das Wesen des Lernens Bescheid wissen: Die beste Art, etwas zu erlernen, ist, es selbst zu entdecken.
4. Man soll versuchen, von den Gesichtern seiner Schüler abzulesen, versuchen, ihre Erwartungen und Schwierigkeiten zu erkennen, sich in ihre Lage zu versetzen.
5. Man soll ihnen nicht nur Kenntnisstoff, sondern auch praktisches Können, geistige Einstellungen, methodische Arbeitsgewohnheiten vermitteln.
6. Man soll sie erraten lernen lassen.
7. Man soll sie beweisen lernen lassen.
8. Man soll auf solche Schritte bei der Lösung der Aufgabe, die man gerade durchnimmt, achten, die bei der Lösung zukünftiger Aufgaben nützlich sein könnten – man soll versuchen, das allgemeine Schema freizulegen, das der gegebenen konkreten Situation zugrunde liegt.
9. Man soll nicht gleich sein ganzes Geheimnis preisgeben – man soll die Schüler raten lassen, ehe man es freigibt – man lasse sie soviel wie irgend möglich selbst herausfinden.
10. Man lege nahe, aber man zwinge nicht auf.

Für mich ist es ausgesprochen naheliegend, dass ich sie Ihnen hier zum guten Ende *nahe lege;-)*.

Übrigens ganz im Sinne von Walther Lietzmann, der im Vorwort zu der zweiten Auflage seines Teils I der dreiteiligen *Methodik des mathematischen Unterrichts* schreibt (1926, S. VII):

Wir wollen unsere Schüler zur Selbständigkeit erziehen, wollen sie bewußt methodisch arbeiten lehren. Was man vom Schüler fordert, sollte man erst recht vom Lehrer erwarten dürfen. Auch er soll frei seine Arbeitsweise selbst wählen. Ratschläge kann man ihm geben. Ihm die Entscheidung bei der Wahl des Weges abnehmen, heißt ihn zum geistigen Sklaven machen, heißt der Bequemlichkeit Vorschub leisten.

Ziel dieser Methodik ist es, den Lehrer anzuregen, sich bewußt einen eigenen methodischen Stil des mathematischen Unterrichts zu erarbeiten – nicht mehr, aber auch nicht weniger.

Ihnen wird sicherlich die eine oder andere Anmerkung oder Ergänzung dazu einfallen – lassen Sie es mich gern wissen.

Literatur

Andelfinger, B. (1989). Sanfter Mathematikunterricht. Ausgangspunkte und Beispiele einer anderen Theorie und Praxis. In B. Andelfinger & H. Schmitt (Hrsg.), *Sanfter Mathematikunterricht – Bildung in der ökologischen Krise* (S. 24–43). Tagungsbericht 17.–21.5.1989. Eigenverlag.

Andelfinger, B. (1993). *Sanfter Mathematikunterricht. Bildung in der Einen Welt.* werkstatt schule.

Andelfinger, B. (2014). *mathe. geschichte, probleme, chancen eines Schulfachs.* Leibi.de.

Andelfinger, B. (2020). *kompass mathe – unterwegs nach morgen* (Aktualisierte Aufl.). Leibi.de.

Andelfinger, B. (2022). *mathe – lebensnah.* Eigenverlag.

von der Bank, M.-C. (2016). Fundamentale Ideen der Mathematik. Weiterentwicklung einer Theorie zu deren unterrichtspraktischer Nutzung. Dissertation. https://doi.org/10.22028/D291-26673. Zugegriffen: 11. Nov. 2022.

von der Bank, M.-C. (2021). Lustiges und Merkwürdiges. Zahlenrätsel – unterhaltsam und doch so lehrreich. *mathematik lehren, 227,* 9–12.

von der Bank, M.-C. (2023). Freude … und weitere nichtkognitive Ziele von Mathematikunterricht. In diesem Band.

Baruk, S. (1989). *Wie alt ist der Kapitän? Über den Irrtum in der Mathematik.* Birkhäuser.

Bieleke, M., Schwarzkopf, J.-M., Götz, T., & Haag, L. (2022). The agonizing effects of uncertainty: Effects of announced vs. unannounced performance assessments on emotions and achievement. *PLOS ONE, 17*(8), E0272443. https://doi.org/10.1371/journal.pone.0272443.

Bikner-Ahsbahs, A. (2000). Interesse fördern mit Geburtstagsaufgaben. *mathematik lehren, 100,* 47–51.

Brauner, U. (2013a). Zauberhaftes verstecken und aufdecken. *mathematik lehren, 181,* 21–23.

Brauner, U. (2013b). Zaubertricks mit Kalenderblättern und Zahlenstreifen. *mathematik lehren, 181,* 50–51.

Bruder, R. (2000). Mit Aufgaben arbeiten, Ein ganzheitliches Konzept für eine andere Aufgabenkultur. *mathematik lehren, 101,* 12–17.

Büchter, A., Herget, W., Leuders, T., & Müller, J. (2006). Herr Fermi und seine Fragen. Mathe-Welt. *mathematik lehren, 139,* 23–46.

Büchter, A., Herget, W., Leuders, T., & Müller, J. (2007). *Die Fermi-Box I (5.–7. Klasse). Materialien für den Mathematikunterricht Sek I. 84 Karteikarten in einer Box mit Lehrerkommentar* (208 Seiten). vpm/Klett.

Büchter, A., Herget, W., Leuders, T., & Müller, J. (2011). *Die Fermi-Box II (8.–10. Klasse). Materialien für den Mathematikunterricht Sek I. 68 Karteikarten in einer Box mit Lehrerkommentar* (168 Seiten). vpm/Klett.

Burkhardt, H. (1981). *The real world and mathematics.* Blackie.

Charon, K. (2021). Mode-bewusst. Eine Umfrage zum Konsumverhalten. *mathematik lehren, 227,* 22–26.

Dangl, M., Fischer, R., Heugl, H., Kröpfl, B., Liebscher, M., Peschek, W., & Siller, H.-S. (2009). Das Projekt „Standardisierte schriftliche Reifeprüfung aus Mathematik" – Sicherung von mathematischen Grundkompetenzen. Institut für Didaktik der Mathematik, Österr. Kompetenzzentrum für Mathematikdidaktik, Universität Klagenfurt. https://www.aau.at/wp-content/uploads/2017/10/sRP-M_September_2009-2.pdf. Zugegriffen: 12. Dez. 2022.

Eigenmann, P. (1964). *Geometrische Wiederholungs- und Denkaufgaben.* Klett.

Enzensberger, H. M. (1997). *Der Zahlenteufel. Ein Kopfkissenbuch für alle, die Angst vor der Mathematik haben.* Hanser.

Fischer, R. (1984). Unterricht als Prozess der Befreiung vom Gegenstand. Visionen eines neuen Mathematikunterrichts. *Journal für Mathematik-Didaktik, 5,* 51–85.

Fischer, R., & Malle, G. (1985). *Mensch und Mathematik. Eine Einführung in didaktisches Denken und Handeln.* BI.

Fölsch, G. (1992). Staunen und Spaß mit Mathe. Beschreibung eines Projektes. *mathematik lehren, 55,* 63–67.

Frenzel, A. C., & Götz, T. (2018). Emotionen im Lern- und Leistungskontext. In D. H. Rost, J. R. Sparfeldt, & S. R. Buch (Hrsg.), *Handwörterbuch Pädagogische Psychologie. 5. überarbeitete und erweitere Auflage* (S. 109–118). Beltz.

Freudenthal, H. (1973). *Mathematik als pädagogische Aufgabe* (Bd. 1). Klett.

Freudenthal, H. (1982). Mathematik – eine Geisteshaltung. *Grundschule, 4,* 140–142.

Führer, L. (1997). *Pädagogik des Mathematikunterrichts. Eine Einführung in die Fachdidaktik für Sekundarstufen.* Vieweg.

Führer, L. (2005). Kleine Revue sozialer Aspekte der Schulgeometrie. *Der Mathematikunterricht, 51*(2/3), 70–85, s. a. https://www.math.uni-frankfurt.de/~fuehrer/Schriften/2005_kleine_Revue_Manuskript.pdf. Zugegriffen: 22. Dez. 2022.

Glatfeld, M. (Hrsg). (1983). *Anwendungsprobleme im Mathematikunterricht der Sekundarstufe I.* Vieweg.

Glatzel, J. (2013). Ein Fußballfeld backen? Eine verrückte Frage mit beeindruckenden Ergebnissen. *mathematik lehren, 181,* 12–13.

Greenpeace Magazin. (2018). Verantwortung. Bloß nicht hinwerfen! Heft 6.18. https://www.greenpeace-magazin.de/magazin/verantwortung. Zugegriffen: 22. Dez. 2022.

Grundhauser, E. (2013). Atlas Obscura's essential guide to building a giant. https://www.atlasobscura.com/articles/essential-guide-to-building-a-giant. Zugegriffen: 30. Jan. 2023.

Güç, A., & Kollosche, D. (2022). Zur Identität von Mathematiklernenden im schülerzentrierten Unterricht. *Journal Mathematik Didaktik, 43,* 231–254. https://doi.org/10.1007/s13138-021-00187-2. Zugegriffen: 12. Dez. 2022.

Hattie, J. (2012). *Visible learning for teachers – Maximising impact on learning.* Routledge.

Heinze, A., & Erhard, M. (2006). How much time do students have to think about teacher questions? An investigation of the quick succession of teacher questions and student responses in the German mathematics classroom. *Zentralblatt für Didaktik der Mathematik, 38,* 388–398. https://doi.org/10.1007/BF02652800. Zugegriffen: 12. Dez. 2022.

Henn, H.-W., & Filler, A. (2015). *Didaktik der Analytischen Geometrie und Linearen Algebra. Algebraisch verstehen – Geometrisch veranschaulichen und anwenden.* Springer Spektrum.

Herget, W. (1985a). Der Zoo der Mittelwerte. *mathematik lehren, 8,* 50–51.

Herget, W. (1985b). Zur Deutung eines Kartenspielertricks. *mathematik lehren, 11,* 58.

Herget, W. (1986). Zeitungsausschnitte – Beiträge zu einem realitätsorientierten Mathematikunterricht. *Praxis der Mathematik, 28*(7), 385–397.

Herget, W. (1989). Prüfziffern und Strichcodes – „Computer-Mathematik" auch ohne Computer. *mathematik lehren, 33,* 19–34.

Herget, W. (1992). Zensuren würfeln? Wahrlich objektive Zensuren – im Stochastik-Kurs. In Gesellschaft für Didaktik der Mathematik (Hrsg.), *Beiträge zum Mathematikunterricht 1992* (S. 199–202). Franzbecker.

Herget, W. (1993). Mathe-(Klausur-)Aufgaben einmal anders?! In H. Hischer (Hrsg.), *Wieviel Termumformung braucht der Mensch. 10. Jahrestagung des AK MU&I in der GDM.* Franzbecker. https://www.yumpu.com/de/document/view/20662079/tagungsband-1992-wieviel-termumformung-braucht-der-mensch. Zugegriffen: 11. Jan. 2023.

Herget, W. (1994a). „Die alternative Aufgabe" – veränderte Aufgabenstellungen und veränderte Lösungswege mit/trotz Computersoftware. In H. Hischer (Hrsg.), *Mathematikunterricht und Computer – neue Ziele oder neue Wege zu alten Zielen?* (S. 150–154). Franzbecker.

Herget, W. (1994b). Die andere Mathe-Aufgabe – nicht immer, aber immer öfter. In Gesellschaft für Didaktik der Mathematik (Hrsg.), *Beiträge zum Mathematikunterricht 1994* (S. 143–146). Franzbecker.

Herget, W. (1995a). Mathe-Aufgaben – einmal anders? *mathematik lehren, 68,* 64–66

Herget, W. (1995b). Entwicklung neuer Aufgabentypen für den Mathematikunterricht und für die Abiturprüfung. In Niedersächsisches Kultusministerium (Hrsg.), *Ziele und Inhalte eines künftigen Mathematik-Unterrichts an Gymnasien, Fachgymnasien und Gesamtschulen* (S. 58–61). Niedersächsisches Kultusministerium.

Herget, W. (1995c). Mobilität, Modellbildung – Mathematik! *mathematik lehren, 69,* 4–7.

Herget, W. (1996). *Die etwas andere Aufgabe* – Kurvendiskussion – was sonst? *mathematik lehren, 76,* 66–67.

Herget, W. (1997). Wahrscheinlich? Zufall? Wahrscheinlich Zufall … *mathematik lehren, 85,* 4–7.

Herget, W. (1999). Ganz genau – genau das ist Mathe! *mathematik lehren, 93,* 4–9.

Herget, W. (2000a). Rechnen können reicht … eben nicht! *mathematik lehren, 100,* 4–9.

Herget, W. (2000b). Wie groß? Wie hoch? Wie schwer? Wie viele? Mathe-Welt. *mathematik lehren, 101,* 23–46.

Herget, W. (2000c). *Die etwas andere Aufgabe* – Mit und ohne Rechner. *mathematik lehren, 102,* 66–67.

Herget, W. (2000d). Gut geschätzt und kaum gerechnet – eine Aufgabe, viele Wege, viele Antworten. In Gesellschaft für Didaktik der Mathematik (Hrsg.), *Beiträge zum Mathematikunterricht 2000* (S. 294–297). Franzbecker.

Herget, W. (2001). Ein Bild sagt mehr als 1000 Worte … Messen, Schätzen, Überlegen – viele Wege, viele Antworten. Material für den BLK-Modellversuch SINUS. http://sinus-transfer. uni-bayreuth.de/fileadmin/MaterialienBT/herget.pdf. Zugegriffen: 22. Nov. 2022.

Herget, W. (2002a). „Pictorial Problems". One question, but many ways, and many different answers. In: H.-G. Weigand, N. Neill, A. Peter-Koop, K. Reiss, G. Törner, B. Wollring (Hrsg.), *Developments in Mathematics Education in German-speaking Countries* (S. 76–87) Selected Papers from the Annual Conference on Didactics of Mathematics, Potsdam, 2002. Franzbecker.

Herget, W. (Hrsg.) (2002b). Mathematik und Natur. *mathematik lehren, 111.*

Herget, M. (2003a). Komplexität als Herausforderung Zukunftsfähiger Unterricht. *mathematik lehren, 120,* 4–8.

Herget, W. (2003b). Fotos und Fragen. Messen, Schätzen, Überlegen – viele Wege, viele Ideen, viele Antworten. *mathematik lehren, 119, 14–19.*

Herget, W. (2003c). Riesenschuhe und barttragende Biertrinker – Mathematische Aufgaben aus der Zeitung. In *Aufgaben. Lernen fördern – Selbstständigkeit entwickeln* (S. 26–29) Jahresheft XXI aller pädagogischen Zeitschriften des Erhard Friedrich Verlages, in Zusammenarbeit mit Klett. Friedrich.

Herget, W. (Hrsg.) (2003d). Zukunft berechnen … Zukunft gestalten. *mathematik lehren, 120.*

Herget, W. (2006). Typen von Aufgaben. In W. Blum, C. Drüke-Noe, R. Hartung, & O. Köller (Hrsg.), *Bildungsstandards Mathematik: Konkret. Sekundarstufe I: Aufgabenbeispiele, Unterrichtsanregungen, Fortbildungsideen* (S. 178–193). Cornelsen Scriptor.

Herget, W. (2007a). *Die etwas andere Aufgabe* – Besonders, bildend und bedenkenswert. *mathematik lehren, 144,* 66–67.

Herget, W. (2007b). Mathematik kommt vor! *mathematik lehren, 145,* 4–7.

Herget, W. (2007c). DIN – Ein Format von Format. *mathematik lehren, 145,* 9–10.

Herget, W. (2012). Die etwas andere Aufgabe – und die Sache mit den Kompetenzen. In A. S. Steinweg (Hrsg.), *Mathematikdidaktik Grundschule – Bd. 2: Prozessbezogene Kompetenzen: Fördern, Beobachten, Bewerten* (Tagungsband des Arbeitskreises Grundschule der GDM) (S. 23–38). University of Bamberg Press. https://fis.uni-bamberg.de/handle/uniba/819. Zugegriffen: 22. Dez. 2022.

Herget, W. (2016). *Die etwas andere Aufgabe* – Zeit nehmen, geben, lassen – Schritt für Schritt, relativ und absolut. *mathematik lehren, 196,* 48–49.

Herget, W. (2017a). Aufgaben formulieren (lassen). Weglassen und Weg lassen – das ist (k)eine Kunst. *mathematik lehren, 200,* 10–13.

Herget, W. (2017b). *Die etwas andere Aufgabe* – Prozente, Punkte und die Zeit … weu sunst geht ollas Schene schnö vuabei. *mathematik lehren, 200,* 48–49.

Herget, W. (2017c). *Die etwas andere Aufgabe* – Goldfische, Klammern, Rabatte und ein Radius – wundersam, wünschenswert und märchenhaft. *mathematik lehren, 205,* 48–49.

Herget, W. (2018a). Was mir wirklich wichtig ist – Mathe auf den Punkt bringen. In Fachgruppe Didaktik der Mathematik der Universität Paderborn (Hrsg.), *Beiträge zum Mathematikunterricht 2018* (S. 771–774). WTM.

Herget, W. (2018b). *Die etwas andere Aufgabe* – Pi mal Daumen, Monster-Mathe und Mathe-Macken. *mathematik lehren, 207,* 48–49.

Herget, W. (2018c). Zebrastreifen, Artikelnummern und Prüfziffern. Informatik-Mathematik ganz ohne Computer. In H.-S. Siller, G. Greefrath, & W. Blum (Hrsg.), *Neue Materialien für einen realitätsbezogenen Mathematikunterricht* (Bd. 4, S. 47–65). 25 Jahre ISTRON-Gruppe – eine Best-of-Auswahl aus der ISTRON-Schriftenreihe. Springer Spektrum.

Herget, W. (2018d). Mathematik hat viele Gesichter … (Basisartikel). – In W. Herget (Hrsg.), *Mathematik hat viele Gesichter: … angewandt, „abgewandt" – und zugewandt! MUED-Rundbrief 206* (S. 3–11) MUED. https://www.die-mueden.de/rundbrief/rb206.pdf. Zugegriffen: 22. Dez. 2022.

Herget, W., & Bikner, A. (1985). Kennen Sie den Ostfriesen-Computer? *mathematik lehren, 13,* 23.

Herget, W., & Förster, F. (2002). Die Kabeltrommel – glatt gewickelt, gut entwickelt. *mathematik lehren, 113,* 48–52.

Herget, W., & Klika, M. (2003). Fotos und Fragen. Messen, Schätzen, Überlegen – viele Wege, viele Ideen, viele Antworten. *mathematik lehren, 119,* 14–19.

Herget, W., & Lambert, A. (2019a). *Die etwas andere Aufgabe* – Ferne Nähe, schlicht und anspruchsvoll. *mathematik lehren, 214,* 48–49.

Herget, W., & Lambert, A. (2019b). *Die etwas andere Aufgabe* – Notebooks gibt's meterweise und 73 ist die neue 42. *mathematik lehren, 215,* 48–49.

Herget, W., & Lambert, A. (2020). *Die etwas andere Aufgabe* – Stütz-Stümpfe, Snacks – und Geometrie klappt. *mathematik lehren, 219,* 48–49.

Herget, W., & Lambert, A. (2021). *Die etwas andere Aufgabe* – Trauben, Quader, Dreiecke – pingelig genau exakt. *mathematik lehren, 225,* 48–49.

Herget, W., & Lambert, A. (2022a). *Die etwas andere Aufgabe* – Umstritten untief und nebenbei nachhaltig Quader quadrierend. *mathematik lehren, 232,* 48–49.

Herget, W., & Lambert, A. (2022b). *Die etwas andere Aufgabe* – Gefährliches und gutes Wasser, Kopfgeometrie und Zahlenspie(ge)l. *mathematik lehren, 234,* 48–49.

Herget, W., & Lambert, A. (2022c). *Die etwas andere Aufgabe* – Mathe zum Frühstück, filigrane Mülltürme fragend überraschen. *mathematik lehren, 235,* 48–49.

Herget, W., & Maaß, J. (2016). Mathematik nutzen – mit Verantwortung. *mathematik lehren, 194,* 2–6.

Herget, W., & Merziger, P. (2013). Vom Staunen zum Lernen. *mathematik lehren, 181,* 4–10.

Herget, W., & Pabst, M. (2009). Modellieren und Argumentieren im Team – Erfahrungen mit der Cornelsen Mathemeisterschaft. In M. Neubrand & GDM (Hrsg.), *Beiträge zum Mathematikunterricht 2009* (S. 627–630), Martin Stein Verlag.

Herget, W., & Richter, K. (1997). Zufallszahlen. Mathe-Welt. *mathematik lehren, 85,* 23–46.

Herget, W., & Richter, K. (2012). „Here is a Situation …!" Team Challenges with „Pictorial Problems". In W. Blum, R. Borromeo Ferri, & K. Maaß (Hrsg.), *Mathematikunterricht im Kontext von Realität, Kultur und Lehrerprofessionalität* (S. 80–89). Festschrift für Gabriele Kaiser. Springer Spektrum. http://www.wfnmc.org/icmis16prichter.pdf. Zugegriffen: 22. Dez. 2022.

Herget, W., & Scholz, D. (1998). *Die etwas andere Aufgabe – aus der Zeitung. Mathematik-Aufgaben Sek. I.* Kallmeyer.

Herget, W., & Scholz, D. (1999). Ungefähr … richtig! Mathe-Welt. *mathematik lehren, 93,* 23–46.

Herget, W., & Scholz, D. (2018). Mathematik in der Zeitung. In H.-S. Siller, G. Greefrath, & W. Blum (Hrsg.), *Neue Materialien für einen realitätsbezogenen Mathematikunterricht* (Bd. 4, S. 267–281). 25 Jahre ISTRON-Gruppe – eine Best-of-Auswahl aus der ISTRON-Schriftenreihe. Springer Spektrum.

Herget, W., & Steger, M. (2002) Gut gebremst, quadratisch gerechnet. In: W. Herget & E. Lehmann (Hrsg.): *Neue Materialien für den Mathematikunterricht. Quadratische Funktionen in der Sekundarstufe 1 mit dem TI 83/ 89/-92.* (S. 16–23). Schroedel.

Herget, W., & Strick, H. K. (2012). *Die etwas andere Aufgabe – Mathe mit Pfiff.* Kallmeyer.

Herget, W., & Torres-Skoumal, M. (2007). Picture (Im)Perfect mathematics! In W. Blum, P. L. Galbraith, H.-W. Henn, & M. Niss (Hrsg.), *Modelling and Applications in Mathematics Education* (S. 379–386). The 14th ICMI Study. New ICMI Study Series Volume 10. Springer.

Herget, W., & Weyers, W. (2006). Humor und mathematik. *mathematik lehren, 135,* 10–15.

Herget, W., Jahnke, T., & Kroll, W. (2001). *Produktive Aufgaben für den Mathematikunterricht der Sekundarstufe I.* Cornelsen.

Herget, W., Malitte, E., Richter, K., & Sommer, R. (2003). Das kleine 1×1 des Wachstums. Mathe-Welt. *mathematik lehren, 120,* 23–46.

Herget, W., Malitte, E., Richter, K., & Sommer, R. (2007). Modellieren mit Gewinn. Mathe-Welt. *mathematik lehren, 145,* 23–46.

Herget, W., Hoffkamp, A., & von der Bank, M.-C. (2023). Minisymposium 20: Mathematikdidaktik für den Unterrichtsalltag – Praxisorientierte Beiträge zu einer konstruktiven Stoffdidaktik. In IDMI-Primar Goethe-Universität Frankfurt (Hrsg.): *Beiträge zum Mathematikunterricht 2022* (S. 493–494). 56. Jahrestagung der Gesellschaft für Didaktik der Mathematik. WTM. https://doi.org/10.37626/GA9783959872089.0

Herget, W., Jahnke, T., & Kroll, W. (2011). *Produktive Aufgaben für den Mathematikunterricht der Sekundarstufe II.* Cornelsen.

Hetzler, I. (2003). *Mathematische Zaubertricks für die 5. bis 10. Klasse.* Klett.

Heymann, H. W. (1996). *Allgemeinbildung und Mathematik. Studien zur Schulpädagogik und Didaktik, Bd. 13.* Beltz.

Hiems, H. (1985). Die Zensurenkonferenz. Ein deutsches Lustspiel in einem Akt ... zum Vorlesen und Nachdenken für Schüler der 8.–10. Klasse. *mathematik lehren, 8,* 28–32.

Hinrichs, G. (2022). Von der analogen zur digitalen Heftführung. Möglichkeiten und Förderung digitaler Heftführung. *mathematik lehren, 233,* 42–47.

Hoffkamp, A. (2018) .Den Schülerinnen und Schülern zugewandt – Feedback im Unterrichtsalltag In W. Herget (Hrsg.), *Mathematik hat viele Gesichter: ... angewandt, „abgewandt" – und zugewandt! MUED-Rundbrief 206* (S. 21–29). MUED.

Hoffkamp, A. (2023). Zwischen Reduktion und intellektueller Ehrlichkeit an Schulen in sozial belasteten Stadtteilen. In IDMI-Primar Goethe-Universität Frankfurt (Hrsg.): *Beiträge zum Mathematikunterricht 2022* (S. 495–498). 56. Jahrestagung der Gesellschaft für Didaktik der Mathematik. WTM. https://doi.org/10.37626/GA9783959872089.0

Jahnke, T. (2005). Zur Authentizität von Mathematikaufgaben. In Gesellschaft für Didaktik der Mathematik (Hrsg): *Beiträge zum Mathematikunterricht 2005.* Vorträge auf der 39. Tagung für Didaktik der Mathematik vom 28.2. bis 4.3.2005 in Bielefeld. Franzbecker.

Jahnke, T. (2011). Zur Authentizität von Mathematikaufgaben. In T. Krohn, E. Malitte, G. Richter, K. Richter, S. Schöneburg, & R. Sommer (Hrsg.), *Mathematik für alle: Wege zum Öffnen von Mathematik. – Mathematikdidaktische Ansätze – Festschrift für Wilfried Herget* (S. 159–172). Franzbecker.

Jung, B. (2020). *Vom Rettungsboot zum Leuchtturm. Ein persönlicher Ratgeber für Eltern im Chaos der Gefühle.* BoD – Books on Demand.

Juul, J. (2006). *Was Familien trägt.* Kösel.

Kleinschmidt-Schinke, K. (2018). Wait-time im Unterrichtsdiskurs – ein Forschungsüberblick. http://www.schuelergerichtete-sprache.de/2018.12/kks-wait-time.pdf Zugegriffen: 12. Dez. 2022.

KMK – Sekretariat der Ständigen Konferenz der Kultusminister der Länder in der Bundesrepublik Deutschland (Hrsg.). (2004). Beschlüsse der Kultusministerkonferenz – Bildungsstandards im Fach Mathematik für den Hauptschulabschluss (Jahrgangsstufe 9). Luchterhand/Wolters Kluwer. https://www.kmk.org/fileadmin/veroeffentlichungen_beschluesse/2004/2004_10_15-Bildungsstandards-Mathe-Haupt.pdf. Zugegriffen: 22. Dez. 2022.

Krainer, K. (2005). Was guter Mathematikunterricht ist, müssen Lehrende ständig selber erarbeiten! Spannungsfelder als Orientierung zur Gestaltung von Unterricht. In C. Kaune, I. Schwank & J. Sjuts (Hrsg.), *Mathematikdidaktik im Wissenschaftsgefüge: Zum Verstehen und Unterrichten mathematischen Denkens. Festschrift für Elmar Cohors-Fresenborg, Bd. 1.* Forschungsinstitut für Mathematikdidaktik e. V.

Krawitz, J., & Schukajlow, S. (2018). Realkontexte ernst nehmen. Hürden und Hilfen beim Lösen unterbestimmter Modellierungsaufgaben. *mathematik lehren, 207,* 10–15.

Krawitz, J., & Schukajlow, S. (2022). Eine Aufgabe viele Lösungen. Natürlich differenzieren mit Modellierungsaufgaben. *mathematik lehren, 233,* 28–32.

Kruckenberg, A. (1950). *Die Welt der Zahl im Unterricht.* Schroedel. 1950. 8. unveränderte Auflage, Druck nach 1957; 1. Auflage 1935 *[unverfängliche Jahreszahl: Ergebnisse jahrzehnte-*

langer Arbeit an Lehrerseminar und Pädagogischer Akademie]; 3. Auflage 1949, leicht erweitert.

Lambert, A. (2005). Bildung und Standards im Mathematikunterricht – oder: Was schon beim alten Lietzmann steht. In P. Bender, W. Herget, & H.-G. Weigand (Hrsg.), *Neue Medien und Bildungsstandards* (S. 70–80). Bericht über die 22. Arbeitstagung des Arbeitskreises „Mathematikunterricht und Informatik in der Gesellschaft für Didaktik der Mathematik, 17.–19.9.2004 in Soest. Franzbecker.

Lambert, A. (2006a). Aktuelle Schlagworte – im Spiegel der Mathematikdidaktik Walt(h)er Lietzmanns. In Gesellschaft für Didaktik der Mathematik (Hrsg.) *Beiträge zum Mathematikunterricht* 2006 (S. 335–338). Vorträge auf der 40. Tagung für Didaktik der Mathematik vom 6. 3. bis 10. 3. 2006 in Osnabrück. Franzbecker.

Lambert, A. (2006b). Zur Tradition *etwas* anderer Aufgaben. In E. Malitte, K. Richter, S. Schöneburg, & R. Sommer (Hrsg.), *Die etwas andere Aufgabe. Festschrift für Wilfried Herget* (S. 55–72). Franzbecker.

Lambert, A. (2007). Ein Einstieg in die reflektierende Modellbildung mit Produktiven Aufgaben. In W. Herget, S. Schwehr, & R. Sommer (Hrsg.), *Materialien für einen realitätsbezogenen Mathematikunterricht. Schriftenreihe der ISTRON-Gruppe* (Bd. 10, S. 75–90). Franzbecker. https://www.math.uni-sb.de/preprints/preprint174.pdf. Zugegriffen: 12. Dez. 2022.

Lambert, A. (2017). *Mathematikdidaktische Grundlagen: Mathematik und Wirklichkeit* (S. 2017). Vorlesung an der Universität des Saarlandes.

Lambert, A. (2020). Mathematik und/oder Mathe (in der Schule) – ein Vorschlag zur Unterscheidung. *Der Mathematikunterricht, 66*(2), 3–15.

Lambert, A., & Herget, W. (2004). Mächtig viel Mittelmaß in Mittelwertfamilien. *Der Mathematikunterricht, 50*(5), 55–66.

Lambert, A., & Herget, W. (2017). Suche nach dem springenden Punkt! *mathematik lehren, 200,* 4–9.

Lambert, A., & Herget, W. (2019). Im Reich der Zahlen. *Lernende Schule, Allgemeinbildung, 22*(87), 40–43.

Lambert, A., & Leiser, A. (2021). Modelle hineinsehen lernen. *mathematik lehren, 227,* 30–33.

Lambert, A., & Kortenkamp, U. (2014). In J. Roth & J. Ames (Hrsg.), *Beiträge zum Mathematikunterricht 2014* (S. 651–654). WTM. https://www.stiftungrechnen.de/portfolio-item/studie-buergerkompetenz-rechnen. Zugegriffen: 22. Dez. 2022.

Lambert, A., & von der Bank, M.-C. (2021). Nachruf auf Hans Schupp – Erinnerungen für die Zukunft. *Mitteilungen der GDM, 111,* 100–106.

Lambert, A., Herget, W., & von der Bank, M.-C. (2020). *Mathe hat viele Gesichter. mathematik lehren, 222,* 2–7.

Lehner, M. (2006). *Viel Stoff – wenig Zeit. Wege aus der Vollständigkeitsfalle.* Haupt.

Lengnink, K., & Prediger, S. (2001). Mathematik öffnen: Bildung zum mathematikverständigen Bürger. *mathematica didactica, 24*(2), 73–88.

Leuders, T. (2001). *Qualität im Mathematikunterricht.* Cornelsen Scriptor.

Lietzmann, W. (1923). *Methodik des mathematischen Unterrichts. 2. Teil: Didaktik der einzelnen Gebiete des mathematischen Unterrichts. Zweite, durchgesehene und vermehrte Auflage.* Quelle & Meyer.

Lietzmann, W. (1926). *Methodik des mathematischen Unterrichts. 1. Teil: Organisation, Allgemeine Methode und Technik des Unterrichtens. Zweite, umgearbeitete und vermehrte Auflage.* Quelle & Meyer.

Lietzmann, W. (1941). *Lustiges und Merkwürdiges von Zahlen und Formen. 2., durchgesehene und ergänzte Auflage.* Ferdinand Hirt.

Lietzmann, W., & Trier, V. (1923). *Wo steckt der Fehler? Mathematische Täuschungen und Fehler. Dritte stark vermehrte Auflage.* Teubner.

Lockhart, P. (2009). *A Mathematician's Lament.* Bellevue Literary Press.

Lotz, J. (2022). enaktiv – ikonisch – symbolisch. Eine semiotisch basierte Präzisierung und deren unterrichtspraktische Konkretisierungen. Dissertation. https://doi.org/10.22028/D291-37052. Zugegriffen: 22. Dez. 2022.

Ludwig, M., & Reit, X.-R. (2016). Mit Hilfslinien zur Lösung. Argumentieren und Problemlösen bei Winkeldetektivaufgaben. *mathematik lehren, 196*, 22–27.

Maslow, A. H. (1966). *The psychology of science: A reconnaissance.* Harper & Row.

Neubrand, M. (2006). Multiple Lösungswege für Aufgaben: Bedeutung für Fach, Lernen, Unterricht und Leistungserfassung. In W. Blum, C. Drüke-Noe, R. Hartung, & O. Köller (Hrsg.), *Bildungsstandards Mathematik: Konkret. Sekundarstufe I: Aufgabenbeispiele, Unterrichtsanregungen, Fortbildungsideen* (S. 162–177). Cornelsen Scriptor.

Pollak, H. O. (1964). *Applications of modern mathematics suitable for use in teaching secondary school mathematics. Mathematics today* (S. 220–234). OECD.

Pollak, H. O. (1978). Anwendungen der modernen Mathematik, die für den Mathematikunterricht an Sekundarschulen geeignet sind. In H. G. Steiner (Hrsg.), *Didaktik der Mathematik* (S. 295–308). Wiss. Buchgesellschaft.

Pólya, G. (1967). *Vom Lösen mathematischer Aufgaben, Band 2: Einsicht und Entdeckung – Lernen und Lehren.* Springer.

Quenzel, G., & Scheekloth, U. (2022). Neue Achtsamkeit. Zwischen Umweltschutz, Gesundheit und Lebensgenuss? In *Wissen für Lehrer* (S. 16–17). SCHÜLER 2022, Jahresheft. Friedrich.

Prediger, S. (2002). Wege zur Nachdenklichkeit im Mathematikunterricht. In Gesellschaft für Didaktik der Mathematik (Hrsg.), *Beiträge zum Mathematikunterricht 2002* (S. 399–402). Franzbecker.

Reiff, R. (2007). Auf dem Plakat seht ihr … Hauptschüler auf Präsentationsprüfungen vorbereiten. *mathematik lehren, 143*, 18–22.

Rembowski, V. (2017). Kalkülreduziert argumentieren bei geometrischen Formen. *mathematik lehren, 200*, 25–29.

Ringel, B., & Ringel, C. M. (2013). Lass dich nicht täuschen … Flächengleichheit? – Flächengleichheit! *mathematik lehren, 181*, 14–20.

Rowe, M. B. (1972). Wait-time and rewards as instructional variables: Their influence on language, logic, and fate control. Presented at the National Association for Research in Science Teaching, Chicago, Illinois, April 1972. ERIC Document ED 061 103. http://files.eric.ed.gov/fulltext/ED061103.pdf. Zugegriffen: 22. Dez. 2022.

Rowe, M. B. (1974). Wait-time and rewards as instructional variables, their influence on language, logic, and fate control: Part one – Wait-time. *Journal of Research in Science Teaching, 11*(2), 81–94.

Ruwisch, S., & Schaffrath, S. (2017). *Fermi-Karten für die Grundschule. Mit „Kann das stimmen?"-Aufgaben prozessbezogen Kompetenzen fördern.* Klett/Kallmeyer.

Schmidt, G. (Hrsg.). (1981). *Methoden des Mathematikunterrichts in Stichwörtern und Beispielen 7/8.* Westermann.

Schneider, S. (1978). Zur problemhaften Gestaltung des Mathematikunterrichts. *Mathematik in der Schule, 6*, 294–302.

Schupp, H. (1978). Funktionen des Spiels im Mathematikunterricht der Sekundarstufe I. *Praxis der Mathematik, 20*(4), 107–112.

Schupp, H. (1988a). Anwendungsorientierter Mathematikunterricht zwischen Tradition und neuen Impulsen. *Der Mathematikunterricht, 34,*(6), 5–16.

Schupp, H. (1988b). Ist das Achteck regelmäßig? *mathematik lehren, 28*, 50–51.

Schupp, H. (2000a). Geometrie in der Sekundarstufe II. *mathematica didactica, 21*(1), 50–66.

Schupp, H. (2000b). Thema mit Variationen. *mathematik lehren, 100*, 11–14.

Schupp, H. (2002). *Thema mit Variationen. Aufgabenvariation im Mathematikunterricht.* Franzbecker.

Schupp, H. (2004). Allgemeinbildender Stochastikunterricht. *Stochastik in der Schule, 24*(3), 4–13.

Schupp, H. (2016). Gedanken zum „Stoff" und zur „Stoffdidaktik" sowie zu ihrer Bedeutung für die Qualität des Mathematikunterrichts. *Mathematische Semesterberichte, 63*, 69–92.

Seiwert, L. (2018). *Wenn du es eilig hast, gehe langsam: Wenn du es noch eiliger hast, mache einen Umweg.* Campus.

Sensenschmidt, B. (1995). Durch eine „Wüste von Nutzlosigkeit". Anwendungsaufgaben aus lernbiologischer Sicht. *mathematik lehren, 68,* 60–63.

Southall, E., & Pantaloni, V. (2015). *Geometry Snacks.* Tarquin.

Southall, E., & Pantaloni, V. (2018). *More Geometry Snacks.* Tarquin.

Spoerl, H. (1933). *Die Feuerzangenbowle. Lausbüberei in der Kleinstadt.* Droste.

Strick, H. K. (2017). *Mathematik ist schön. Anregungen zum Anschauen und Erforschen für Menschen zwischen 9 und 99 Jahren.* Springer Spektrum.

Tobin, K. (1986). Effects of teacher wait time on discourse characteristics in mathematics and language arts classes. *American Educational Research Journal, 23*(2), 191–200.

Tobin, K. (1987). The role of wait time in higher cognitive level learning. *Review of Educational Research, 57*(1), 69–95.

Vernay, R. (2007). Bilder mit Mathe. Stumme Impulse zum Modellieren und Argumentieren. *mathematik lehren, 145,* 10–13.

Vernay, R. (2009). *Mathe mit Bildern. Foliensammlung zu Mathematik 5–10.* Friedrich.

Vester, F. (1998). *Denken, Lernen Vergessen.* dtv.

Volk, D. (1996) Zu ökologischem Sehen und Handeln anregen. *mathematik lehren, 76,* 4–9.

Vormweg, H. (1980). Leben mit Vernunft. Zur Aktualität der Aufklärung. L '80. *Zeitschrift für Literatur und Politik, 15.*

Wagenschein, M. (1974). Entdeckung der Axiomatik. *Der Mathematikunterricht, 20*(1), 52–69.

Wagenschein, M. (1988). *Verstehen lehren. Genetisch – Sokratisch – Exemplarisch.* Beltz.

Warzel, A. (1995). Der Sinn in Textaufgaben. *mathematik lehren, 68,* 5–7.

Wilhelm, K. (2020). *Unnachhaltigkeit* hinterfragen – und mit Ungenauigkeit umgehen lernen. *Der Mathematikunterricht, 66*(2), 26–37.

Wilhelm, K. (2021). Da achte ich in Zukunft drauf … Stimmen die Daten und Informationen wirklich? *mathematik lehren, 227,* 13–17.

Wilhelm, K. (2023). Nachhaltigkeit im Mathematikunterricht – Der Achtsame Unterricht mit der Sache. In IDMI-Primar Goethe-Universität Frankfurt (Hrsg.): *Beiträge zum Mathematikunterricht 2022* (S. 507–510). 56. Jahrestagung der Gesellschaft für Didaktik der Mathematik. WTM. https://doi.org/10.37626/GA9783959872089.0

Wilhelm, K., & Andelfinger, B. (2021). Mathe – heute für morgen: Achtsamer Unterricht. *mathematik lehren, 227,* 2–8.

Winter, H. (1984). Begriff und Bedeutung des Übens im Mathematikunterricht. *mathematik lehren, 2,* 4–16.

Winter, H. (1995). Mathematikunterricht und Allgemeinbildung. *Mitteilungen der Gesellschaft für Didaktik der Mathematik, 61,* 37–46.

Geometrie im Alltag

Lothar Profke

Zusammenfassung

Der Beitrag enthält eine Hand voll Beispiele, die (bei gutem Willen) sowohl Geometrisches enthalten als auch im Alltag vorkommen können und in Lehrveranstaltungen mehrmals eingesetzt waren. Gelegentlich stießen wir dabei auf verblüffende, nicht sofort zu durchschauende Einzelheiten. Die Darbietung ist durchwoben mit Vorschlägen zum methodischen Vorgehen und zum Anwenden von Mathematik. Nichts von alledem ist neu. Verbindungen zu tiefschürfenden Theorien fehlen. Das Ganze ist gedacht für praktizierende Lehrer.

3.1 Kreise und Kugeln

3.1.1 Aufgaben zum Festigen

Um die Formel zum Berechnen des Umfangs von Kreisen zu festigen, zeigen Schulbücher oft Bilder kreisförmiger Gegenstände, z. B. Münzen, Fingerringe, CDs, Schallplatten, Pizzas, Kanaldeckel, Räder von Fahrzeugen, notieren dazu den Durchmesser und erwarten jeweils als Lösung die Angabe des Umfangs (vgl. etwa Griesel & Postel, 1995, 134).

Solche Aufgaben sollen wohl den Gebrauchswert der Formel im Alltag zeigen (und allgemein die Anwendbarkeit von Schulmathematik).

Was kann man über das bloße Ausrechnen hinaus mit derartigen Aufgaben machen lassen?

L. Profke (✉)
Institut für Didaktik der Mathematik, Justus-Liebig-Universität Gießen, Gießen, Deutschland
E-Mail: Lothar.Profke@math.uni-giessen.de

© Der/die Autor(en), exklusiv lizenziert an Springer-Verlag GmbH, DE, ein Teil von Springer Nature 2023
A. Filler et al. (Hrsg.), *Freude an Geometrie – Zum Gedenken an Hans Schupp*,
https://doi.org/10.1007/978-3-662-67394-2_3

- Die Schüler sollen zunächst selbst den Durchmesser kreisförmiger Gegenstände messen, dann deren Umfang berechnen, schließlich das Ergebnis durch Nachmessen bestätigen und dabei Ungenauigkeiten beim Rechnen und Messen abschätzen und berücksichtigen.
- Ebenso zuerst den Umfang messen, daraus den Durchmesser berechnen und dann messen und vergleichen.
- Man überlege, wozu man bei den betrachteten Gegenständen den Umfang benötigt.
- Das ist ziemlich klar für die Räder mancher Fahrzeuge, denn deren momentane und mittlere Geschwindigkeiten sowie gefahrene Strecken werden gemessen über das Abrollen eines Rades und die Anzahl seiner Umdrehungen.
- Zusatzüberlegung für das vorige Beispiel: Wie beeinflusst die Profiltiefe von Reifen bei Kraftfahrzeugen die Anzeigen von Tachometer und Kilometerzähler (vgl. Griesel & Postel, 1996, 220)?

3.1.2   Einstellen eines Fahrrad-Computers

Viele der in Abschn. 3.1.1 genannten Aktivitäten sowie weitere (wie das Lesen und Verstehen der Gebrauchsanleitung, Informationen einholen und verarbeiten) braucht man beim Einstellen eines Fahrrad-Computers (vgl. zum Folgenden auch Lergenmüller & Schmidt, 2004, 70).

Als eine der wichtigsten Größen ist der Umfang desjenigen Rades einzustellen, das die Impulse zum Zählen der Umdrehungen gibt. Diese Größe wird auf Millimeter genau erwartet. Anstatt den Durch- oder Halbmesser des Rades mehr oder weniger geschickt zu bestimmen und daraus den Umfang zu berechnen oder diesen direkt zu messen, kann man diesen anhand des ETRTO-Typs des Reifens (ETRTO = European Tyre and Rim Technical Organisation) aus einer Tabelle ablesen und damit die anderen Werte überprüfen. Wie gewinnt der Fahrrad-Computer aus solchen Daten die Werte für die Länge der gefahrenen Strecke, die momentane und die durchschnittliche Geschwindigkeit?

Sind nun alle Einstellungen des Fahrrad-Computers erfolgt, möchte man seine Anzeigen einem Praxis-Test unterziehen.

Wie lässt sich das machen?

Wohl am einfachsten lässt sich die Anzeige der gefahrenen Strecke prüfen, indem man eine solche bekannter Länge abfährt und diese Länge mit der Anzeige des Fahrrad-Computers vergleicht.

Welche Wegstrecken kommen in Betracht?

- 400-m-Laufbahn eines Leichtathletik-Stadions: Aber wie soll man darauf fahren bei ihrer Breite von 1,22 m?
- Wegweisern von Straßen und Fahrradwegen folgen: Leider sind weder der Anfang noch das Ende der Entfernungsangabe ausreichend genau klar (Abb. 3.2 und 3.3).

Abb. 3.1 Stationenzeichen
an der L 3020

Abb. 3.2 Straßen-Wegweiser

- Auch Angaben wie „1 3/8 h nach Bischofsheim" (so auf einem Distanzstein an der B 278 in der Rhön) helfen nicht weiter.
- Brauchbar sind (wenig befahrene) Straßen mit Stationenzeichen, die am Straßenrand alle 200 m aufgestellt sind (Abb. 3.1).

Bei allen (selbst durchgeführten) Testfahrten zeigte der Fahrrad-Computer eine um 1,5–2 % zu lange Strecke an. Nahe liegende vermutete Gründe hierfür wie fehlerhafte Messung des Radumfangs, ungenau platzierte Stationenzeichen, Fahren in Schlangenlinien oder „Berg- und Talfahrt" scheiden aus.

Bleibt als Erklärung: Umfang bzw. Durch- und Halbmesser des Rades werden für das unbelastete Gefährt bestimmt, während bei Belastung (z. B. 65 kp) der Reifen auf der Straße etwas plattgedrückt ist und daher der effektive Halbmesser des Rades kleiner ausfällt (Abb. 3.4).

Beispiel: Halbmesser ohne Belastung = 680 mm, Halbmesser unter Belastung = 670 mm.

Diese Werte passen zur Abweichung der Entfernungsanzeige des Fahrrad-Computers. Wie wirkt sich diese auf die Anzeige des Tachometers aus?

Abb. 3.3 Wegweiser Radweg

Abb. 3.4 Rad unter
Belastung

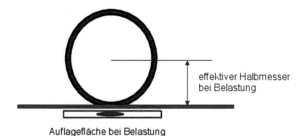

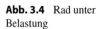

effektiver Halbmesser
bei Belastung

Auflagefläche bei Belastung

Einwand einer Studentin gegen vorige (zunächst überzeugende) Erklärung:
Bei Belastung bleibt der Umfang des Reifens gleich groß, schrumpft also nicht
um 1,5–2 %, sodass der Fahrrad-Computer die gefahrene Strecke korrekt anzeigen
sollte. Was geschieht mit dem überflüssigen Anteil des Reifens?

3.1.3 Woran erkennt man bei Gegenständen Kreisform und Kugelform?

Aus dem Geometrieunterricht kennt man die „Zirkelvorstellung". Kreise zeichnet
man mit einem Zirkel. Und zu jeder Kreislinie gehört ein *Mittelpunkt*, von dem
alle Punkte des Kreises denselben Abstand (genannt *Radius*) haben.
    Diese Vorstellung passt nicht auf viele kreisrunde Gegenstände wie Münzen,
CDs, Ringe, Teller usw., ebenso wenig auf kreisrunde Öffnungen bei Röhren,

Gefäßen und kreisrunde Löcher, weil häufig Mittelpunkte nicht zu erkennen oder physisch gar nicht vorhanden sind.

In solchen und überhaupt den meisten Fällen erkennt man auf Kreisform, falls sie *überall gleich gekrümmt* (gleich rund) sind: Jedes Stück einer Kreislinie passt auch an anderen Stellen der Kreislinie (oder man stelle sich vor, dass das Teilstück längs des Kreises herum gleitet).

Geometrisch erklärt man die Krümmung zwischen infinitesimal benachbarten Punkten einer ebenen Kurve als Quotient der Richtungsänderung durch die Bogenlänge (vgl. Strubecker, 1964, 41 f.). Eine für Schüler zugängliche Veranschaulichung gibt H. Walser in Walser (2011). Man erinnere sich auch an die turtle-grafik und die Programmiersprache LOGO.

Was jetzt noch fehlt: Wie gelangt man im Geometrieunterricht möglichst früh auf gut einsehbare und leicht gangbare Weise von der Kreis-Vorstellung der überall gleich gekrümmten Linien zur „Zirkelvorstellung"?

Beim Begriff der Kugel (oder der Sphäre = Kugeloberfläche) tauchen ähnliche Schwierigkeiten auf wie zuvor bei Kreisen: Die im Geometrieunterricht mit der „Zirkelvorstellung" von Kreisen gelehrte verallgemeinernde Erklärung, eine Sphäre bestehe aus allen und nur den Punkten, die vom Mittelpunkt denselben Abstand haben, passt gar nicht zum Formen von Schneebällen zwischen beiden Händen, dem Aufwickeln von Wolle zu einem Knäuel und ähnlichen Handlungen. Bei den meisten kugelförmigen Gegenständen (Bälle, Perlen, Murmeln, Gasblasen) sind Mittelpunkte nicht zu erkennen oder materiell nicht vorhanden.

Mit Kugeln verbindet man eher die Vorstellungen, dass sie sich zur Gänze gleich rund anfühlen und in jede Richtung gleich gut rollen. Leider lassen sich solche Vorstellungen nicht so schön veranschaulichen wie die Vorstellung fester Krümmung bei Kreisen.

Vielleicht muss man Veranschaulichungen der Gauß-Krümmung (das ist die Flächenverzerrung bei der sphärischen Abbildung eines infinitesimalen Flächenstücks) in elliptischen Flächenpunkten suchen (vgl. Hilbert & Cohn-Vossen, 1973, §§ 29, 32 und Strubecker, 1959, Nr. 20).

Auch für Kugeln fehlen in der Schule gangbare Wege, die zwischen den verschiedenen Vorstellungen vermitteln. Dies gilt sogar für das Buch (Bender & Schreiber, 1985), das eine Fülle von Kugelformen in unserer Umwelt vorstellt.

3.2   Rauminhalte

3.2.1   Brunnenaufgaben

Schulbuchaufgabe (zum Thema Bruchgleichungen):

> Ein Bassin lässt sich über vier Rohre füllen. $Rohr_1$ alleine füllt das Becken in 2 Tagen, $Rohr_2$ alleine in 3 Tagen, $Rohr_3$ alleine in 4 Tagen und $Rohr_4$ alleine in 6 Stunden.
>   Wie lange dauert das gemeinsame Befüllen durch alle vier Rohre?

Beispiele dieser Art dienen nicht nur zum Festigen des Lösens von Bruchgleichungen, sondern auch (sogar mehr noch) dem Üben des Findens eines jeweils passenden Ansatzes (also eines algebraischen Modells der Sachsituation).

Zum Finden eines Lösungsweges gibt manchmal das Schulbuch (oder ein Arbeitsblatt) Hinweise wie

- „überlege, wie viel vom Bassin ein Rohr alleine innerhalb eines Tages füllt";
- „oder mache etwa die Annahme, das Bassin fasse 1200 m³"

(vgl. Griesel et al., 2003, 104).

Dabei bleibt offen, wie man selbst auf solche Lösungshilfen kommen könnte. Auch wird zu einer Folge von Arbeitsanweisungen fast nie gesagt, weshalb gerade diese Aufträge und in der vorgeschlagenen Reihe zu erledigen sind. Was haben sich die Verfasser dabei gedacht? Lässt sich das nicht auch im Unterricht fragendentwickelnd (gemeinsam mit allen Beteiligten) erarbeiten oder wenigstens mitteilen?

Weitere Gedanken zur vorigen Brunnenaufgabe (vgl. dazu Baireuther, 1990, 4. Kap.):

- Was an der Aufgabe ist möglich und was nicht?
- Wie müsste die Aufgabe aussehen, um wirklichkeitsnäher zu sein (Beispiele: Planen von Regen-Rückhaltebecken, Voraussagen von Hochwasser-Verläufen, Abwasser-Management einer Kommune)?

Im Folgenden eine besonders pfiffige und anschaulich überzeugende Lösung der Aufgabe:

1. Berechne das arithmetische Mittel der Füllzeiten: $^{37}/_{16}$ Tage.
2. Ersetze jedes Rohr durch ein Rohr mit mittlerer Füllzeit.
3. Bei gleichzeitigem Betrieb aller Ersatzrohre braucht man zum Befüllen des Bassins nur den vierten Teil der mittleren Füllzeit eines einzelnen Ersatzrohrs, das sind $^{37}/_{64}$ Tage, also etwa 14 h.
4. Ergebnis: Die gefragte Füllzeit beträgt etwa 14 h.

Beurteilung dieser Lösung: Die angegebene gemeinsame Füllzeit von etwa 14 h dauert mehr als doppelt so lange wie die Einzel-Füllzeit von Rohr$_4$. Daher kann die Lösung nicht stimmen.

Methodisches Problem in solchen Fällen: Wie macht man dem Aufgabenlöser (und sich selbst) anschaulich und überzeugend klar, was am Lösungsweg in die Irre führt, also die Suche nach einem tieferen Grund für das Scheitern. Manchmal (leider nicht im vorliegenden Fall) hilft das Betrachten von Sonder- und Extremfällen, wozu Schüler angeleitet werden müssen.

3.2.2 Mischungsaufgabe

Nicht ganz ernst gemeinte Denksport-Aufgabe:

1. Wir füllen je einen Becher (0,2 L) mit Milch und mit schwarzem Kaffee (siehe Abb. 3.5).
2. Von der Milch geben wir einen Löffel voll (6 cm^3) in den Kaffee.
3. Und rühren gut um.
4. Damit beide Becher wieder gleich voll werden, bringen wir vom Gemisch denselben Löffel voll in die Milch und rühren wieder gut um.
5. Ist nun mehr Milch im Kaffee oder Kaffee in der Milch?

Mithilfe eines Gedankenexperiments suchen wir nach der richtigen Antwort:

6. Wir denken uns in jedem Becher Milch und Kaffee entmischt, also voneinander getrennt (siehe Abb. 3.6).
7. Nun sehen wir: Was in dem einen Becher fehlt, muss im anderen enthalten sein.
8. Antwort auf die Frage (5): Im Milchbecher ist ebenso viel Kaffee wie Milch im Kaffeebecher.

Alles klar? Und sind auch alle derselben Meinung? Beides muss nicht zutreffen.

Abb. 3.5 Mischungsaufgabe Start

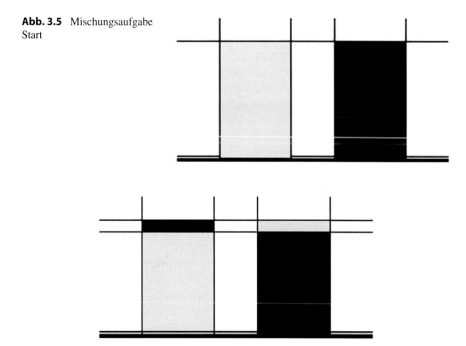

Abb. 3.6 Gedankenexperiment

Erneut ein methodisches Problem: Wie überzeugt man sich selbst und andere von der Richtigkeit einer Antwort?

Eine Veranschaulichung gelingt bei verschiedenen Menschen nicht immer gleich gut, ihre Wirksamkeit lässt sich dann nicht erzwingen.

Bei einem Misserfolg suche man nach anderen Zugängen.

Vorschlag für vorige Mischungsaufgabe:

Wähle ein diskretes Modell mit nicht zu großen Anzahlen:

1. Fülle je ein Gefäß mit 1100 Körnern Salz und mit 1100 Körnern Zucker.
2. Entnehme dem Salzgefäß 110 Körner und gebe sie ins Zuckergefäß.
3. Schüttle nun das Zuckergefäß gründlich, damit sich die Salzkörner gründlich mit den Zuckerkörnern vermischen.
4. Nimm nun 110 Körner aus der Mischung und gebe sie ins Salzgefäß, damit beide Gefäße wieder gleich viele Körner enthalten.
5. Schüttle nun das Salzgefäß gründlich, sodass sich Salz und Zucker gleichmäßig im Gefäß verteilen.
6. In welchem Gefäß befinden sich nun mehr Körner der anderen Sorte?
7. Ergebnis: In jedem Gefäß sind 1000 Körner der ursprünglichen und 100 Körner der anderen Sorte,

Vielleicht möchte man ab Schritt 4. die gegebenen Anzahlen 1100 und 110 abändern, um mit einfacheren Zahlen rechnen zu können.

Rechnungen mit diesen und anderen Zahlen ergeben beispielgebunden eine algebraische Lösung mittels Variablen der „allgemein" formulierten Mischungsaufgabe.

Schließlich kann man noch fragen, ob in Schritt 3. die Flüssigkeiten bzw. die Salz- und Zuckerkörner vor dem „Rücktransport" tatsächlich gut durchmischt werden müssen. Am Ende aller Handlungen sollen doch beide Gefäße „nur" wieder gleich viel Flüssigkeit bzw. dieselbe Anzahl von Körnern enthalten. Man wähle also im diskreten Modell bei Schritt 4. einige Salzkörner aus und ergänze deren Anzahl bis zur Zahl 110 durch Zuckerkörner und übertrage diese Überlegung auf die ursprüngliche Aufgabe.

3.3   Sachaufgaben

3.3.1   Uhrenvergleich

Schulbuchaufgabe zum Thema Teilbarkeit (Jahrgangsstufe 5/6).

Drei Uhren schlagen heute Mittag gleichzeitig um 12 Uhr. Die erste geht richtig, die zweite geht in einer Stunde um 10 min vor, die dritte um 15 min nach. Wann schlagen alle drei Uhren wieder gleichzeitig eine volle Stunde?

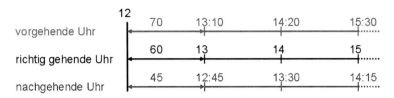

Abb. 3.7 Erster Uhrenvergleich

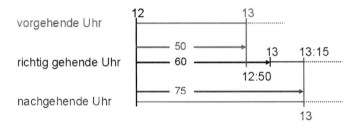

Abb. 3.8 Zweiter Uhrenvergleich

Erster Lösungsweg:

1. Eine Situationsskizze mit Zeitstrahlen für die Uhren veranschaulicht den Sachverhalt und hilft weiter (Abb. 3.7).
2. Innerhalb der Teilbarkeitslehre naheliegende und überzeugende Lösung: Berechne kgV(60, 70, 45) Minuten = 21 h.
3. Ergebnis: In 21 h, also morgen Vormittag um 9 Uhr schlagen die Uhren das nächste Mal wieder gleichzeitig.
   Sozusagen zur mathematischen Hygiene gehört eine Kontrolle der Lösung, möglichst auf einem neuen Weg.
4. Bei unserem Uhrenvergleich etwa: 1. Führe die Skizze nach rechts weiter und betrachte zu jeder vollen Stunde den Stand der Uhren. 2. Die zweite Uhr geht nach 21 h um 3,5 h vor, die dritte Uhr um $5\frac{1}{4}$ h nach, sodass beide daher keine volle Stunde schlagen.
5. Das Ergebnis stimmt also nicht.

Nun entsteht dasselbe methodische Problem wie am Schluss von Abschn. 3.2.1.
   Zweiter Lösungsweg:

1. Vor- und Nachgehen einer Uhr kann man anders als beim ersten Lösungsweg auffassen, nämlich wie in Abb. 3.8: Man sagt, eine Uhr gehe 10 min vor, falls sie 13 Uhr bereits um 12:50 Uhr anzeigt; und wenn dies erst um 13:15 Uhr geschieht, sie gehe um 15 min nach.
2. Wie beim ersten Lösungsweg liegt das Berechnen eines kgV nahe, jetzt von kgV(50, 60,75) Minuten = 5 h.

3. Ergebnis: In 5 h, also heute Nachmittag um 17 Uhr schlagen die Uhren das nächste Mal wieder gleichzeitig.
4. Jetzt bestätigen Kontrollen das Ergebnis.

Weshalb liefert nur der zweite Lösungsweg Richtiges, aber nicht der erste?

- An den unterschiedlichen Auffassungen, wann man eine Uhr vor- oder nach-gehend nennt, liegt es nicht, weil jene Auffassungen je nach Situation üblich sind.
- Bleibt als möglicher Grund nur die Verwendung des kgV.
- Beim ersten Lösungsweg ist in 2. das kgV von 60 „normalen" mit 70 „schnellen" und 45 „langsamen" Minuten gebildet, während bei gemeinsamen Vielfachen von Größen diese auf dieselbe Skala bezogen sind. So wie auch beim zweiten Lösungsweg.
- Für eine korrekte Verwendung des kgV auch beim ersten Lösungsweg, müssen die nicht regulären Zeitspannen in reguläre umgerechnet werden:
  1 „schnelle Stunde" $= {}^6/_7$ h;
  1 „langsame Stunde" $= {}^4/_3$ h
  Damit wird kgV$(1, {}^6/_7, {}^4/_3)$ h $= 12$ h und tatsächlich schlagen alle drei Uhren um Mitternacht das nächste Mal wieder eine volle Stunde, die vorgehende Uhr zeigt dann 2 Uhr des nächsten Tages, die nachgehende erst 21 Uhr.

3.3.2 Ergänzung zum fachübergreifenden Unterrichten

Vor allem nach politischen und auch sonstigen Verhandlungen werden die Ergeb-nisse häufig als „Einigungen auf dem (oder einem) kleinsten gemeinsamen Nenner" beschrieben. Der Begriff ist aus der Arithmetik gewöhnlicher Brüche beim Berechnen von Hauptnennern mittels des kgV der Nenner der beteiligten Brüche entlehnt.

Passt dieses (mathematische) Modell wirklich zu den Absichten und (Miss-) Erfolgen solcher Verhandlungen?

3.3.3 Bewegungsaufgabe

Typische Bewegungsaufgabe für die Jahrgangsstufe 9:

Die Besatzung eines Helikopters überwacht die Verkehrslage auf einer Auto-bahn. Der Hubschrauber überfliegt mit 210 km/h eine Autoschlange in Fahrt-richtung in $3^1/_3$ min und entgegen der Fahrtrichtung in $2^2/_3$ min. Wie lange ist die Autoschlange und wie schnell?

(Diese Aufgabe wurde einem verbreiteten Unterrichtswerk für Gesamtschulen entnommen. Leider ging die Quelle verloren.)

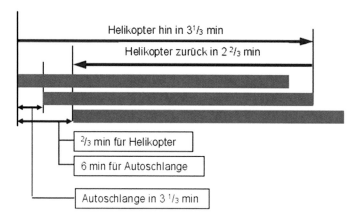

Abb. 3.9 Autoschlange beobachten

Um die Situation besser zu verstehen und dann Ausschnitte davon in algebraische Beschreibungen zu übersetzen, schließlich Ansätze zum Beantworten der Fragen zu finden, wird man (möglichst gemeinsam im Klassenunterricht) Schritt für Schritt eine Skizze anfertigen (vgl. Abb. 3.9).

Anschaulich sehr überzeugend und praktikabel ist folgende Bearbeitung:

1. Bilde für den Helikopter das Flugzeitenmittel $=3$ min und berechne damit die Länge der Autoschlange zu 3 min · 210 km/h $= 10{,}5$ km.
2. Während der Differenz der Flugzeiten $= {}^2/_3$ min bewegte sich die Autoschlange um ${}^2/_3$ min · 210 km/h $= 2{}^1/_3$ km weiter.
3. Dafür benötigte sie die Summe 6 min der Flugzeiten.
4. Aus (2. und 3. folgt für die Geschwindigkeit der Autoschlange: $2{}^1/_3$ km**:** 6 min $= 23{}^1/_3$ km/h $= {}^{70}/_3$ km/h.
5. Ergebnis: Die Autoschlange ist 10,5 km lang und bewegt sich mit der Geschwindigkeit $23{}^1/_3$ km/h $= {}^{70}/_3$ km/h.

Im Lösungsheft des Schulbuchs steht für die Geschwindigkeit ebenfalls der Wert aus 5., für die Länge dagegen ${}^{280}/_{27}$ km $\approx 10{,}4$ km.
Methodische Probleme:

- Wie kommt der Wert ${}^{280}/_{27}$ km für die Autoschlange zustande?
- Welcher der beiden Werte stimmt „wirklich", also welchem zuständigen Rechenweg darf man trauen?

Vorschlag: Bearbeite die Aufgabe mit besonderen „extremen" Daten: Man stelle sich etwa vor, ein Sattelzug überhole mit der Geschwindigkeit von 81 km/h einen anderen Sattelzug, der mit 80 km/h fährt. Das dauert sehr lange, während das Begegnen der beiden LKWs recht schnell vorbei wäre. In einem solchen Fall liefert obiger Lösungsweg offensichtlich nicht die Länge des überholten Sattelzugs.

Jedoch bekommt man durch den falschen Ansatz gute Schätzwerte, weil der Helikopter sehr viel schneller fliegt, als sich die Kolonne bewegt. Auch die (nicht berücksichtigte) Zeit für das Wenden des Helikopters beeinflusst die Messungen nur unwesentlich. Außerdem sind die Enden einer Autoschlange (bei zähfließendem Verkehr) meist nur ungenau zu bestimmen.

3.4 Anmerkungen zur Methodik

Einige methodische Hinweise zu den Beispielen der vorigen Abschnitte sind im Folgenden zusammengestellt und dabei allgemeiner formuliert.

3.4.1 Aufgaben anpassen

Manche Text- und Sachaufgaben in Unterrichtswerken sehen arg künstlich aus und passen nur schlecht zur Welt der eigentlich angesprochenen Schüler.

Andererseits muss Gelerntes gefestigt und in neuen, noch nicht gehabten Zusammenhängen anwendbar gemacht werden. Dazu braucht es Aufgaben. Nicht alle der geschmähten Textaufgaben sind bloße Erfindungen zum Üben, sondern wurzeln (vielleicht nur lose) in wirklichen Erfahrungen.

Im eigenen Unterricht kann man bei solchen Aufgaben versuchen, wenn möglich mit Schülern gemeinsam, Gekünsteltes aufzudecken, durch mehr Realistisches zu ersetzen und dem Leben der Schüler anzupassen (vgl. Baireuther, 1990, 4. Kap.).

3.4.2 Aktivitäten lehren und festigen

Alles, was Schülern noch nicht vertraut ist, sollte im Unterricht gelehrt und gefestigt werden.

Einige Beispiele:

1. Verstehen eines Auftrags und einer Aufgabe; Einholen und Verarbeiten von Informationen; Situationsskizzen anlegen und dann auch auswerten.
2. Erstellen und Befolgen eines Arbeitsplans.
3. Sonderfälle erfinden, bearbeiten und mit den ursprünglichen Daten verknüpfen, Lösungswege und Lösungen auf neuen Wegen überprüfen, Falsches möglichst anschaulich aufklären.
4. Mathematische Bearbeitungen für die Praxis tauglich machen.
5. Rückschau halten: Was haben wir auf welche Weise gelernt und können es für weitere Aufgaben nutzen?

Möchte man solche Aktivitäten mithilfe von Arbeitsblättern einführen und festigen, müssen diese ziemlich kleinschrittige Anweisungen enthalten.

Dagegen bietet ein fragend-entwickelnder Klassenunterricht immer wieder Gelegenheiten, spontan und der jeweiligen Situation angemessen und mehr auf das angestrebte Ziel ausgerichtet einzugreifen.

In beiden Fällen dürfen Schüler erfahren, welche Absichten der Lehrer mit einem Beispiel oder einer Aufgabe gerade verfolgt:

> „Eine Lehrkraft muss nicht perfekt vorbereitet sein, wenn sie vor die Klasse tritt. Sie darf agil auf neue Probleme und Ideen reagieren und der Klasse zeigen, wie man etwas recherchiert oder dazulernt. Auch eine Autoritätsfigur darf ihre Fehler zeigen und so ganz praktisch den Umgang mit Fehlern unterrichten."
>
> „Die starren Rollen müssen aufbrechen, eine Lehrerin kann schließlich auch mal etwas von einer Schülerin lernen. Denn am besten lernen wir, wenn wir lehren (M. Weisband in DIE ZEIT N° 30 vom 22.07.2021, S. 57 f.)."

Vergleiche zum ganzen Abschnitt auch Neveling (2019).

Literatur

Baireuther, P. (1990). *Konkreter Mathematikunterricht*. B. Franzbecker.

Bender, P., & Schreiber, A. (1985). *Operative Genese der Geometrie* (Schriftenreihe Didaktik d. Math. Bd. 12). Hölder-Pichler-Tempsky

Griesel, H., & Postel, H. (1995). *Mathematik heute 8. Schuljahr*. Schroedel.

Griesel, H., & Postel, H. (1996). *Mathematik heute 9. Schuljahr*. Schroedel. Hannover.

Griesel, H., et al. (2003). *Mathematik heute 9 Hessen. Bildungsgang Realschule*. Bildungshaus Schulbuchverlage.

Hilbert, D., & Cohn-Vossen, S. (1973). *Anschauliche Geometrie*. Wiss. Buchges.

Lergenmüller, A., & Schmidt, G. (2004). *Mathematik – Neue Wege 10. Arbeitsbuch für Gymnasien*. Bildungshaus Schulbuchverlage.

Neveling, R. (2019). *Handwerkliches für den Mathematikunterricht. Für Lehramtsstudierende, Berufseinsteiger und Seiteneinsteiger*. Springer.

Strubecker, K. (1959). *Differentialgeometrie III. Theorie der Flächenkrümmung* (Sammlung Göschen Band 1180/1180a). de Gruyter.

Strubecker, K. (1964). *Differentialgeometrie I. Kurventheorie der Ebene und des Raumes* (Sammlung Göschen Band 1113/1113a). de Gruyter.

Walser, H. (2011). Früh krümmt sich, was ein Häkchen werden will. In A. Filler & M. Ludwig (2012). *Vernetzungen und Anwendungen im Geometrieunterricht* (S. 95–108). Franzbecker.

Kegelschnitte – nicht nur eine schöne Tradition?

4

Ysette Weiss

Zusammenfassung

Welche Kriterien müssen mathematische Inhalte erfüllen, die im Hauptfach Mathematik an Gymnasien unterrichtet werden? Für die Denkkollektive, die hauptsächlich an der universitären Bildung und der Ausbildung der MathematiklehrerInnen beteiligt sind, sollten diese Inhalte bedeutsam und wichtig für die Herausbildung ihrer eigenen Denkstile sein. Wir zeigen am Beispiel des Gegenstandes Kegelschnitte, dass dieses Thema Bedeutsamkeit für die Denkkollektive der MathematikerInnen, der MathematikhistorikerInnen, der MathematikdidaktikerInnen und der „Schulfrauen und -männer" besitzt.

4.1 Ein Problem und ein Lösungsansatz

Warum unterrichten wir das Thema Parabeln? Eine mögliche Antwort wäre, weil sie im Lehrplan stehen. Wie kommen Inhalte in das Curriculum und wie und warum verschwinden sie wieder?

Untersuchungen von Lehrplanentwicklungen aus historischer Sicht finden in einem weiten und komplexen Feld mit vielen Einflussfaktoren statt, zeitliche und thematische starke Einschränkungen sind deshalb in der Regel geboten. Im Vordergrund solcher Untersuchungen stehen oft historische Vergleiche zwischen dem intendierten, dem implementierten und dem erreichten Curriculum anhand historischer Quellen (siehe auch Damerow, 1977; Steiner, 1980). Die verwendeten Untersuchungsmethoden hängen dabei stark von der Quellenlage ab. Bei guter

Y. Weiss (✉)
Institut für Mathematik, Johannes Gutenberg-Universität Mainz, Mainz, Deutschland
E-Mail: yweiss@uni-mainz.de

© Der/die Autor(en), exklusiv lizenziert an Springer-Verlag GmbH, DE, ein Teil von
Springer Nature 2023
A. Filler et al. (Hrsg.), *Freude an Geometrie – Zum Gedenken an Hans Schupp*,
https://doi.org/10.1007/978-3-662-67394-2_4

Quellenlage sind die aus den Geschichtswissenschaften kommenden Forschungs-
methoden in der wissenschaftlichen didaktischen Community anerkannt und
helfen die Motivation und das Schaffen einzelner historischer Protagonisten und
ihre Tätigkeitsfelder besser zu verstehen. In solchen Untersuchungen geht es
vordergründig um die Untersuchung, Einordnung und Klassifikation expliziter
Faktoren.

Die Beantwortung der Frage, welche Inhalte im Mathematikunterricht unterrichtet werden sollen, hängt gleichwohl auch von der Sicht auf das Wesen der
Mathematik und von den unterschiedlichen Vorstellungen darüber ab, wie
Mathematik Zugang zur Welterkenntnis ermöglichen kann und welche Rolle der
Mathematik in der existierenden gesellschaftlichen Praxis zukommt. Diese Vorstellungen sind auch in Traditionen und implizit übermittelten Werten verborgen
und deshalb nur schwer mit den Methoden der Curriculumforschung zu fassen.

In diesem Beitrag nähern wir uns möglichen Antworten auf die gestellte
Frage aus einer kulturhistorischen Perspektive. Die Entscheidung für die Ein-
nahme dieser Perspektive wurde auch durch die Diskussion im Anschluss an
meine Präsentation auf dem Arbeitskreis Geometrie bestimmt, in der die Frage,
ob Kegelschnitte heute noch unterrichtet werden sollten, thematisiert wurde. In
dieser Diskussion standen pragmatische Herangehensweisen im Vordergrund, die
sich an der für Schülerinnen und Schüler sichtbaren Nützlichkeit der modernen
Mathematik, dem methodischen Potenzial des Stoffes sowie der Bedeutung des
Inhalts für das universitäre Studium der Mathematik, Naturwissenschaften und
Ingenieurwissenschaften orientieren.

Die Bedeutung eines Inhalts für die mathematische Bildung erschließt sich
jedoch nicht nur aus dem Potenzial für mögliche zukünftige Anwendungen,
sondern vor allem aus dem Umgang der Lehrenden mit ihm. Dieser Umgang
ist nur teilweise durch explizite Vorgaben und bildungspolitische Richtlinien
bestimmt, ebenso prägen ihn implizite, sozialkulturelle und historisch entstandene
Rahmenbedingungen. Ludwik Fleck prägte für diese kulturhistorischen sozialen
Faktoren die Begriffe des Denkstils eines Denkkollektivs:

> … ob wir wollen oder nicht, wir können nicht von der Vergangenheit – mit allen ihren
> Irrtümern – loskommen. Sie lebt in übernommenen Begriffen weiter, in Problemfassungen,
> in schulmäßiger Lehre, im alltäglichen Leben, in der Sprache und in Institutionen. Es gibt
> keine Generatio spontanea der Begriffe, sie sind, durch ihre Ahnen sozusagen, determiniert.
> Das Gewesene ist viel gefährlicher – oder eigentlich nur dann gefährlich – wenn die
> Bindung mit ihm unbewußt und unbekannt bleibt (Fleck, 1980, S. 31).

Die Perspektive der Denkkollektive ist für Lehrende, die an der universitären
Bildung und Ausbildung zukünftiger MathematiklehrerInnen beteiligt sind,
von besonderem Interesse. Während des Studiums und in der Ausbildungsphase
werden zukünftige MathematiklehrerInnen mit Denkstilen und Wertesystemen
unterschiedlicher Denkkollektive konfrontiert und durch die von jedem dieser
Kollektive geforderten Anpassungsleistungen sicher auch beeinflusst und geprägt.

In unseren historischen Betrachtungen wird die gymnasiale Lehramtsbildung
im Vordergrund stehen, was in dem Erfahrungsbereich der Autorin seine Gründe

hat. Eine weitere Beschränkung ist die Betrachtung von nur vier Denkkollektiven, die starke Bezüge zur universitären gymnasialen Lehramtsbildung Mathematik haben: das Denkkollektiv der im Fach tätigen „MathematikerInnen", das Denkkollektiv der HistorikerInnen der Mathematik und Naturwissenschaften und deren Unterrichtung, das Denkkollektiv der MathematikdidaktikerInnen und das Denkkollektiv der in der praktischen LehrerInnenausbildung tätigen „Schulfrauen und -männer"[1] mit einer schulpraktischen Sicht auf Schulbuch- und Lehrplanentwicklung.

Fleck unterscheidet im Denkkollektiv den inneren und den äußeren Kreis:

> Die Beziehung der Mehrzahl der Denkkollektivteilnehmer zu den Gebilden des Denkstiles beruht also auf Vertrauen zu den Eingeweihten. Doch auch diese Eingeweihten sind keineswegs unabhängig: sie sind mehr oder weniger - bewußt oder unbewußt - von der »öffentlichen Meinung«, d. h. der Meinung des exoterischen Kreises abhängig. Auf diese Weise entsteht im allgemeinen die innere Geschlossenheit des Denkstiles und dessen Beharrungstendenz (Fleck, 1980, S. 139).

Die hier als die Eingeweihten bezeichneten Mitglieder bilden den exoterischen Kreis des jeweiligen Denkkollektivs:

> Es sind die schöpferisch an einem Problem arbeitenden und gründlichst unterrichteten Forscher, die als »spezieller Fachmann« den Mittelpunkt des exoterischen Kreises zu einem speziellen Thema des Wissenschaftsgebiets bilden. Zu diesem inneren Kreis gehören jedoch auch die an verwandten Problemen arbeitenden Forscher als »allgemeine Fachmänner ... (Fleck, 1980, S. 147).

Für den intra- und interkollektiven Denkverkehr im Denkkollektiv spielen Popularisierungen grundlegender Wissensstrukturen eine wichtige Rolle. Wenn Begriffe und Denkobjekte in Diskursen des inneren Kreises nur eines Denkkollektivs auftauchen, z. B. wegen des hohen Grades an fachlicher Spezialisierung, bedeutet dies wenig interkollektiven Austausch oder Perspektivwechsel zu diesem Thema. So bringen Glaubenssätze zur Rolle der modernen algebraischen Geometrie, stochastischen Analysis und arithmetischen Geometrie die Vorstellungen über mögliche Begriffsentwicklungen des Dreisatzes in der Schule nicht ins Wanken. Diskussionen zur schulischen Nutzung des Spiegelbuchs erschüttern nicht grundlegende Positionierungen von MathematikerInnen und PhysikerInnen zur Rolle der Symmetrie im Gebäude der modernen Mathematik.

---

[1] Der Begriff des Denkkollektivs bei Fleck ist stark durch die Selbstverortung geprägt. Zum Denkkollektiv der „Schulmänner- und frauen" zählen wir deshalb diejenigen, die ihr eigenes schulpraktisches Wissen durch Kommunikation, Reflexion, Verschriftlichung usw. in ein Denkkollektiv einpflegen und damit zur Entwicklung eines Denkstils beitragen. Dies kann in verschiedenen sozialen Strukturen mit dem Ziel der schulpraktischen Aus- und Fortbildung, Entwicklung von Lehrbüchern und Schulmaterialien, Schullehrplanentwicklungen organisiert sein. Wir haben uns für den Begriff des Schulmanns entschieden, da er eine historische Verortung im 19. Jahrhundert erlaubt.

Durch die Elementarisierung und Popularisierung der Begriffe im intrakollektiven Denkverkehr, im speziellen Wissenstransfer zu dem äußeren Kreis nehmen auch der Begriffsumfang und die Vielfalt der Bedeutungen der Fachbegriffe zu. Der Umgang mit den wissenschaftlichen Begriffen des inneren Kreises erfolgt im exoterischen Kreis eher kontextualisiert und popularisiert.

Widersprüche zwischen verschiedenen Denkstilen drücken sich in den universitären Bildungsgängen kaum in Diskursen mit dem Ziel der Aushandlung pluralistischer Sichtweisen auf die Lehrgegenstände aus. Letzteres ist auch in der zunehmenden Spezialisierung und Ausdifferenzierung der Wissenschaftsgebiete begründet. Fehlende Reflexion der eigenen Traditionen und Wertvorstellungen sowie fehlende Interaktionen zwischen verschiedenen Denkkollektiven können so dem von Fleck problematisierten Verbleiben tieferer Glaubenssätze im Unbewussten und Unbekannten Raum geben.

Es fehlt nicht an Netzwerken, um MathematikerInnen, MathematikhistorikerInnen, MathematikdidaktikerInnen, BildungswissenschaftlerInnen und SchulpraktikerInnen zusammenzubringen. Gleichwohl verschwinden Akteure, die in den kulturell unterschiedlichen Praktiken unterschiedlicher Denkkollektive erfahren sind. Letzteres lässt sich gut an der Zusammenstellung von AutorInnenkollektiven für Mathematikschulbücher beobachten. So schließt der Verlag des traditionsreichen gymnasialen Mathematiklehrbuchs *Elemente der Mathematik*[2] derzeit die Teilnahme von HochschuldidaktikerInnen und MathematikerInnen aus und beschränkt sich auf im Schuldienst tätige Lehrkräfte und VertreterInnen des Verlags.[3] Nun mag diese sich primär am Schulalltag orientierende Praxis viele BefürworterInnen haben, es scheint aber wichtig auch darüber nachzudenken, was durch das Auseinanderdriften verschiedener Lehrkulturen verloren gehen könnte.

Um Möglichkeiten für gemeinsame Bezüge verschiedener Denkkollektive zu finden, lohnt es sich deshalb, in der Geschichte nach Begriffen und Lehrgegenständen zu suchen, die Elementarisierungen und Popularisierungen erfuhren, die für verschiedene Denkkollektive bedeutungsvoll waren. Die kulturhistorische Perspektive auf Lehrinhalte erlaubt es, nicht nur explizite Vorgaben in die Betrachtung des gegenwärtigen Prozesses der Lehrplanentwicklung einzubeziehen, sondern auch implizite Faktoren, die sich in Haltungen, Gewohnheiten und Wahrnehmungen von Werten und Normen ausdrücken.

Zur Erleichterung der Entdeckung gemeinsamer Traditionen von Denkkollektiven und des Explizierens von Widersprüchen zwischen unterschiedlichen Denkstilen konzentrieren wir uns auf einen mathematischen Begriff, der in allen vier Denkkollektiven kulturhistorisch bedeutungsvoll ist: Kegelschnitte.

Aus der mathematikhistorischen Perspektive ist die Bedeutsamkeit der Kegelschnitte besonders sichtbar und deshalb auch die Einbeziehung des Denkkollektivs

---

[2] Friedrich Reidts erste Ausgabe des Lehrwerks wurde vor 150 Jahren publiziert.

[3] Quelle: persönliche E-Mail-Korrespondenz.

der MathematikhistorikerInnen. Obgleich die Geschichte der Mathematik
aktuell in vielen universitären Studiengängen eine geringe Rolle spielt, war sie
in Deutschland auch bedeutungsvoll für die Akademisierung des Gymnasiallehrerberufs und über lange Zeit, insbesondere in der damaligen DDR, Teil
der universitären Lehrerbildung. Auch für die Entwicklung des Denkstils des
Denkkollektivs der MathematikhistorikerInnen war, wie wir zeigen werden,
die historische Begriffsentwicklung der Kegelschnitte als Forschungs- und als
Lehrgegenstand von Bedeutung. Ein Blick auf internationale curriculare Entwicklungen zeigt, dass der Geschichte der Mathematik wieder zunehmend Raum
gegeben wird und damit ihre Rolle für die Lehrerbildung wächst.[4]

4.2   Gemeinsame Traditionen der vier Denkkollektive

Die besondere Bedeutung der Kegelschnitte als Lehrgegenstand besteht vor allem
darin, dass sie in den verschiedenen Denkstilen kulturhistorisch bedeutungsvoll
waren und von den genannten Denkkollektiven mit gemeinsamen Bezügen diskutiert wurden.

Für die schulische Lehre sind Inhalte, die in verschiedenen Denkkollektiven
tradiert wurden, von besonderer Bedeutung, da sie kulturhistorisch verwurzelten,
allgemeinbildenden Charakter haben. Das Ziel ist es nun, die Kegelschnittlehre als
ein historisches paradigmatisches Beispiel für das Zusammenwirken unterschiedlicher Denkkollektive und Denkstile zu untersuchen und damit pragmatischen
Diskussionen über Lehrinhalte der Schulcurricula eine Perspektive hinzuzufügen:
Bedeutsamkeit und Sinnhaftigkeit für unterschiedliche Denkstile.

Die heute sehr unterschiedlichen Denkkollektive haben gemeinsame Wurzeln.
Das Denkkollektiv der Lehrer höherer Schulen entstand im 19. Jahrhundert
im Zuge der Akademisierung des Gymnasiallehrerberufs. Mathematiklehrer
höherer Schulen waren aber auch häufig Verfasser von Leitfäden, Lehrbüchern
und Aufgabensammlungen sowie an der Entwicklung von Lehrplänen beteiligt
und im Rahmen der institutionellen Reformen des Schulsystems in die Lösung
politischer, rechtlicher und verwaltungstechnischer Fragen des Schulwesens
involviert. Sie waren also nicht nur schulpraktisch tätig, sondern auch theorie-
bildend an der Entwicklung der Mathematikdidaktik als Wissenschaftsdisziplin
beteiligt. Letztere wurde auch durch die Entwicklung der Lehre in den Universitäten und neu gegründeten polytechnischen Hochschulen und technischen
Universitäten befruchtet. Im 19. Jahrhundert wurde von den Lehrern im Rahmen
von Beförderungen an höheren Schulen erwartet, sich neben dem Unterricht
auch mathematisch wissenschaftlich zu betätigen und zu publizieren. Diese
Publikationen trugen zur schulischen Karriere bei. Da die Gymnasiallehrer eine

---

[4] In England, Frankreich und China wurden in den letzten 20 Jahren Beschlüsse für die Lehrpläne
in Mathematik durchgesetzt, die die Einbeziehung der Geschichte der Mathematik verbindlich
machen.

altsprachliche humanistische Bildung genossen hatten (die Realgymnasien und Oberrealschulen entwickelten sich erst in der zweiten Hälfte des 19. Jahrhunderts[5]), waren die Abhandlungen nicht selten griechischen oder lateinischen historischen mathematischen Texten gewidmet und so ein wichtiger Beitrag zur Entwicklung der Wissenschaftsdisziplin Mathematikgeschichte. Das Studium der Mathematik endete mit dem Staatsexamen und damit der Befähigung zum Lehrberuf an höheren Schulen. Männer, die aus heutiger Sicht durch ihre Forschungen und wichtige Resultate in der Mathematik dem inneren Kern des Denkkollektivs der Mathematiker zugeordnet würden, waren über längere Zeit oder sogar ihr ganzes Leben als Lehrer an höheren Schulen oder Haus- und Privatlehrer tätig und engagierten sich für neue Lehrmethoden und die Elementarisierung neuerer Forschungsresultate. Institutionelle und curriculare Reformen wurden durch Gremien, wie den deutschen Unterausschuss der IMUK (Internationalen Mathematischen Unterrichtskommission) vorangetrieben, in denen Schulleiter, Schulbuchautoren, forschende Mathematiker und Gymnasiallehrer vertreten waren, oft zugleich in einer Person (Schubring, 2019). Ein wesentliches Unterscheidungsmerkmal damaliger Diskurse zu heutigen Themen in Netzwerktreffen war die große Bedeutung der Elementarisierungen neuerer Forschungsergebnisse und mathematischer Konzepte.

Aus der Perspektive der Fleck-Denkkollektive waren die Elementarisierungen der höheren Mathematik, insbesondere der neueren Geometrie (auf die wir noch zu sprechen kommen), grundlegend für einen sachbezogenen Austausch zwischen den Kernen der Denkkollektive und den äußeren (exoterischen) Kreisen der interessierten Laien.

Wie wir zeigen werden, sind die Kegelschnitte als Lehr-, aber auch noch Forschungsgegenstand im 19. Jahrhundert, für die sich herausbildenden und spezialisierenden inneren Kreise der vier Denkkollektive bedeutungsvoll. Für die Ausbildung verschiedener Denkstile spielten auch Institutionalisierungen der Wissenschaftsdisziplinen, die Entstehung spezifischer Wissenschaftszeitschriften und wissenschaftlicher Tagungen eine wichtige Rolle. Die Ausdifferenzierung neuer Wissenschaftsgebiete, wie die Geschichte der Mathematik, die Philosophie der Mathematik, Didaktik und Methodik der Mathematik, Psychologie der Mathematik und allgemeine Pädagogik führten zu Methodenreichtum in den sich weiter spezialisierenden Gebieten, aber auch zu Fragen der Reichweite und Verträglichkeit von Methoden. Abgrenzungen verschiedener Denkstile erfolgten aber auch in den äußeren Kreisen der Denkkollektive durch die zunehmende Orientierung an fachgebundener Leistung und dem sich durchsetzenden Paradigma des methodengebundenen Erkenntnisgewinns anstelle des Strebens nach Universalwahrheiten. Die Kegelschnitte, die einerseits z. B. durch Bezüge zu den großen mathematischen Problemen der Antike und der Entstehung der Mechanik ein anerkanntes Kulturerbe der Menschheit bilden, andererseits als Objekte nicht-

---

[5] Höhere Schulen mit dem Fokus auf neueren Sprachen sowie Mathematik und Naturwissenschaften, wie Realgymnasien und Oberrealschulen, entwickelten sich erst in der zweiten Hälfte des 19. Jahrhunderts.

euklidischer Geometrie die Grundlagen der Mathematik infrage stellten, bildeten innerhalb der verschiedenen sich formierenden Denkkollektive ein Bezugsobjekt zwischen inneren und äußeren Kreisen, sie waren aber auch bedeutsam als Bezugs- und Lehrgegenstand unterschiedlicher Denkstile.

4.3 Kegelschnitte und das Denkkollektiv der Reflexionswissenschaft „Geschichte der Mathematik"

Kegelschnitte sind für kulturhistorische Betrachtungen besonders geeignet. So zeigen Kegelschnitte als Thema der Geschichte der Mathematik deutlich die Veränderlichkeit der Mathematik, die sozial-kulturelle Abhängigkeit der Bedeutung von mathematischer Strenge und damit verbunden, die soziale Prägung der Gültigkeit von Beweisen. Auch die historisch wichtige Unterscheidung, ob ein mathematisches Konzept als Methode benutzt wird, also um auf eine bestimmte Art verwandte, mathematische Probleme zu lösen, oder ob es darum geht, das Konzept möglichst systematisch und logisch in die gesprochene Sprache Mathematik einzupassen und zu formalisieren, kann am Beispiel der historischen Begriffsentwicklung der Kegelschnitte nachvollzogen werden.

So fasste die im Geiste des Euklids systematisch aufgebaute Kegelschnittlehre des Apollonius das vorhandene Wissen über Kegelschnitte nicht nur zusammen, sondern entwickelte ein mächtiges elementarmathematisches Werkzeug, das bis in die Neuzeit zur Lösung von Problemen, die nicht nur die Kegelschnitte, sondern auch andere Kurven betrafen, genutzt wurde.

Der Beweis, dass die Kettenlinie keine Parabel ist, wurde von Leibniz mit damals modernsten, von ihm selbst entwickelten Methoden der Differentialrechnung geführt. Huygens jedoch nutzte die Kegelschnittlehre und elementarmathematische Methoden, um dieses Resultat zu beweisen, und machte es damit möglicherweise einer breiteren Gruppe mathematisch Interessierter zugänglich (Abb. 4.1; Huygens, S. 37).

Ellipsenzirkel (van Randenborgh, 2014) und Parabolspiegel (Lohrmann, 2017; Kreft, 2020) geben HistorikerInnen die Möglichkeit, die Tradierung theoretischen Wissens in materiellen Werkzeugen wie Zeichengeräten und technischen Instrumenten zu verfolgen (Damerow & Lefèvre, 1994).

Die hier zitierte Literatur und die Bezüge zu anderen Wissenschaften zeigen, dass gerade die Kegelschnitte ein paradigmatisches Beispiel für Elementarisierungen und Kontextualisierungen im intrakollektiven Denkverkehr darstellen. Das historische Studium der Kegelschnitte im Kontext mathematischer Modelle ermöglicht es auch, das dialektische Spannungsfeld zwischen mathematischen Objekten als Forschungs- und Lehrgegenstand zu entfalten (Rowe, 1989; Seidl et al., 2018). Diese beiden Perspektiven auf Kegelschnitte bilden auch ein Beispiel interkollektiven Denkverkehrs im Sinne Flecks.

Der historische Blick auf die Beschäftigung mit Kegelschnitten offenbart zudem auch, dass die Elementarisierungen und Popularisierungen der Kegelschnitte, die vor allem Prozesse des intrakollektiven Denkverkehrs darstellen,

Abb. 4.1 Skizze zu
Huygens' Beweis, dass die
Kettenlinie keine Parabel ist

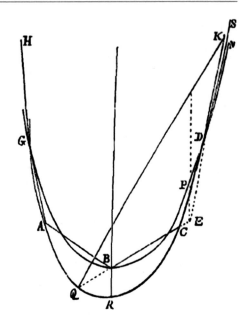

durch die Übertragung elementarisierter mathematischer Konzepte in andere, z. B.
physikalische oder didaktische Kontexte, die Erweiterung des äußeren Kreises und
damit eine Stärkung des Denkkollektivs nach sich ziehen können.

Abgesehen davon, dass die gesamte Entwicklung der Naturwissenschaft ohne
Anwendungen der Kegelschnitte auf die Himmelsmechanik, die Ballistik und
die Navigation möglicherweise anders verlaufen wäre, gab es auch in diesen
angewandten Kontexten immer wieder Versuche durch Differential- und Integralrechnung dargestellte Zusammenhänge elementargeometrisch herzuleiten. Ein
schönes Beispiel dafür sind die Kepler-Gesetze. Nach der Herleitung von Newton
(1687) wurden diese im 19. Jahrhundert anfänglich durch Hamilton (1847) und
unabhängig davon durch Maxwell (1877) mithilfe der geometrischen Eigenschaften der Kegelschnitte hergeleitet. Im 20. Jahrhundert entdeckte Feynmann
diese unabhängig von Hamilton und Maxwell in einer Vorlesung (Goodstein &
Goodstein, 1996). Eine schöne Zusammenfassung und eine neue Aufbereitung
für den Schulunterricht erfährt dieser Zugang im 21. Jahrhundert durch Erich
Wittmann (2015).

Die Beschäftigung mit Kegelschnitten aus den Perspektiven verschiedener
Denkkollektive half hier die Kluft zwischen der oft viel elementareren
angewandten Mathematik oder Physik und der modernen Mathematik zu
spannen und Widersprüche zwischen veralteter Schulmathematik und moderner
Mathematik konstruktiv zu lösen. Besonders interessant für das Wertesystem
des Denkkollektivs der Mathematikhistoriker sind die Debatten um die Rein-
heit der historischen Methoden, die in der zweiten Hälfte des vorigen Jahr-

hunderts auftraten. Im 19. Jahrhundert wurde das Quellenstudium historischer mathematischer Texte grob gesagt aus zwei Perspektiven, der linguistischen und der mathematischen Perspektive betrieben. Die Forschung aus der zweiten Perspektive, die antike Mathematik und damit auch Kegelschnitte betreffend, wurde im 19. Jahrhundert und Anfang des 20. Jahrhunderts vor allem von interessierten Mathematikern und Gymnasialmathematiklehrern betrieben (Weyl, 1921; van der Waerden, 1940). Die Reform des Mathematikunterrichts des 19. und 20. Jahrhunderts, auf die wir bei der Betrachtung der Denkkollektive der DidaktikerInnen und Schulmänner und -frauen noch eingehen werden, führte zur Verwendung historischer Quellen in der Lehre, in der Modernisierungen mit dem Ziel der Vermittelbarkeit und historische „Exkurse" zur Erhöhung der Motivation im Mittelpunkt standen. Die Ausdifferenzierung der Mathematikgeschichte als Wissenschaftsdisziplin und damit verbunden der Entwicklung eigener Methodiken und wissenschaftlicher Normen führte zu Diskursen im inneren Kreis des Denkkollektivs der MathematikhistorikerInnen und zur stärkeren Abgrenzung zum Denkkollektiv der MathematikerInnen und DidaktikerInnen. Die Erwähnung dieses Diskurses im Kontext der Untersuchung der Kegelschnitte als Denkobjekt ist begründet, da einige der grundlegenden Artikel zur mathematikhistorischen Methodik die Kegelschnittlehre betrafen (Unguru, 1975; Fried & Unguru, 2017). Hieronymus Georg Zeuthen (1839–1920), ein dänischer Mathematiker und Mathematikhistoriker, war in der Diskussion um die Methodenreinheit der Geschichte der Mathematik und die geometrische Algebra eine wichtige Bezugsfigur. Er hatte sowohl mathematische Arbeiten (z. B. seine Dissertation) und historische Arbeiten zur Kegelschnittlehre (Zeuthen, 1886) publiziert, als auch zu ihrer Elementarisierung und Popularisierung beigetragen (Zeuthen, 1882).

Die Theorie der Kegelschnitte bot jedoch nicht nur die Möglichkeit, neue Konzepte der höheren Mathematik zu elementarisieren, die Berechnung des Umfangs von Ellipsen führte zu elliptischen Integralen und zeigte damit auch Grenzen neuer Theorien auf. Die Geschichte der Geometrie, der Analysis und Astronomie kann nicht ohne tiefe Bezüge zu Kegelschnitten erzählt werden. Diese Geschichte greifen wir aus der Perspektive des Denkkollektivs der Mathematiker auf.

4.4 Kegelschnitte und das Denkkollektiv der MathematikerInnen

Wir hatten die Betrachtungen mit dem jüngeren Denkkollektiv der MathematikhistorikerInnen begonnen, da wir dadurch auch einige reflektierte Traditionen des Denkkollektivs der MathematikerInnen, die Bezüge zu Kegelschnitten aufweisen, im Längsschnitt skizzieren konnten.

Wie schon beschrieben waren im 19. Jahrhundert die von uns aus der Perspektive der Lehrerbildung gewählten Denkkollektive noch stark miteinander verwoben und Experten der Mathematik waren oft gleichzeitig als Historiker,

Gymnasiallehrer und Lehrbuchautoren tätig. Wir sind auf der Suche nach mathematischen Inhalten, die über eine lange Zeit für die verschiedenen inneren Kreise, die sich heute voneinander abgrenzen und durch nur wenige „fachübergreifende" ExpertInnen vertreten sind, bedeutungsvoll und bedeutsam waren.

Es lohnt sich daher mathematische Entwicklungen aus dem 19. Jahrhundert auch unter der Berücksichtigung gegenwärtiger Bedeutsamkeit für die anderen Denkkollektive zu betrachten.

Aus der Perspektive der Entwicklung von Denkstilen scheint der starke intrakollektive Denkverkehr eine Besonderheit dieser Entwicklungsphase zu sein.

So schreibt Max Simon: „Überblickt man die Elementargeometrie im 19. Jahrhundert, so ist vor allem hervorzuheben, wie die großen Strömungen der Wissenschaft auch in der Elementargeometrie zutage treten" (Simon, 1906). Die „Neuere Geometrie" war zunächst eine Bewegung in der Wissenschaft Mathematik, die neue geometrische Zugänge ausdrückte. Angestoßen wurde sie durch die neuen Sichtweisen in der Geometrie der Lage (Carnot, von Staudt) und durch die steinerschen geometrischen Konstruktionen, aber auch durch Entwicklungen der darstellenden Geometrie (Monge), der Theorie projektiver Eigenschaften (Poncelet), der Beschreibungen in baryzentrischen Koordinaten (Möbius), durch die Anfänge der modernen Algebra (Graßmann, Plücker) und die neuen Methoden der analytischen Geometrie (Gergonne). Die hyperbolische Geometrie, sowohl als ein Beispiel einer nichteuklidischen Geometrie als auch die Betrachtungen der elliptischen und hyperbolischen Geometrie im Rahmen des kleinschen Erlanger Programms (Klein, 1967) setzten die Kegelschnitte in neue Kontexte, wie den der Metriken und Invarianten erhaltenden Abbildungen. Die Entwicklung der Theorie der elliptischen Integrale und elliptischen Funktionen verband geometrische, physikalische und analytische Kontexte. Auch das Denken in Strukturen des 20. Jahrhunderts hat Bezüge zu den Kegelschnitten.

Beispiele hierfür sind die Darstellungstheorie von Lie-Gruppen, homogene Räume in der Differenzialgeometrie, die Klassifikationen von Mannigfaltigkeiten in der Topologie, die Klassifikation von PDE's (Partiellen Differentialgleichungen) in der Analysis, elliptische Kurven in der algebraischen Geometrie und Kryptographie.

Schaut man auf die Entwicklungen der Mathematik im 20. und 21. Jahrhundert, so sind hier, u.a. bedingt durch die axiomatischen algebraischen Darstellungen, wie auch durch die große Komplexität angewandter Kontexte und den hohen Abstraktionsgrad der untersuchten mathematischen Strukturen, die Elementarisierungen moderner Ergebnisse bedeutend schwieriger als dies im 19. Jahrhundert der Fall war. Die Situation vieler Mathematiker im 19. Jahrhundert, gleichzeitig forschend und auch in der Schule lehrend tätig zu sein, änderte sich. Spätestens mit der Einführung des Mathematikdiploms (Schubring, 2016) erfolgte auch in der akademischen Bildung eine strukturelle Trennung zwischen den Denkkollektiven der Mathematiker und dem der Didaktiker und Schulpraktiker.

4.5 Kegelschnitte und das Denkkollektiv der MathematikdidaktikerInnen

Die Sicht der Denkkollektive ist eine kulturhistorische. Es machte daher Sinn, zusammen mit dem Denkkollektiv der MathematikerInnen, auch eine entsprechende Reflexionswissenschaft einzubeziehen, die die Traditionen mathematischen Denkens untersucht – die Mathematikgeschichte.[6]

Entsprechend sinnvoll ist es auch, in die Betrachtungen des Denkkollektivs der MathematikdidaktikerInnen die Disziplin einzubeziehen, die sich mit den Traditionen des Lehrens und Lernens von Mathematik beschäftigt. Die relativ junge Wissenschaftsdisziplin Geschichte des Mathematikunterrichts ist einerseits in der Geschichte der Mathematik verwurzelt, entwickelt aber zunehmend auch starke Bezüge zur Bildungsgeschichte, Wissenschaftsgeschichte und Wissenschaftssoziologie. Institutionelle Strukturen, wie internationale Tagungen, Tagungsbände und Zeitschriften, die eine Entwicklung eines eigenständigen Denkstils der HistorikerInnen des Mathematikunterrichts förderten, tauchten erst im 21. Jahrhundert auf. Die Betrachtung der Lehre konkreter Unterrichtsinhalte, wie der Kegelschnitte, wurde jedoch schon in der Wissenschaftsdisziplin Geschichte der Mathematik zum Anlass genommen, aus verschiedenen Perspektiven auch über Lehrkulturen, die Institution Schule, Entwicklungen des Mathematiklehrerberufs und Entwicklungen in der Mathematik nachzudenken. Auch die Elementarisierung und Popularisierung von Mathematik wurde im Rahmen des intrakollektiven Denkverkehrs des Denkkollektivs der Mathematiker schon angesprochen. Aus der Sicht der Didaktik kommt den Elementarisierungen eine neue Rolle zu. Sie sind Gegenstand der Diskurse des inneren Kreises. Das Bemühen, Ideen der höheren Mathematik elementargeometrisch zu formulieren, ist einerseits durch die Ästhetik der reduzierten Mittel und konstruktiv-anschaulichen Vorgehensweisen für das Lehren von Mathematik von Bedeutung, andererseits ermöglicht die Elementarisierung höherer Mathematik den Bau von Brücken zwischen der oft als veraltet angesehenen Schulmathematik und der jeweils modernen Mathematik. Die Abgrenzung des Denkkollektivs der DidaktikerInnen von den SchulpraktikerInnen erfolgte in der zweiten Hälfte des letzten Jahrhunderts im Rahmen der Herausbildung der Didaktik als Wissenschaftsdisziplin. Die wurde z. B. durch die Einrichtung entsprechender Professuren, der Herausgabe theoretischer mathematikdidaktischer Zeitschriften wie „Der Mathematikunterricht" gefördert.[7] Wir widmen uns jedoch zuerst Entwicklungen dieses

---

[6] Die Philosophie der Mathematik haben wir in diesem Beitrag nicht einbezogen, da es den Rahmen unserer Betrachtungen gesprengt hätte.

[7] Wir haben Denkkollektive des 19. Jahrhunderts, deren Denkstil und Glaubenssätze starke Bezüge zur Schulpraxis haben, aus Gründen der Reduktion nicht in unsere Betrachtungen einbezogen: das Denkkollektiv der Pädagogen und das der Volksschullehrer. Lutz Führer zeigt am Beispiel der Entwicklung der Reformpädagogik, wie diese Denkstile sowohl die Problemstellungen als auch die Methoden der Kegelschnittlehre befruchteten (Führer, 1997, Kap. 4; Führer, 2015).

Denkkollektivs, bei denen ExpertInnen der Mathematikdidaktik auch gleichzeitig Schulmänner und -frauen sind.

Um die Rolle der Kegelschnitte für das Denkkollektiv der Mathematik-didaktikerInnen aufzuzeigen, betrachten wir im Folgenden deren Rolle in den drei wichtigen (und auch internationalen) Reformen des Mathematikunterrichts der letzten zwei Jahrhunderte: Die Reform des Geometrieunterrichts Neuere Geometrie, die Meraner Reform und die Unterrichtsreform Neue Mathematik. In allen drei Reformen dienten die Kegelschnitte als Beispiel, um wesentliche Ideen zu demonstrieren und zu illustrieren. Dies ist erstaunlich, da sich die Leitmotive dieser Reformen unterschieden und diese Reformen sogar teilweise als Gegen-reformen zueinander betrachtet werden können. Da diese Reformen alle auch den gymnasialen Unterricht betrafen, werden wir uns im Folgenden auf die Kegel-schnitte als Unterrichtsgegenstand der höheren Schulen beschränken.

Im 19. Jahrhundert fanden die großen Veränderungen des gymnasialen Mathematikunterrichts vor allem auf dem Gebiet der Geometrie statt. Sie waren eng mit Entwicklungen der Mathematik sowie mit der Einrichtung von Ober-realschulen und Realgymnasien als höhere Schulen neben dem altsprachlichen humanistischen Gymnasium verbunden. Die Kegelschnitte waren schon vor der „Neueren Geometrie" Inhalt der Lehrpläne gewesen. Im 19. Jahrhundert wurden zunehmend Lehrbücher und Lehrschriften zu Kegelschnitten publiziert, die die verschiedenen Aspekte der Entwicklungen in der Geometrie elementarisierten, für deren Verbreitung sorgten und Grundlagen für die Lehre in den höheren Lehranstalten bildeten. Schon mit dem Süvernschen „Normalplan" (1816) und einer erweiterten Stundentafel für den Mathematikunterricht wurden die Kegel-schnitte in analytischer Behandlung zum Unterrichtsgegenstand der Sekunda des Gymnasiums. Gleichwohl erfolgte 1837 durch ein Preußisches Zirkular-reskript von Johann Schulze, dem Nachfolger Süverns, wieder eine Reduktion der Stundentafel für Mathematik und der Wegfall der Lehre der Kegelschnitte im Gymnasium. Die Entscheidung zwischen synthetischer und analytischer Geo-metrie, euklidischer und projektiver Geometrie wurde also in den Gymnasien zunächst zugunsten der euklidischen Geometrie ohne Einbeziehung der Kegel-schnitte getroffen.

Trotzdem erschienen Lehrbücher, die die Lehre der Kegelschnitte vorbereiteten und unterstützten. So hatten, wie im Falle Jakob Steiners und Karl Georg Christian von Staudts, einige der Reformer selbst ein großes Interesse am Schulunter-richt und waren als Privatlehrer oder Lehrer einer höheren Schule tätig gewesen. Steiner selbst war davon überzeugt, die Grundzüge seiner Theorie geometrischer Konstruktionen auch auf den Schulunterricht anwenden zu können (siehe Kitz, 2015, S. 10).

Die Autoren für Schulbücher, die die neuen Geometrien umsetzten, hatten unterschiedliche Hintergründe und lehrten in verschiedenen Schultypen. Der Theologe Johann Andreas Matthias (1813) wählte beispielsweise die Annäherung an Kegelschnitte entlang des Apollonischen Weges. Der Mathematiker Johann August Grunert (1824) verwendete in seinem Lehrskript mit Übungen und deren demonstrierten Lösungen die analytische Methode, um sich mit Kegelschnitten zu befassen. Auch der Mathematiker, Philosoph, Reformpädagoge, Politiker, Lehrer und Gründer des Berliner Pädagogischen Seminars, Karl Heinrich Schellbach, schrieb ein Lehrbuch über Kegelschnitte (Schellbach, 1843).[8]

Erst 1864 kam es auf der Philologenversammlung Jena zur Gründung der mathematisch-pädagogischen Abteilung und zur Belebung der Diskussion des Themas Kegelschnitte für den Unterricht an Gymnasien. Einer der wichtigsten Kritikpunkte des traditionellen Geometrieunterrichts nach Euklid war die große Anzahl schwer zu unterrichtender verschiedener Spezialfälle, deren Systematik und Ordnung durch die axiomatische Darstellung gegeben wurde. Die Kegelschnittlehre bot inhaltlich einen hohen Grad an Allgemeinheit, da sie die Identifizierung von Sätzen als Spezialfälle allgemeinerer Aussagen ermöglichte, die alle Kegelschnitte betrafen und damit einen geordneten Überblick über die Unterrichtsgegenstände erlaubten.

Im letzten Drittel des 19. Jahrhunderts wurde der „Neueren Geometrie", im Speziellen der darstellenden Geometrie, auch an den Polytechnika eine große Bedeutung zugemessen. Der Ausbau des auf die technischen und naturwissenschaftlichen Berufe vorbereitenden realistischen Schulwesens führte zur Einführung einiger Inhalte der Neueren Geometrie in den höheren Mathematikunterricht. Die Kegelschnitte traten im Kontext der darstellenden Geometrie als projektive Bilder von Kreisen auf, sie waren aber auch das paradigmatische Beispiel, wie durch einen systematischen projektiven Aufbau aus Punktgebilden und Strahlenbüscheln Kurven konstruktiv erzeugt werden konnten.

Ein grundlegender Lehrgang, der sowohl einen propädeutischen Einstieg in die euklidische Geometrie vorsah, als auch abbildungsgeometrische Elemente durch die Einbeziehungen von Spiegelungen einbezog, war das dreibändige Werk von Treutlein und Henrici (Henrici & Treutlein, 1881–1883). Die Methodik von Treutlein (1911) gab außerdem einen historischen Überblick über die Reformbewegung und eine Einordnung seines Zugangs. Treutlein ist als Protagonist der Reform des Geometrieunterrichts von besonderem Interesse, da er sowohl in der Entwicklung von Lehrplänen, der Reform des Schulsystems, als gymnasialer Mathematiklehrer und Schulbuchautor tätig war und auch Beiträge zur Geschichte der Mathematik und des Mathematikunterrichts verfasste. Unter den Protagonisten sowohl der Unterrichtsreform des Geometrieunterrichts als auch der Meraner Reform gab es zahlreiche Experten, die zu den inneren Kreisen aller vier von uns betrachteten Denkkollektive zählen.

Peter Treutlein, der in seinem weitreichenden Ansatz unterschiedliche Ziele der Geometrieunterrichtsreform verband, schrieb zu den Problemen des damaligen Unterrichts:

---

[8] Einen Überblick und eine Analyse zu Schullehrbüchern, die Reformen des Geometrieunterrichts im Sinne der Neueren Geometrie zum Ziel hatten, gibt Sebastian Kitz in seiner Dissertation. Dort findet man auch viele Beispiele für die unterschiedlichen Sichtweisen auf die Lehre der Kegelschnitte bei wichtigen Protagonisten dieser Reform (Kitz, 2015).

„Indem der Gymnasialunterricht, als er überhaupt anfing, der Mathematik mehr Beachtung zu schenken, das Werk des Euklid als Führer und Lehrbuch übernahm, ihm anfangs sklavisch folgend, später doch jedenfalls ziemlich eng sich daran anlehnend, übernahm man in den Unterrichtsbetrieb auch vier Dinge, die für diesen Betrieb kennzeichnend wurden, lange scharf kennzeichnend geblieben und dies zum guten Teil noch heute sind. Diese vier Merkmale geometrischen Unterrichtes sind: 1) der bekannte viel gerühmte und nicht selten hart geschmähte streng dogmatische Lehrvortrag, 2) die scharf durchgeführte Trennung der allgemeinen Raumgeometrie von der ebenen Geometrie, 3) die Rückschiebung der Raumbetrachtung gegen das Ende des ganzen üblichen Lehrganges und 4) die Voranstellung der abstrakteren Lehren über Geraden und Ebenen vor die Betrachtung der körperlichen Raumgebilde (Treutlein, 1911)."

Wichtige inhaltliche Argumente einiger Fürsprecher der „Neueren Geometrie" waren der hohe Grad an Allgemeinheit, das Zusammenfassen bisheriger Spezialfälle zu allgemeineren Aussagen und der sich daraus ergebende geordnete Überblick über die Unterrichtsgegenstände.

Für unsere Betrachtung der Reform der Kegelschnittlehre sind auch die Reformansätze zum Lehren der *Elemente des Euklid* von Bedeutung, da die in den Elementen entwickelten elementargeometrischen Methoden der Kongruenz- und Ähnlichkeitslehre für die metrische Behandlung der Kegelschnitte notwendig waren.

Solcherart neue Zugänge zu Werken der griechischen Mathematik waren z. B. Byrnes bunte Ausgabe der Elemente (Abb. 4.2; Byrne, 1847, S. 267, book VI) und Zeuthens historische Rekonstruktion und damit verbundene algebraische Darstellung der Kegelschnittlehre des Apollonius (Zeuthen, 1882) sowie die Nutzung von Modellen zur Schulung der Anschauung (Weiss-Pidstrygach, 2016).

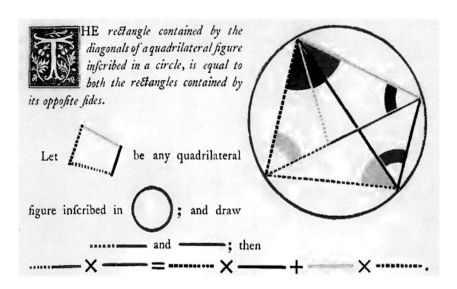

Abb. 4.2 Ausschnitt aus Byrnes bunter Ausgabe der Elemente

Die Kennzeichnung der Reformideen vor allem durch die Abgrenzung von alten Herangehensweisen war auch eines der Probleme der Reformbewegung. Lehrkurse im Geiste der „Neueren Geometrie", die neue Inhalte wie die projektive Geometrie, Bewegungsgeometrie, Dualitäten, Invarianten in die Schulgeometrie einbrachten, waren unterschiedlich aufgebaut und setzen verschiedenartiges Vorwissen voraus. Daraus entstehende Probleme in der Lehrerfortbildung und der Entwicklung von Lehrplänen und Lehrbüchern führten zu weiteren Uneinigkeiten. Vor allem aber setzen sich viele Reformer kaum damit auseinander, wie die neuen Inhalte in die bestehenden Lehrpläne eingepasst werden sollten und vor allem welche bisherigen Inhalte aufgrund der Hinzunahme neuen Stoffs wegfallen sollten. Das Ignorieren des Problems der Stofffülle, wie es sich auch in späteren Reformen des Mathematikunterrichts wiederholte, schwächte die Unterstützung der Reform von der Basis durch die „Schulmänner".

Einen Vorteil der Breite der Ideen und Zugänge der Reform des Geometrieunterrichts kann man darin sehen, dass sie sich auch unter die Ideen der Meraner Reform einordnen ließen.

Die kleinsche Unterrichtsreform hatte die Einführung der Differential- und Integralrechnung zum Ziel und eine Begriffsbildung des Funktionsbegriffs unter starker Einbeziehung der Darstellung funktionaler Zusammenhänge als Graphen. Der Leitsatz der Erziehung zum funktionalen Denken bedeutete für die Kegelschnittlehre eine stärkere Fokussierung auf die analytische Geometrie, das Denken in Veränderlichen und in Abhängigkeiten sowie dem Wechsel zwischen verschiedenen Darstellungen: der ebenen und der räumlichen, der geometrischen und der arithmetischen. In Felix Kleins Reformideen für den gymnasialen Mathematikunterricht flossen jedoch nicht die strukturmathematischen Vorstellungen vom Erlanger Programm ein. Abbildung meinte hier den Funktionsbegriff und im geometrischen Kontext die geometrische oder kinematische Bewegung (Krüger, 2000). Die Vorstellungen von der Kegelschnittlehre im Rahmen der Meraner Reformideen wurden z. B. in Walter Lietzmanns Methodik des Mathematischen Unterrichts (Lietzmann, 1926), in seinem Lehrbüchlein zu Kegelschnitten (Lietzmann, 1949), in Aufgabensammlungen zur Geometrie und den verschiedenen Auflagen des Mathematiklehrbuchs „Elemente der Mathematik" von Reidt und Wolff umgesetzt.[9] Das große Potenzial des Unterrichtsinhalts „Kegelschnitte" ist auch darin zu erkennen, dass sich in den verschiedenen Neuausgaben der Mathematiklehrbücher, die sich auch an den Lehrplänen orientierten, die Kapitel zu Kegelschnitten nur wenig veränderten. Auch die Diskussionen um Lehrplanänderungen zu Gunsten einer Auflösung der Unterschiede zwischen reiner und angewandter Mathematik (Heske, 2018) in Nazideutschland betrafen die Kegelschnittlehre wegen ihrer großen Anwendungsbereiche kaum. Die Entwicklung und Gleichschaltung der Organisationen der Mathematiker und Schulmänner während der Nazidiktatur (siehe auch

---

[9] Siehe auch Schimmack (1911).

Remmert, 2004) zeigt Henning Heske am Beispiel Kuno Fladts (1889–1977), eines Mathematikers, Mathematiklehrers an einer höheren Schule, Mathematikdidaktikers, Lehrbuchautors und Bildungsfunktionärs, der sowohl vor und während der Naziherrschaft einflussreiche Ämter im Schulsystem innehatte als auch noch in der Nachkriegszeit.[10] Fladt ist auch aus der Perspektive des Unterrichtsinhalts Kegelschnitte von besonderem Interesse, da er federführend in dem Diskurs für die Einführung der abbildungsgeometrischen Perspektive in den Geometrieunterricht war und sich auch mit Kegelschnitten als Lehrbuchautor und aus der historischen Perspektive beschäftigte (Fladt, 1965). Abbildungsgeometrisch meint hier strukturtheoretische Zugänge, wie die explizite Behandlung des Gruppenbegriffs auf der Mittelstufe (Fladt, 1933).

Betrachtet man die Kapitel zu Kegelschnitten in Mathematiklehrbüchern der Nachkriegszeit in Westdeutschland, so fällt auf, dass sie sich stark an den Lehrbüchern der 20er Jahre und der Methodik von Lietzmann orientierten.[11] Gleichzeitig wurde auch die zunehmende Bedeutung damaliger mathematischer Entwicklungen, wie Algebraisierung und systematische Anwendung der axiomatischen Methode, durch zahlreiche Unterrichtsvorschläge zur axiomatischen Entwicklung des Vektorbegriffs und strukturmathematischer Zugänge zum Gruppenbegriff für den Mathematikunterricht sichtbar. In den 50er Jahren finden sich zahlreiche Artikel zu diesem Thema in den mathematikdidaktischen Zeitschriften. Bis in die 70er Jahre findet man in den Elementen der Mathematik Oberstufe Geometrie ausführliche Kapitel über Kegelschnitte und sphärische Geometrie, in denen Ideen der drei Reformen des Mathematikunterrichts Neuere Geometrie, Meraner Reform und Neue Mathematik umgesetzt und organisch miteinander verbunden wurden: Anschaulichkeit, Denken in Verwandtschaften und Veränderlichkeit der mathematischen Objekte, genetisch-historische Zugänge, Bewegungsgeometrie, Verbindung von Ebene und Raum sowie Zahl und Raum, Zeichen- und Projektionsverfahren im Rahmen der Vermessungskunde, strukturmathematische Zugänge über Erhaltungsgrößen von Abbildungen des Vektorraums und Kompositionen von Abbildungen.

Die Linearisierung der analytischen Geometrie und die Verdrängung der analytischen Geometrie durch die lineare Algebra in den universitären Anfängervorlesungen, die verbindliche Einführung der Stochastik in den 70er Jahren und die daraus resultierende Notwendigkeit, bisherige Inhalte der Schulmathematik zu streichen, waren sicher wichtige Faktoren, die zum Verschwinden der Kegelschnittlehre aus dem Unterricht führten. Im Lehrplan verblieben die isoliert behandelte Parabel und Hyperbel als Funktionsgraphen und als Beispiel für die Anwendung des Differential- und Integralkalküls sowie Kegel und Kugeln bei der Berechnung von Volumina und Rotationsvolumina.

---

[10] Siehe auch Heske (2021).

[11] Einen Einblick in curriculare Entwicklungen in der damaligen DDR gibt z. B. Andreas Filler (2016).

Auch die Entwicklung Dynamischer Geometrie Software (DGS) wie Cinderella, die perspektivische Abbildungen einbanden und spezielle Werkzeuge zur Behandlung der projektiven Geometrie lieferten, sowie von 3D-DGS wie Cabri 3D und später GeoGebra, die die Arbeit mit Kegeln, Ebenen und deren Schnitten ermöglichten, sowie entsprechender Unterrichtsmaterialien (Schupp, 1988; Lemmermeyer, 2015; Haftendorn, 2019) führten nicht zu einer Wiederaufnahme der Kegelschnittlehre in den Unterricht.

4.6   Kegelschnitte und das Denkkollektiv der Schulmänner und Schulfrauen

Wir haben in dieser Darstellung die Rolle der Kegelschnitte in der Forschung und der Lehre für das Denkkollektiv der Mathematiker im 19. Jahrhundert und zu Beginn des 20. Jahrhunderts sehr ausführlich behandelt, da es uns auf die gemeinsamen Traditionen der Denkkollektive ankam.

Im 20. Jahrhundert entwickelten sich neue Wissenschaftsgebiete mit eigener Methodik und spezifischen Fragestellungen. Das Ausdifferenzieren und Abgrenzen neu entstehender Denkstile von bisherigen Traditionen betraf sowohl die Mathematik selbst in zunehmendem Maße als auch die Reflexion von Mathematik aus der historischen und der didaktischen Perspektive.

Das Denkkollektiv der Historiker grenzte sich im 20. Jahrhundert z. B. durch die Entwicklung eigener Denkstile, die in eigenen Zeitschriften, Spezialisierungen, Ausdifferenzierungen und entsprechenden Forschungsprojekten und Professuren ihren Ausdruck fanden, vom Denkkollektiv der Mathematiker ab. Es waren aber auch die Mathematiker, die das Interesse an Geschichte der Mathematik verloren. Die Entstehung neuer mathematischer Denkstile und deren systematische Entwicklung hatte durch Bourbakis Axiomatisierungsvorhaben der Mathematik einen folgenreichen Impuls erhalten.

Die starke Orientierung an der formal-axiomatischen Methode, die Erstellung eines enzyklopädischen Werks, das eine Systematik mengentheoretischer und algebraischer Strukturen zugrunde legte, führte auch dazu, dass sich das Interesse der Mathematiker an den Grundlagen und Grundlagenkrisen der Mathematik aus einer historischen Perspektive verringerte (Maaß, 1988). Von Mathematikern geschriebene „Ideengeschichten der Mathematik" (Klein, 1926; van der Waerden, 1940, 1968), die auch eine Auseinandersetzung mit historischen Grundlagenkrisen in der Mathematik darstellten, verloren an Bedeutung.

Die Entwicklung des Denkstils, der zur Entwicklung der Wissenschaftsdisziplin Mathematikdidaktik führte, weist Ähnlichkeiten zur Entwicklung des Denkkollektivs der Mathematikhistoriker auf.[12] Unter der Leitidee der Modernisierung

---

[12] Auf die Einflüsse internationaler Unterrichtsreformen, Tagungen, Kommissionen und Verbände können wir in diesem Beitrag nicht eingehen.

der veralteten Schulmathematik und durch Mathematiker vorangetrieben wurde Ende der 50er Jahre eine Reform des Mathematikunterrichts der höheren Schulen geplant und in den 60er Jahren umgesetzt: Die Neue Mathematik. Die Veränderungen der Unterrichtskultur in den 60er Jahren waren Folgen vielfältiger und komplexer Entwicklungen, von denen die Neue Mathematik nur eine war (Weiss, 2022). Die Algebraisierung des Mathematikunterrichts wurde nicht nur durch die Übertragung der axiomatischen Methode Bourbakis auf den Schulunterricht gefördert, ebenso spielten die Durchsetzung der Methoden des programmierten Unterrichts auf der Grundlage behavioristischer und kybernetischer Lerntheorien (Correll, 1968) eine Rolle. Auch die Pädagogisierung der Fachdidaktiken sowie die Hinwendung zu neuen mathematikdidaktischen Forschungsthemen trugen dazu bei, dass das Interesse an „traditionellen" Themen, wie Elementarisierungen höherer Mathematik, Anfang der 60er Jahre zurückging.

Über „traditionelle" Elementarisierungen war zu Beginn der 60er Jahre ja auch schon seit über 100 Jahren von begabten und vielseitig interessierten Mathematikern, die gleichzeitig „Schulmänner" waren, nachgedacht worden, folglich wurde es in diesem Gebiet zunehmend schwieriger, für das Denkkollektiv der Mathematiker „Neue Resultate" zu liefern. Erschwerend kam dazu, dass elementare Zugänge zur höheren Mathematik zunehmend im Widerspruch zu der sich an den Universitäten durchsetzenden axiomatischen Methode standen. Die Übernahme strukturmathematischer Begriffsbildung in den Mathematikunterricht der Schule wurde auch durch die Aktualität und Beliebtheit dieses Zugangs im Denkkollektiv der Mathematiker gefördert.

Ebenso hatten die im Rahmen der Bildungsexpansion der 60er Jahre entstandenen Berufungsmöglichkeiten auf Mathematikdidaktikprofessuren an pädagogischen Hochschulen einen Einfluss auf die Entwicklung des mathematikdidaktischen Denkstils. Sie führte zu einer Abgrenzung des neuen Kerns des inneren Kreises der Mathematikdidaktiker von den Schulmännern.

So unterscheiden Behnke und Stowasser bei den Protagonisten der Unterrichtsreform Neue Mathematik zwischen Theoretikern und konzeptuellen Entwicklern der internationalen Reformbestrebungen, hier werden von ihnen Heinz Griesel, Arnold Kirsch, H. G. Steiner, Günter Pickert und Martin Barner genannt, und denjenigen, die für schulpraktische Umsetzungen sorgten.

Als Lehrer und Didaktiker, die die stoffdidaktische Knochenarbeit[13] für die unmittelbaren Bedürfnisse der Praxis leisteten und die mit dem Entwurf und der Ausarbeitung von Unterrichtsmaterialien befasst waren, werden Athen, Bigalke, Engel, Freund, Holland, Hürten, Lauter, Röhrl, Schröder, H., Seebach, Wäsche, Vollrath, Winter, Zeitler genannt (Behnke & Stowasser, 1979, S. 149).

Die Notwendigkeit expliziter wissenschaftlicher Methodik und damit verbunden eine Abgrenzung der Forschungsdisziplin Mathematikdidaktik von der schulpraktischen Tätigkeit der „Schulmänner" implizierte in der Wissenschafts-

---

[13] Volkert (2016, S. 24) schreibt hier „die (auch später abschätzig vermerkte) Knochenarbeit".

disziplin Mathematikdidaktik ein Abrücken von den traditionellen Themen des Mathematikunterrichts. Nach der Entwicklung mehrerer wenig erfolgreicher Mathematikschulbücher im Sinne der Neuen Mathematik verschwanden die mathematikdidaktischen Umsetzungen schulmathematischer Strukturmathematik jedoch wieder aus den Lehrbüchern.

Die weitere Spezialisierung und Ausdifferenzierung des Denkkollektivs Mathematikdidaktik und die Ausbildung eines wissenschaftlichen Denkstils wurden auch durch die Ausrichtung an der Grundlagenforschung der „Wissenschaftsdisziplin" Mathematikdidaktik, an internationalen mathematikdidaktischen Strömungen und Theorien sowie durch die Stärkung pädagogisch orientierter empirischer Forschung gefördert.

Das Misslingen der Vereinheitlichung von Schulmathematik und höherer Mathematik durch die axiomatische Methode sowie die Abgrenzung vom mathematischen Denkstil durch die Entwicklung eigener mathematikdidaktischer, wissenschaftlicher Methoden einerseits, wie auch die Abgrenzung zu den „Schulmännern" und deren ingenieurmäßiger Herstellung praktikabler Lehrgänge für das Lernen von Mathematik (Griesel, 1975, S. 20) andererseits, haben sicher einen Anteil an der aktuellen Fremdheit der verschiedenen Denkstile.

Wie auch bei den Historikern war dieser Prozess des Auseinanderdriftens aber nicht nur in der Abgrenzung der MathematikdidaktikerInnen vom Denkkollektiv der MathematikerInnen begründet.

Es waren auch die MathematikerInnen, die das Interesse an schulischen Elementarisierungen verloren und sich aus der Übertragung des (sie anfänglich noch interessierenden) Programms der Axiomatisierung und Algebraisierung der Schulmathematik zurückzogen. Die Anwendung der axiomatischen Methode in der Schule wurde auch als Gewöhnung an abstrakte mathematische Gegenstände gesehen, wobei der Umgang mit diesen Strukturen automatisch zur Verinnerlichung des entsprechenden Abstraktionsprozesses führen sollte. Elementarisierungen, Anschaulichkeit, Selbsttätigkeit und geometrische Zugänge wurden dabei als eher hinderlich gesehen.

Bei abnehmendem Interesse am Denkstil der anderen Denkkollektive und damit einhergehender fehlender gegenseitiger Wertschätzung der unterschiedlichen Denkkollektive einerseits und zunehmender Spezialisierung der Denkstile andererseits verwundert es wohl nicht, dass nur wenige sich auf die Herausbildung mehrerer Denkstile einließen und auch die strukturellen Voraussetzungen dafür verschwanden. Die Entwicklung von Zugängen zur höheren Mathematik mit elementaren Mitteln bedarf jedoch eines gewissen Expertentums in allen vier Denkstilen.

Die Kegelschnitte sind ein paradigmatisches Beispiel für das Verschwinden von Themen aus den Lehrplänen, die für alle vier Denkkollektive bedeutungsvoll waren. Mögliche Gründe für die fehlenden inhaltlichen Bezugspunkte der verschiedenen Denkstile sehen wir im Auseinanderdriften und dem sich voneinander Abgrenzens der betrachteten Denkkollektive. Andererseits haben wir gezeigt, dass alle vier Denkkollektive in Traditionen stehen, in denen Kegelschnitte wichtig für die Herausbildung eigenständiger Denkstile waren. Bei der Auswahl allgemeinbildender und mathematisch fördernder Inhalte sollte es eine Rolle spielen, inwieweit diese aus der Perspektive unterschiedlicher Denkstile bildend sind und den interkollektiven Denkverkehr verschiedener Denkkollektive fördern.

Literatur

Behnke, H., & Stowasser, R. J. K. (1979). Der gymnasiale Mathematikunterricht im Lichte der Wolffschen Unternehmungen [Teaching mathematics in Gymnasium in the light of Wolff's undertakings]. *Mathematisch-physikalische Semesterberichte, 26*, 145–153.

Byrne, O. (1847). *The first six books of the Elements of Euclid: In which coloured diagrams and symbols are used instead of letters for the greater ease of learners*. William Pickering.

Correll, W. (1968). *Programmiertes Lernen und Lehrmaschinen (Theorie und Praxis der Schule) [Programmed learning and teaching machines (Theory and practice of schools)]*. Westermann.

Damerow, P. (1977). *Die Reform des Mathematikunterrichts in der Sekundarstufe I. Band 1: Reformziele, Reform der Lehrpläne*. Max-Planck-Institut für Bildungsforschung.

Damerow, P., & Lefèvre, W. (1994). Wissenssysteme im geschichtlichen Wandel. Grunert, J.A. (1824). *Die Kegelschnitte: Ein Lehrbuch für den öffentlichen und eignen Unterricht*. Friedrich Fleischer

Goodstein, D. L., & Goodstein, J. R. (1996). Feynmans *verschollene Vorlesung. Die Bewegung der Planeten um die Sonne*. Piper.

Filler, A. (2016). Weg von Euklid und wieder zurück? *Mathematische Semesterberichte, 63*(1), 93–134.

Fladt, K. (1933). Gruppenbegriff und Abbildung im mathematischen Schulunterricht. *Zeitschrift für Mathematischen und Naturwissenschaftlichen Unterricht, 64*, 204–205.

Fladt, K. (1965). *Geschichte und Theorie der Kegelschnitte und der Flächen zweiten Grades*. Ernst.

Fleck, L. (1980). *Entstehung und Entwicklung einer wissenschaftlichen Tatsache: Einführung in die Lehre vom Denkstil und Denkkollektiv*.

Fried, M., & Unguru, S. (2017). *Apollonius of Perga's Conica: Text, context, subtext*. Brill

Führer, L. (1997). *Pädagogik des Mathematikunterrichts. Eine Einführung in die Fachdidaktik für Sekundarstufen*. Vieweg.

Führer, L. (2015). Stellungnahme zu Gert Schubrings erfreulich pointierter Kritik „der" stoffdidaktischen Tradition in den GDM-Mitteilungen. *Mitteilungen der Gesellschaft für Didaktik der Mathematik, 41*(99), 23–25.

Griesel, H. (1975). Stand und Tendenzen der Fachdidaktik Mathematik in der Bundesrepublik. *Zeitschrift für Pädagogik, 21*, 19–31.

Haftendorn, D. (2019). *Mathematik sehen und verstehen: Werkzeug des Denkens und Schlüssel zur Welt* (3. Aufl.). Springer Spektrum.

Hamilton, W. R. (1847). The hodograph or a new method of expressing in symbolical language the Newtonian law of attraction. *Proceedings of Royal Irish Academy, 3*, 344–353.

Henrici, J., & Treutlein, P. (1881–1883). *Lehrbuch der Elementar-Geometrie* (3 Bd.).

Heske, H. (2018). *Umbruch im mathematischen Unterricht? – Bruno Kersts Forderungen an das Schulfach Mathematik im Nationalsozialismus*. WTM.

Heske, H. (2019). *Kuno Fladt und das Reichssachgebiet Mathematik und Naturwissenschaften im Nationalsozialistischen Lehrerbund*. WTM.

Heske, H. (2021). Mathematikunterricht im Nationalsozialismus. *Mathematische Semesterberichte, 68*(1), 119–142.

Huygens, Christiaan (1888). *Œuvres Complètes. Tome Premier. Correspondance 1638–1656.* Martinus Nijhoff

Klein, F. (1926). *Vorlesungen über die Entwicklung der Mathematik im 19. Jahrhundert (Vol. 24). Für den Druck bearbeitet von R. Courant und O. Neugebauer.* Springer.

Krüger, K. (2000). Kinematisch-funktionales Denken als Ziel des höheren Mathematikunterrichts – das Scheitern der Meraner Reform. *Mathematische Semesterberichte, 47*(2), 221–241.

Maaß, J. (1988). *Mathematik als soziales System: Geschichte und Perspektiven der Mathematik aus systemtheoretischer Sicht.* Dissertation, Universität Essen.

Matthias, J. A. (1813). *Leitfaden für einen heuristischen Schulunterricht über die allgemeine Grössenlehre und die gemeine Algebra, die Elementargeometrie, ebene Trigonometrie und die Apollonischen Kegelschnitte.* W. Heinrichshofen.

Kitz, S. (2015). *„Neuere Geometrie" als Unterrichtsgegenstand der höheren Lehranstalten. Ein Reformvorschlag und seine Umsetzung zwischen 1870 und 1920.* Dissertation Bergische Universität Wuppertal.

Klein, F. (1967). *Die Beziehungen zwischen der elliptischen, euklidischen und hyperbolischen Geometrie. In Vorlesungen über Nicht-Euklidische Geometrie (188–211).* Springer.

Kreft, T. (2020). Leonardo da Vincis Berechnung und Verwendung exzentrischer Parabolspiegel zur Nutzung der Sonnenenergie: Ein Beitrag zum Leonardo-Jahr 2019. *Archiv für Kulturgeschichte, 102*(2), 323–340.

Lemmermeyer, F. (2015). *Mathematik à la Carte.* Springer.

Lietzmann, W. (1926). *Methodik des mathematischen Unterrichts. T.1. Organisation, Allgemeine Methode und Technik des Unterrichts.* Quelle & Meyer.

Lietzmann, W. (1949). *Elementare Kegelschnittlehre.* F. Dümmlers Verlag.

Lohrmann, D. (2017). Europas Hoffnung auf den Brennspiegel im 13. Jahrhundert. *Historische Zeitschrift, 304*(3), 601–630.

Maxwell, J. C. (1877). *Matter and motion.*

Purkert, W., & Scholz, E. (2009). Zur Lage der Mathematikgeschichte in Deutschland. *Mitteilungen der Deutschen Mathematiker-Vereinigung, 17*(4), 215–217.

van Randenborgh, C. (2014). Der Prozess der instrumentellen Genese von historischen Zeichengeräten zu Instrumenten der Wissensvermittlung: Die Bedeutung historischer Zeichengeräte für das Aufdecken verborgener Ideen im Mathematikunterricht (Doctoral dissertation).

Remmert, V. R. (2004). Die Deutsche Mathematiker-Vereinigung im „Dritten Reich": Krisenjahre und Konsolidierung. *Mitteilungen der Deutschen Mathematiker-Vereinigung, 12*(3), 159–177.

Renn, J., Damerow, P., & Rieger, S. (2002). Hunting the white elephant: When and how did Galileo discover the law of free fall? In J. Renn (Hrsg.), *Galileo in context* (S. 29–149). Cambridge University Press.

Rowe, D. E. (1989). Klein, Hilbert, and the Gottingen mathematical tradition. *Osiris, 5,* 186–213.

Simon, M. (1906). Über die Entwicklung der Elementargeometrie im 19. Jahrhundert, Bericht der Deutschen Mathematikervereinigung (S. 1–25). BG Teubner.

Schimmack, R. (1911). Die Entwicklung der mathematischen Unterrichtsreform in Deutschland. Leipzig und Berlin: BG Teubner, S. 2–42.

Schubring, G. (2016). Die Entwicklung der Mathematikdidaktik in Deutschland. *Mathematische Semesterberichte, 63*(1), 3–18.

Schubring, G. (2019). The German IMUK Subcommission. In *National Subcommissions of ICMI and their Role in the Reform of Mathematics Education* (S. 65–91). Springer.

Schupp, H. (1988). *Kegelschnitte.* Wissenschaftsverlag.

Seidl E., Loose F., & Bierende E. (Hrsg.). (2018). *Mathematik mit Modellen.* MUT.

Steiner, H.-G. (1980). School curricula and the development of science and mathematics. *International Journal of Mathematical Educational in Science and Technology, 11*(1), 97–106.

Steiner, J. (1876). *Vorlesungen über Synthetische Geometrie, Die Theorie der Kegelschnitte gestützt auf projective Eigenschaften.* BG Teubner.

Treutlein, P. (1911). *Der geometrische Anschauungsunterricht als Unterstufe eines zweistufigen geometrischen Unterrichtes an unseren Höheren Schulen.* B.G. Teubner. https://doi.org/10.1007/s00591-015-0143-y.

Unguru, S. (1975). On the need to rewrite the history of Greek mathematics. *Archive for History of Exact Sciences, 67*–114.

Volkert, K. (2016). Die „Semesterberichte" und die Entwicklung der Mathematikdidaktik in der Bundesrepublik Deutschland (1950–1980). *Mathematische Semesterberichte, 63*(1), 19–68.

Waerden, B. L. van der. (1940). Zenon und die Grundlagenkrise der griechischen Mathematik. *Mathematische Annalen, 117*(1), 141–161.

Waerden, B. L. van der. (1968). *Erwachende Wissenschaft*. Springer.

Weiss, Y. (2022). West German Neue Mathematik and Some of Its Protagonists. In D. de Bock (Hrsg.), *Modern Mathematics – An International Movement?* Springer. (im Druck).

Weiss-Pidstrygach, Y. (2016). Historische, pädagogische und geometrische Kontextualisierungen zu Treutleins Schulmodellsammlung – Projektarbeit in der Lehrerbildung. In T. Krohn & S. Schöneburg (Hrsg.), *Mathematik von einst für jetzt, Festschrift für Karin Richter, Hildesheim* (S. 233–246). Franzbecker.

Weyl, H. (1921). Über die neue Grundlagenkrise der Mathematik. *Mathematische Zeitschrift, 10*(1), 39–79.

Wittmann, E. (2015). Von den Hüllkurvenkonstruktionen der Kegelschnitte zu den Planetenbahnen. *Math Semesterberichte, 62,* 17–35. https://doi.org/10.1007/s00591-015-0143-y.

Zeuthen, H. G. (1882). *Grundriss einer elementar-geometrischen Kegelschnittslehre*. BG Teubner.

Zeuthen, H. G. (1886). *Die Lehre von den Kegelschnitten im Altertum*.

Kegelschnitte mit GeoGebra 3D erkunden – genetisch, ganzheitlich, dynamisch, anschaulich

5

Hans-Jürgen Elschenbroich

Zusammenfassung

Kegelschnitte sind ein (nicht nur) in der Schule fast in Vergessenheit geratenes Thema, das aber mathematisch besonders reichhaltig ist. Es gibt eine stereometrische, eine planimetrische und eine analytische Sicht. In diesem Beitrag wird gezeigt, wie man mit dem digitalen Werkzeug GeoGebra diese Sichtweisen in einem genetischen Zugang verbindet und dabei mit dynamischer Visualisierung und systematischer Variation jeweils eine ganzheitliche Sicht aller Kegelschnitt-Typen ermöglicht.

Dabei geht es um den Schnitt infiniter Doppelkegel mit Ebenen, um wahre Größe, Dandelin-Kugeln, Brennpunkte und Leitgeraden, um Abstandseigenschaften, Ortslinien, implizite Gleichungen, parametrische Kurven und numerische Exzentrizität. Die betreffenden GeoGebra-Konstruktionen stehen frei zur Verfügung.

5.1   Warum Kegelschnitte im Unterricht?

Kegelschnitte waren lange eins der großen Themen der Mathematik und des Mathematikunterrichts, sind heute aber ziemlich in Vergessenheit geraten. Zur historischen Entwicklung siehe den Beitrag von Weiss in diesem Band (Weiss, 2022). Diese Entwicklung kann man durchaus bedauern, denn hier verbinden sich

H.-J. Elschenbroich (✉)
Ehemals Studienseminar Neuss, Medienberater bei der Medienberatung NRW, Düsseldorf, Deutschland
E-Mail: elschenbroich@t-online.de

© Der/die Autor(en), exklusiv lizenziert an Springer-Verlag GmbH, DE, ein Teil von Springer Nature 2023
A. Filler et al. (Hrsg.), *Freude an Geometrie – Zum Gedenken an Hans Schupp*,
https://doi.org/10.1007/978-3-662-67394-2_5

in einzigartiger Weise Raumgeometrie, ebene Geometrie und Algebra/Analysis mit einer Fülle von Anwendungen.

Wie konnte es dazu kommen? Zum einen ist seit vielen Jahrzehnten ein genereller Rückgang der Geometrie im Allgemeinen und speziell der Raumgeometrie zu konstatieren. Eine löbliche Ausnahme bildet nur der IMP-Kurs (Profilfach **I**nformatik – **M**athematik – **P**hysik) Klasse 10 in Baden-Württemberg (Baden-Württemberg & Bildungsplan, 2016). Zum anderen ist die Behandlung der Kegelschnitte mit einem erheblichen algebraischen und konstruktiven Aufwand verbunden. Das Buch von Lietzmann über Kegelschnitte umfasst z. B. 170 Seiten, das von Schupp 222 Seiten, das von v. Hanxleden & Hentze 268 Seiten. Ohne zu diskutieren, ob das in dem Umfang jemals so unterrichtet worden ist, ist klar, dass das unter heutigen Bedingungen sicher völlig irreal ist.

Heute haben wir aber mit dynamischer Raumgeometrie-Software wie GeoGebra 3D ein neues Werkzeug, das der ursprünglichen Vorstellung von Schnitten durch einen Kegel gerecht wird und mit geeigneten Lernumgebungen viel von der algebraischen und konstruktiven Komplexität übernehmen und abnehmen kann, sodass man mit den Tools von GeoGebra 3D schon ab der Sekundarstufe I gangbare Wege zu den Kegelschnitten finden kann. Der Ansatz ist

- **genetisch**, weil er der Namensgebung folgt und mit dem ebenen Schnitt eines Kegels beginnt;
- **ganzheitlich**, weil er wo immer möglich eine für alle Kegelschnitte gemeinsame Sichtweise statt isolierter Behandlung verfolgt;
- **dynamisch**, weil er konsequent mit der dynamischen Raumgeometrie-Software Geogebra 3D als digitalem Werkzeug arbeitet und die Problemstellungen (meist mit Schiebereglern) systematisch variiert;
- **anschaulich**, „weil er an Stelle der Formeln vielmehr anschauliche Figuren bringt" (Hilbert & Cohn-Vossen, 1996).

Dabei wird auf folgende Ansätze fokussiert:

1. **stereometrisch:** Kegel-Schnitte und Dandelin-Kugeln,
2. **planimetrisch:** Abstände und Ortslinien,
3. **analytisch:** Gleichungen und parametrische Funktionen.

Schülerinnen und Schüler können damit in überschaubarer Zeit tragfähige Grundvorstellungen von Kegelschnitten entwickeln, die der standardmäßigen Behandlung entsprechen. Dass dabei längst nicht alle Facetten des Themas abgedeckt werden (affine Sicht, perspektive Sicht, projektive Sicht, Hauptachsentransformation, gruppentheoretische Sicht, Rotationsflächen/-körper, vgl. Lietzmann, 1949), ist klar, gegenüber einer völligen Nicht-Behandlung aber in Kauf zu nehmen.

Schupp hatte 2000 eine „sich anbahnende schulische Renaissance der Kegelschnitte" durch den Einsatz von Software (Dynamische Geometrie-SoftwareEuklid DynaGeo, Computeralgebra System Derive, Funktionenplotter und eigene Turbo-Pascal-Programme) vorhergesagt und sah eine „Regeometrisierung der Schulgeometrie". Diese Renaissance ist aber (noch?) nicht wie erhofft eingetreten. Schupp selbst hatte „eine möglichst intensive Verschränkung der vielfältigen Erzeugungs-, Untersuchungs- und Repräsentationsmethoden" angestrebt (Schupp, 2000). Dies kann heute mit Lernumgebungen der dynamischen Mathematik-Software GeoGebra überzeugend realisiert werden.

5.2   Modelle und Veranschaulichungen

Für die Kegelschnitte sind seit langem Modelle zur Veranschaulichung bekannt. Heutzutage sind das typischerweise Modelle aus Acryl, teils farbig und durchsichtig, ästhetisch sehr ansprechend (Abb. 5.1); frühere Modelle waren massiv aus Holz (Abb. 5.2) oder Gips (Abb. 5.3).

Alle Modelle haben bestimmte Fokussierungen und auch bestimmte kognitive Effekte. Bei Gips und Holz haben wir (sicher aufgrund der Materialbeschaffenheit) einen massiven Kegel und damit erhalten wir Flächen als Schnittobjekte. Mathematisch gesehen geht es aber um einen (Doppel-)Hohlkegel und die Schnittobjekte müssten dann Kurven sein. Die sind wiederum streng genommen von

Abb. 5.1 Kegelschnitt-Modell Acryl, Günter Herrmann Lehrmittel. Im Original farbig. (© Günter Herrmann Lehrmittel, mit freundlicher Genehmigung)

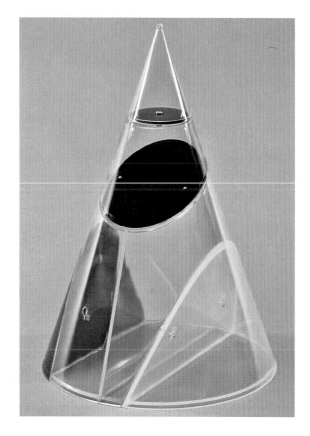

Abb. 5.2 Kegelschnitt-Modell Holz, Lehrmittelanstalt J. Ehrhard. Philipps-Universität Marburg. (© Ramona Trusheim, Lizenz Creative Commons Namensnennung 3.0 Deutschland)

Abb. 5.3 Kegelschnitt-Modell Gips, Fa. M. Schilling. Georg-August-Universität Göttingen. (Mit freundlicher Genehmigung von Prof. Halverscheid)

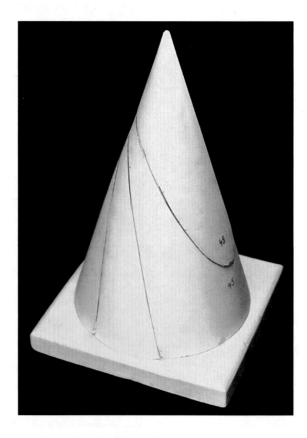

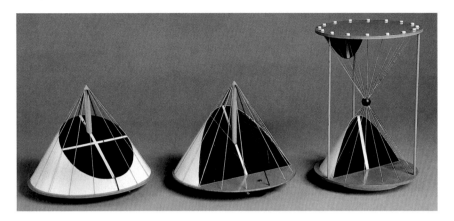

Abb. 5.4 Kegelschnitt-Modelle, TU Dresden. (© Lutz Liebert, mit freundlicher Genehmigung)

einer Breite null und können nur durch mehr oder weniger dicke, meist auch noch bunte Bänder visualisiert werden.

Im Modell der TU Dresden (Abb. 5.4) ist dagegen schon die Vorstellung eines Hohlkegels angelegt, weil die Schwarzfärbung der Schnittfläche die Idee eines hohlen Objekts fördert.

Diese dreidimensionalen Modelle haben einerseits den Vorteil, dass sie wirklich dreidimensional sind (GeoGebra 3D liefert ja nur die Projektion auf einem 2D-Bildschirm) und man sie tatsächlich in die Hand nehmen kann. Sie haben aber andererseits den didaktischen Nachteil, dass die ebenen Schnitte meist ziemlich willkürlich und nicht systematisch durchgeführt sind. Der Grund ist klar: Man möchte aus den einzelnen Teilen den Kegel ja wieder möglichst einfach zusammensetzen können.

Das Göttinger Gips-Modell hat zumindest schon einen systematischen Ansatz, die Schnittebenen zu variieren, der etwas limitiert wird durch die Materialeigenschaften von Gips, die eine auf null zulaufende Dicke nicht ermöglichen.

In Wikipedia finden wir eine Grafik (kein materialisiertes Realmodell), die dem mathematischen Ansatz sehr nahekommt (Abb. 5.5). Hier wird ein (Doppel-)Hohlkegel von Ebenen geschnitten und die Schnittobjekte sind Kurven. Leider ist auch hier das didaktische Problem, dass die Lage der Schnittebenen beliebig ist und nicht systematisch erzeugt wird.

In der englischen Ausgabe von Wikipedia findet man weiter eine Grafik, die einen systematischen Zugang zumindest ansatzweise betont (Abb. 5.6) und im Begleittext noch korrekt ausführt: „The black boundaries of the colored regions are conic sections. Not shown is the other half of the hyperbola, which is on the unshown other half of the double cone."

Mittels 3D-Druck kann man heutzutage auch problemlos selbst Anschauungsmodelle zu Kegelschnitten produzieren, die den ebenen Schnitt eines Hohlkegels zeigen (Abb. 5.7).

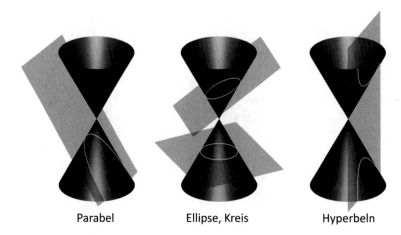

| Parabel | Ellipse, Kreis | Hyperbeln |

Abb. 5.5 Kegelschnitte. (Quelle: https://de.wikipedia.org/wiki/Kegelschnitt, Creative Commons CC BY 3.0)

Abb. 5.6 Kegelschnitte. Im Original farbig. (Quelle: https://en.wikipedia.org/wiki/Conic_section, Creative Commons CC BY-SA 3.0)

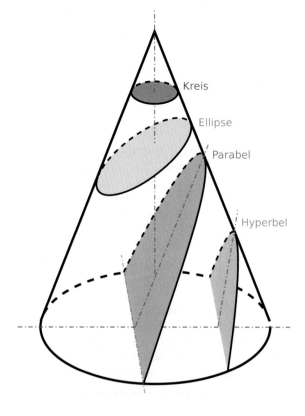

Abb. 5.7 Kegelschnitt-
Model, 3D-Druck Rudolf
Hrach

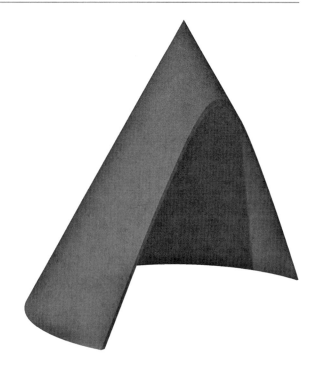

5.3   Kegel-Schnitte

Die systematische und dynamische Erzeugung von Kegel-Schnitten wurde
schon im vorigen Abschnitt beschrieben. Mit GeoGebra 3D bekommen wir
damit digitale Lernumgebungen, in denen Schülerinnen und Schüler wie auch
Studentinnen und Studenten die Kegelschnitte selbst untersuchen können. In
den dynamischen Lernumgebungen wird dabei als Black Box ausgenutzt, dass
GeoGebra in der Lage ist, die Kegelschnitte als Schnittmengen nach Ellipse, Parabel und Hyperbel zu klassifizieren. Die Beispiele werden hier mit GeoGebra 3D
ausgeführt (Elschenbroich, 2021), es gibt aber auch eine Behandlung der Kegelschnitte mit der Raumgeometrie-Software Cabri 3D (Schumann, 2004).

5.3.1   Definition Kegel und Kegelschnitt

Mit GeoGebra 3D ist es nun einfach, eine dynamische Visualisierung der ebenen
Schnitte eines hohlen Doppelkegels durchzuführen und die Veränderungen
systematisch zu organisieren. Zunächst wird ein hohler Doppelkegel erzeugt
(Abb. 5.8), durch die Angabe eines Punktes S (der „Spitze"), einer fixen Geraden
als Achse und einer rotierenden zweiten Geraden m, der Mantellinie, die mit
der Achse einen Winkel α bildet (Schupp, 2000). Der Neigungswinkel β ist

Abb. 5.8 Um eine Achse
rotierende Gerade

dann der Winkel zwischen der Schnittebene und der Kegelachse (Hanxleben &
Hentze, 1952). In den hier eingesetzten GeoGebra-Lernumgebungen ist immer
$S = (0, 0, 0)$ und die Achse des Kegels identisch mit der z-Achse des Koordinatensystems.

In Grafiken erscheint der Doppelkegel üblicherweise oben und unten
„abgeschnitten", sodass Kreise sichtbar sind. In GeoGebra 3D erreicht man das
dadurch, dass man in den Grafik-Einstellungen das Clipping aktiviert. Dies ist
einerseits ein gewisser Bruch mit der Vorstellung der Unendlichkeit, dient aber
andererseits der Anschaulichkeit. Schaltet man nämlich das Clipping aus, gibt es
einen Schleier der Unendlichkeit und alles wird schwerer vorstellbar.

Dann wird ein dynamischer Punkt E auf die Kegelfläche gelegt. Die Schnittebene e verläuft durch E und schneidet die Achse im Winkel β. Jetzt kann die
Ebene e mit einem Schieberegler für β in den Grenzen von 90° bis 0° systematisch
variiert werden und wir erhalten dabei die typischen Kegelschnitte Ellipse und
Kreis, Parabel und Hyperbel, die man auch „eigentliche" Kegelschnitte nennt.

Da der Punkt E auf der Kegelfläche gezogen werden kann, können damit alle
möglichen Kegelschnitte dynamisch erzeugt werden. Die „uneigentlichen" Fälle,
in denen die Schnittebene durch die Spitze S verläuft, werden hier nicht weiter
untersucht.

5.3.2 Kreis und Ellipse, Parabel, Hyperbel

Bei gegebenen α und E ist dann der Winkel β die entscheidende Größe für eine systematische Variation (Hilbert & Cohn-Vossen, 1996). Als Erstes findet man den Sonderfall des Kreises für $\beta = 90°$ (Abb. 5.9).

Verkleinert man β etwas (so dass $\beta > \alpha$ ist), so erhält man eine Ellipse (Abb. 5.10). Die Schnittfigur ist eine geschlossene Linie. In der digitalen Modellierung kann es natürlich auch auftreten, dass die eigentlich geschlossene Ellipse in der Bildschirmansicht nicht mehr ganz sichtbar ist, wenn sie zu groß werden sollte. Dem kann man dann durch eine Verkleinerung der Ansicht in GeoGebra entgegenwirken, grundsätzlich bleibt aber das Problem, dass auf dem Bildschirm nur ein endlicher Ausschnitt des unendlichen Kegels sichtbar ist.

Wird dann $\beta = \alpha$, so erhält man eine Parabel (Abb. 5.11), die Schnittfigur ist nicht mehr geschlossen, sie hat einen Ast.

Für $\beta < \alpha$ erhält man schließlich eine Hyperbel (Abb. 5.12). Die Schnittfigur ist nicht mehr geschlossen und sie hat einen zweiten Ast, weil dabei auch der obere Teil des Doppelkegels geschnitten wird. Für $\beta = 0°$ schneidet die Ebene e die Achse nicht mehr, sondern verläuft parallel zu ihr.

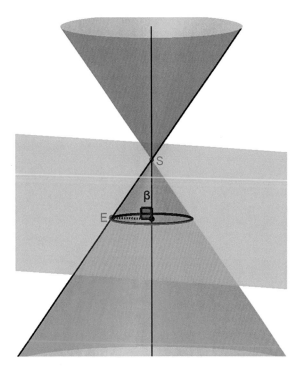

Abb. 5.9 Kegelschnitt Kreis, $\beta = 90°$

Abb. 5.10 Kegelschnitt Ellipse, β = 60 > α

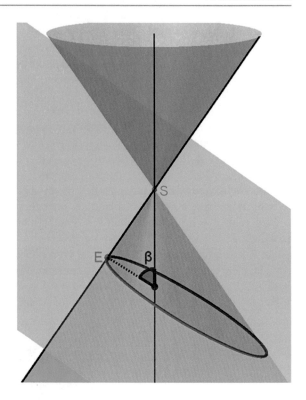

Abb. 5.11 Kegelschnitt Parabel, β = 35° = α

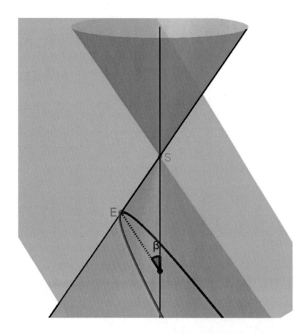

Abb. 5.12 Kegelschnitt
Hyperbel, $\beta = 10° < \alpha$

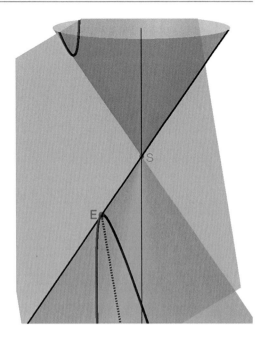

5.3.3 Wahre Größe

Kegelschnitte sind konstruktionsbedingt ebene Gebilde. In der 3D-Ansicht erscheinen sie aber meist verzerrt. Sie unverzerrt in ihrer „wahren Größe" darzustellen, ist eine wichtige Aufgabe, die üblicherweise konstruktiv mit einem auf Dürer zurückgehenden aufwändigen Grundriss-Aufriss-Verfahren aus der darstellenden Geometrie gelöst wurde (Abb. 5.13; Lietzmann, 1949).

Dass dieses Verfahren nicht ganz einfach durchzuführen ist, sieht man auch an der Originalzeichnung von Dürer, der irrtümlicherweise zu einer Eilinie (im Original „ein eyerlini") statt zu einer Ellipse kommt (Dürer, 1525).

Schupp erwähnt ein auf Archimedes zurückgehendes „Kipp-Verfahren" (Schupp, 2000). Ein solches Verfahren ist auch in der „Géométrie descriptive" von Monge (1795) zu finden, was dann zwar in das Technische Zeichnen Eingang fand, aber nicht in den Geometrie-Unterricht allgemeinbildender Schulen, weil es mit klassischen Werkzeugen zu aufwändig durchzuführen war.

Mit den mächtigen Tools moderner dynamischer Raumgeometrie-Software und dem zweiten Grafik-Fenster lässt sich dies jedoch einfach und elegant durchführen (Abb. 5.14). Die Schnittebene e mit dem Kegelschnitt wird um die Schnittgerade von e mit der xy-Ebene gedreht (anschaulich: gekippt). Dadurch wird der gekippte Kegelschnitt dann auch im 2D-Fenster von GeoGebra sichtbar.

Wie der Kegelschnitt dann in der zweidimensionalen xy-Ebene abgebildet wird, hängt von der Lage von E auf dem Kegel ab. Dass er speziell in dieser Abbildung

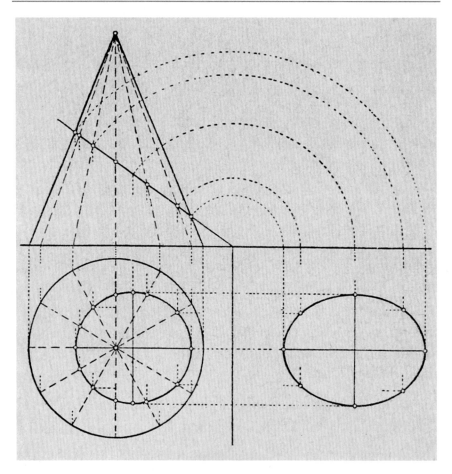

Abb. 5.13 Grundriss-Aufriss-Verfahren nach Dürer. (© W. Lietzmann, Dümmler Verlag, 1949)

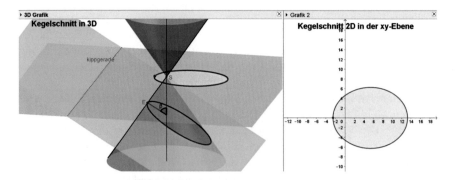

Abb. 5.14 Kipp-Verfahren nach Archimedes

symmetrisch zur x-Achse liegt, hat seinen Grund darin, dass die y-Koordinate von E gleich 0 ist. In anderen Fällen liegt er „schräg" im Koordinatensystem, was dann zur Hauptachsentransformation führt.

5.3.4 Dandelin-Kugeln, Brennpunkte und Leitlinien

Kegelschnitte sind schon von Apollonius von Perge (ca. 262 bis ca. 160 v. Chr.) in seinem Werk Konica untersucht worden. Der belgische Ingenieur G. P. Dandelin (1794–1847) führte dann bei der stereometrischen Betrachtungsweise die nach ihm benannten Dandelin-Kugeln ein:

- Bei einer Ellipse gibt es zwei Kugeln, die den Hohlkegel und die Schnittebene berühren.
- Bei einer Parabel gibt es eine solche Kugel.
- Bei einer Hyperbel gibt es wieder zwei Kugeln, die aber in unterschiedlichen Teilen des Doppelkegels liegen.

Warum es bei der Parabel nur eine Dandelin-Kugel gibt, wird im dynamischen GeoGebra-Modell einsichtig. Je näher β durch Verändern des Schiebereglers an α kommt, desto weiter „rutscht" die zweite Kugel „nach unten". Liegt die Schnittebene schließlich parallel zur Mantellinie, gibt es als Grenzfall keine zweite Kugel. Wird dann β kleiner als α, so „wandert" die zweite Kugel in den oberen Halbkegel und „rutscht dann von oben" allmählich wieder in den sichtbaren Bereich.

Zu den Dandelin-Kugeln gibt es auch wieder Anschauungsmodelle, in der Regel für Ellipsen ausgeführt. Ein modernes Modell aus Acryl findet sich in der Modellsammlung der TU Darmstadt (Abb. 5.15). Optisch ist es sehr ansprechend, aber es erklärt nichts.

Anders das historische Modell der Fa. Stoll aus der Sammlung der Sächsischen Landesbibliothek – Staats- und Universitätsbibliothek (SLUB) Dresden (Abb. 5.16). Hier findet man die Berührebenen, die Brennpunkte und Leitlinien.

Damit erschließt sich der Zusammenhang zwischen stereometrischer Sicht und planimetrischer Sicht. Es gibt einerseits Berührpunkte von Kugeln und Schnittebene, dies sind die **Brennpunkte** der Ellipse. Des Weiteren berührt eine Dandelin-Kugel den Kegel in einer Kreislinie, dem Berührkreis. Die Ebene durch diesen Kreis ist die Berührebene. Die Schnittgerade dieser Berührebene mit der Schnittebene nennt man **Leitlinie** oder Leitgerade des Kegelschnitts (Lietzmann, 1949).

Dies lässt sich für die Parabel und die Hyperbel analog formulieren. So stellen die Dandelin-Kugeln eine Verbindung zwischen Kegelschnitten im Raum und in der Ebene her. Es lassen sich damit typische Aussagen über Abstände herleiten. Im Rahmen der zu knapp zur Verfügung stehenden Zeit wurden aber diese Ergebnisse oft als Definitionen genutzt und Kegelschnitte nur planimetrisch behandelt, was aber zwangsläufig zu Lasten des ganzheitlichen Verständnisses geht.

Abb. 5.15 Elliptischer
Kegelschnitt mit Dandelin-
Kugeln, TU Darmstadt.
Im Original farbig. (©
Fachbereich Mathematik
der TU Darmstadt, mit
freundlicher Genehmigung)

Abb. 5.16 Elliptischer
Kegelschnitt mit Dandelin-
Kugeln, TU Dresden. (©
Lutz Liebert, mit freundlicher
Genehmigung)

Auch lohnt es sich, darauf einzugehen, warum der Brennpunkt denn BRENNpunkt heißt. Bei der Parabel findet man, dass zur Achse parallel einfallende Lichtstrahlen so reflektiert werden, dass sie alle durch einen gemeinsamen Punkt auf der Achse verlaufen, eben dem Brennpunkt. Umgekehrt würden dann von diesem Punkt ausgesandte Strahlen so reflektiert, dass sie parallel zur Achse aus der Parabel hinaus gesandt werden.

Und bei einer Ellipse würden Strahlen, die von einem Brennpunkt ausgesandt werden, so reflektiert, dass sie durch den anderen Brennpunkt laufen.

5.3.5 Bemerkungen zu Kreis und Kegel in Sekundarstufe I und II

In der Sekundarstufe I wird ein Kegel raumgeometrisch als massiver Körper mit einer kreisrunden Grundfläche und einer Höhe verstanden und er hat ein Volumen. Schneidet man ihn mit einer Ebene, so entsteht eine Fläche, z. B. eine Ellipse oder im Sonderfall ein Kreis (oder ein Parabel- oder ein Hyperbelsegment).

Dazu passt, dass Kreise und Ellipsen in der Elementargeometrie oft als Flächen verstanden werden, die einen Flächeninhalt haben (Dutkowski, 2022). Die algebraische Kreisgleichung wird in der Sekundarstufe I nur selten angesprochen und noch seltener klargestellt, dass durch eine solche Gleichung eigentlich nur die Randlinie definiert wird. Auch bei den Ortslinien-Konstruktionen ist offensichtlich, dass es sich um Linien und nicht um Flächen handelt.

Die Parabeln und Hyperbeln werden in der Sekundarstufe I in der Regel als Graphen von entsprechenden Funktionen verstanden (was auch eine eingeschränkte Sicht ist) und sind damit „natürlich" Linien und keine Flächen. Hier ist ein Bruch in der Sichtweise von Kreisen und Ellipsen gegenüber Parabeln und Hyperbeln, der gestaltpsychologisch darin begründet sein könnte, dass Kreise und Ellipsen als geschlossene Linien einen Flächeneindruck vermitteln und die umschlossene Fläche einen endlichen Inhalt besitzt.

Bei der Theorie der Kegelschnitte wird dagegen (eher in der Sekundarstufe II) ein Kegel als unendlicher Doppelkegel verstanden, der durch Rotation einer Geraden (Mantellinie) um eine andere Gerade (Achse) entstanden ist, wobei diese Geraden einen gemeinsamen Punkt S haben. Dieser Doppelkegel ist dann eine Fläche (eine sogenannte Regelfläche) und mit seiner Mantelfläche identisch. Anschaulich könnte man ihn auch als einen Hohlkörper deuten, mathematisch gesehen mit der Wanddicke null, in den materialisierten Anschauungsmodellen natürlich mit einer gewissen Wanddicke, die eine Stabilität sichert. Wird ein solcher Kegel von einer Ebene geschnitten, so erhalten wir Kurven als Schnittgebilde (sofern die Ebene nicht durch S verläuft).

Diese Kurven heißen Kegelschnitte (präziser: eigentliche Kegelschnitte) und werden im Folgenden weiter untersucht. Kreis und Ellipse werden hier also wie Parabel und Hyperbel auch als Kurven verstanden. Das heißt, die aus der Sekundarstufe I bekannte Aufgabe der Flächenberechnung von Kreis und Ellipse ist hier mit Blick auf Gleichungen und Kurven eine Aufgabe der Integralrechnung. Oder noch anders gesehen, untersuchen wir bei den Flächen dann Ungleichungen statt Gleichungen.

5.4   Abstandseigenschaften

Die Abstandseigenschaften werden hier nicht klassisch aus den Dandelin-Kugeln hergeleitet (siehe z. B. Schupp, 2000), sondern können weitgehend kalkülfrei von Schülerinnen und Schülern in entsprechend vorbereiteten dynamischen Lernumgebungen entdeckt werden.

5.4.1   Ellipse und Hyperbel

Ein Punkt P auf einer Ellipse (bzw. Hyperbel) habe zum Brennpunkt F_1 den Abstand d_1 und zum Brennpunkt F_2 den Abstand d_2 (Abb. 5.17). Der „Arbeitsauftrag" lautet: Ziehen Sie an P und beobachten Sie Summe, Differenz, Produkt und Quotient von d_1 und d_2.

Bei einer Ellipse kann man so entdecken, dass beim Ziehen an P die Abstandssumme von $d_1 + d_2$ konstant bleibt und bei einer Hyperbel die Abstandsdifferenz $d_1 - d_2$.

5.4.2   Parabel

Da es bei einer Parabel keine zwei Brennpunkte gibt, können wir hier nicht so vorgehen. Stattdessen wird der Abstand von P zum Brennpunkt und zur Leitlinie untersucht und man stellt fest, dass in diesem Fall die beiden Abstände immer gleich sind.

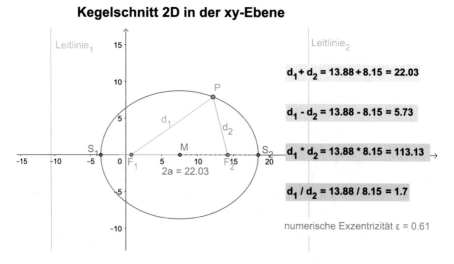

Abb. 5.17 Abstandseigenschaft von Ellipsen, $\alpha = 35°$ und $\beta = 60°$

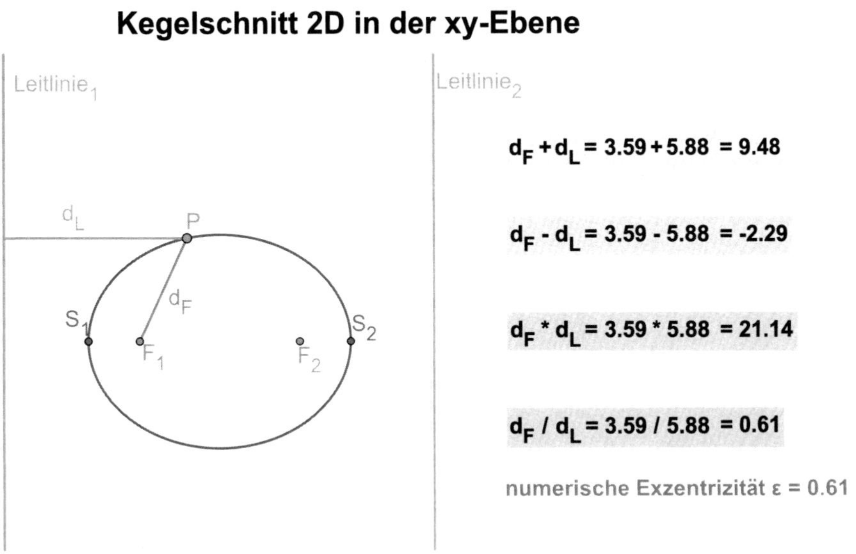
Kegelschnitt 2D in der xy-Ebene
Leitlinie1
Leitlinie2
dF + dL = 3.59 + 5.88 = 9.48
dF - dL = 3.59 - 5.88 = -2.29
dF * dL = 3.59 * 5.88 = 21.14
dF / dL = 3.59 / 5.88 = 0.61
numerische Exzentrizität ε = 0.61
dL
P
dF
S1
S2
F1
F2

Abb. 5.18 Allgemeine Abstandseigenschaft $\alpha = 35°$ und $\beta = 55°$

5.4.3 Allgemeine Abstandseigenschaft

Der Ansatz bei der Parabel ermöglicht eine Verallgemeinerung. Wenn man nun den Abstand von P zu einem Brennpunkt und zur zugehörigen Leitlinie untersucht (was so für alle drei Kegelschnitt-Typen möglich ist), so stellt man fest, dass das Abstandsverhältnis konstant (Abb. 5.18) und gleich dem Wert der numerischen Exzentrizität ε ist. Für die Parabel ist $\varepsilon = 1$, für die Ellipse $\varepsilon < 1$ und für die Hyperbel $\varepsilon > 1$ (Hilbert & Cohn-Vossen, 1996).

5.5 Ortslinien

Aus den Abstandseigenschaften ergeben sich auch unmittelbar Ortslinien-Konstruktionen. In allen Fällen ist typisch, dass wir hier eine zweiteilige Ortslinie erhalten, ein Ast wird von P erzeugt und der andere vom symmetrischen Punkt P_2.

Darüber hinaus gibt es noch diverse andere Ortslinien-Konstruktionen, die hier aber nicht weiter verfolgt werden.

5.5.1 Ellipse und Hyperbel

Bei der Konstruktion für die Ellipse (und Hyperbel ganz analog) wird nicht mehr wie in Abschn. 1.4 an P gezogen, sondern am Schieberegler d und der Punkt P bzw. symmetrisch P_2 wird damit konstruiert (Abb. 5.19).

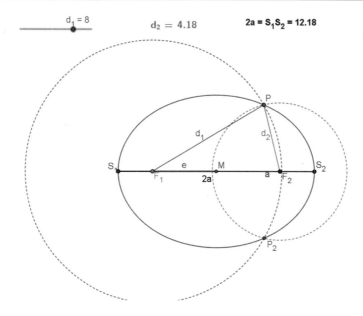

Abb. 5.19 Ortslinien-Konstruktion Ellipse

5.5.2 Parabel

Für die Parabel gibt es eine klassische Konstruktion eines Parabelpunktes als
Schnittpunkt eines Kreises um den Brennpunkt F mit dem Radius d und einer
Parallelen zur Leitlinie im Abstand d (Abb. 5.20), hier mit der x-Achse als
Symmetrieachse.

   Es sei noch angemerkt, dass aus diesen Ortslinienkonstruktionen auch entsprechende mechanische Zeichengeräte (Parabel-, Ellipsen- und Hyperbelzirkel)
hergeleitet werden können.

5.5.3 Allgemeine Ortslinien-Konstruktion

Mit einem zusätzlichen Schieberegler für die numerische Exzentrizität ε lässt sich
die Parabel-Konstruktion für alle Kegelschnitte verallgemeinern, der Kreisradius
ist dann $\varepsilon \cdot d$ (Abb. 5.21).

   Für andere Ortslinien-Konstruktionen mittels Leitkreisen siehe auch Lietzmann
(1949) und für Fadenkonstruktionen siehe Haftendorn (2017).

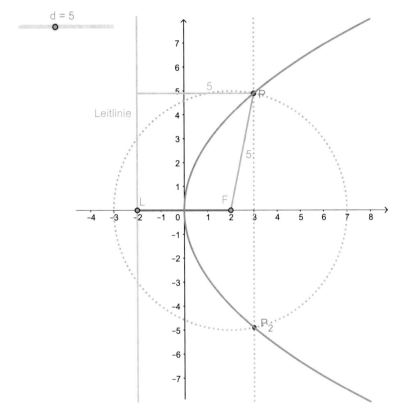

Abb. 5.20 Ortslinien-Konstruktion Parabel

5.6   Implizite Gleichungen

Aus den Abstandseigenschaften können auch implizite Gleichungen hergeleitet werden (Schupp, 2000). Hier können sie aber weitgehend kalkülfrei von
Schülerinnen und Schülern in entsprechend vorbereiteten dynamischen Lernumgebungen entdeckt bzw. verifiziert werden.

Jetzt wird die Einführung eines kartesischen Koordinatensystems erforderlich. Der „Mittelpunkt" einer Ellipse bzw. Hyperbel liegt dann im Ursprung des
Koordinatensystems, daher auch der Name Mittelpunktgleichung. Für die Parabel gibt es naheliegenderweise keine Mittelpunktform, hier gibt es analog zu
Abschn. 5.4.2 und 5.5.2 eine Scheitelpunktform.

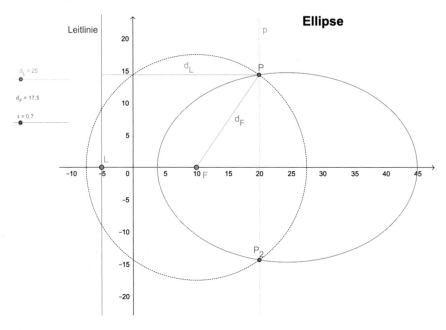

Abb. 5.21 Allgemeine Ortslinien-Konstruktion

5.6.1 Mittelpunktgleichung Ellipse

Eine Ellipse ist durch die Gleichung $\frac{x^2}{a^2} + \frac{y^2}{b^2} = 1$ beschrieben. a und b sind dabei die Halbachsen der Ellipse, die Abstände der Scheitelpunkte vom Ursprung des Koordinatensystems (Abb. 5.22).

5.6.2 Mittelpunktgleichung Hyperbel

Eine Hyperbel ist durch die Gleichung $\frac{x^2}{a^2} - \frac{y^2}{b^2} = 1$ beschrieben. a ist wieder der Abstand der Scheitelpunkte vom Ursprung des Koordinatensystems. b ist etwas schwieriger zu verstehen und zu finden, dazu braucht man die Asymptoten der Hyperbel. b erhalten wir, wenn wir im Scheitelpunkt die Senkrechte zur x-Achse errichten und mit der Asymptote schneiden (Abb. 5.23).

5.6.3 Scheitelgleichung Parabel

Durch die Gleichung $y^2 = 2px$ wird eine Parabel beschrieben, hier liegt der Scheitelpunkt im Ursprung des Koordinatensystems (Abb. 5.24). Dabei ist p der

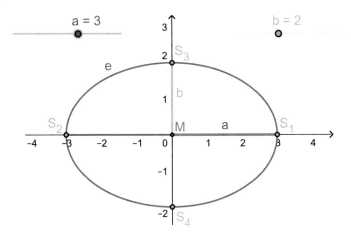

Abb. 5.22 Mittelpunktgleichung der Ellipse

y-Wert der Parabel im Brennpunkt, der Wert $2p$ wird dann auch als Sperrung der Parabel bezeichnet.

5.6.4 Allgemeine Scheitelgleichung

Wie in den vorherigen Abschnitten kann jetzt die Scheitelgleichung der Parabel mithilfe der numerischen Exzentrizität ε in einem Korrektursummanden verallgemeinert werden (Abb. 5.25). Die Gleichung lautet hier $y^2 = 2px + (\varepsilon^2 - 1)x^2$ (Haftendorn, 2017).

Wir haben hier die „Metamorphose der Kegelschnitte", die bei festgehaltenem Parameter p einzig durch kontinuierliche und systematische Veränderung der numerischen Exzentrizität ε herbeigeführt wird.

Zur besseren visuellen „Lesbarkeit" der Abbildung ist hier der „innere" Bereich der Parabel gefüllt, hier findet man alle Ellipsen in Scheitelpunktform. Im „äußeren" Bereich der Parabel findet man alle Hyperbeln in Scheitelpunktform. Die dargestellte Parabel ist dann die „Grenze" und minimale Änderungen führen von der Parabel entweder zur Ellipse oder zur Hyperbel.

5.6.5 Historischer Exkurs: Sperrungsrechteck

Ein Koordinatensystem, in dem gerechnet werden konnte, war in der Antike nicht bekannt. Es gab andere Ansätze bei Apollonius, es wurden nämlich Flächen verglichen. Im Brennpunkt wurde das Ordinatenquadrat des Kegelschnitts konstruiert und mit dem sogenannten Sperrungsrechteck der Parabel, das die Größe p^2 hatte, verglichen (Haftendorn, 2017; Abb. 5.26).

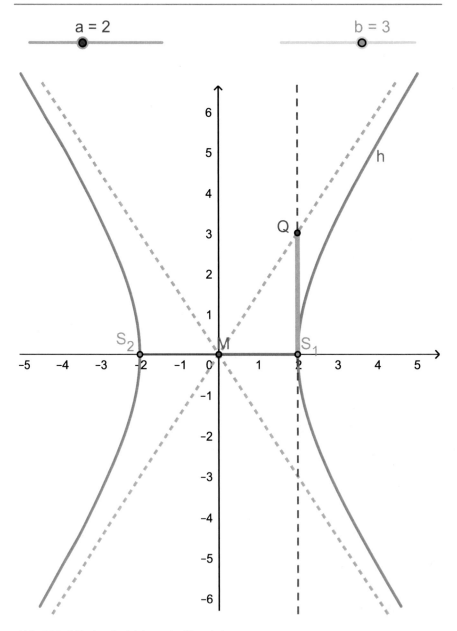

Abb. 5.23 Mittelpunktgleichung der Hyperbel

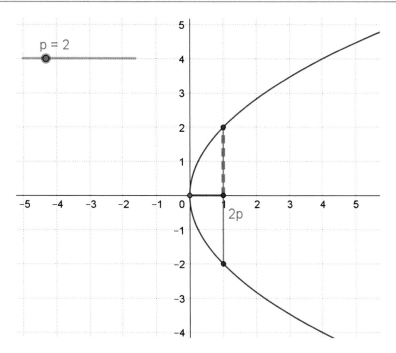

Abb. 5.24 Scheitelgleichung der Parabel

Daraus ergaben sich dann auch historisch die Bezeichnungen der Kegelschnitte (Haftendorn, 2017):

- Bei der Parabel ist das Ordinatenquadrat genauso groß wie das Sperrungsrechteck (παραβαλλειν – paraballein, gleichkommen).
- Bei der Ellipse ist das Ordinatenquadrat kleiner als das Sperrungsrechteck (ελλειπειν - elleipein, ermangeln).
- Bei der Hyperbel ist das Ordinatenquadrat größer als das Sperrungsrechteck (ὑπερβάλλειν - hyperballein, übertreffen).

5.7   Parametrische Kurven

Neben den impliziten Gleichungen aus Abschn. 5.6 gibt es noch einen anderen analytischen Ansatz für die Kegelschnitte im Koordinatensystem, nämlich mit Parametrisierungen. Für Ellipse und Hyperbel finden wir zunächst einfach Parametrisierungen mittels trigonometrischer Funktionen. Man sieht in den

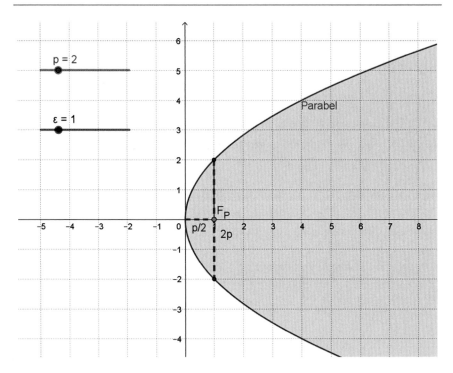

Abb. 5.25 Allgemeine Scheitelpunktform

entsprechenden GeoGebra-Lernumgebungen, dass durch die Parametrisierung die
gleiche Kurve beschrieben wird wie durch die impliziten Gleichungen.

Ein Kreis ist durch $(r \cos(t), r \sin(t))$ beschrieben, eine Ellipse allgemeiner
durch $(a \cos(t), b \sin(t))$.

Eine Hyperbel wird durch $(a \cosh(t), b \sinh(t))$ beschrieben.

Eine Parabel wird durch die Parametrisierung $(\frac{2p}{t^2}, \frac{2p}{t})$ beschrieben (es sind
auch andere Parametrisierungen möglich). Auch hier sieht man, dass dadurch die
gleiche Kurve beschrieben wird wie in Abschn. 5.6.3.

Die Parametrisierung der Parabel kann nun wieder unter Zuhilfenahme der
numerischen Exzentrizität in einem Korrekturfaktor für beliebige Kegelschnitte
verallgemeinert werden: $(\frac{2p}{t^2-\varepsilon^2+1}, \frac{2pt}{t^2-\varepsilon^2+1})$.

Zur Herleitung kann man das CAS von GeoGebra nutzen, mit dem man auch
Gleichungssysteme lösen kann (Abb. 5.27). Eigentlich brauchen wir nur die Zeile
3. Zeile 1 und 2 dienen hier nur der besseren Lesbarkeit.

Der Einsatz von CAS als Black Box ermöglicht es auch in der Schule, diese
Parametrisierung zu erhalten.

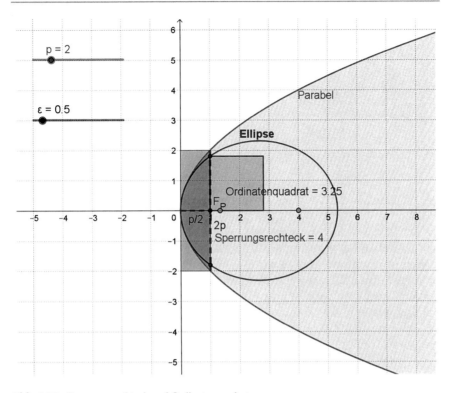

Abb. 5.26 Sperrungsrechteck und Ordinatenquadrat

1	$y^2=2*p*x+(\varepsilon^2-1)*x^2$ $\rightarrow\ y^2 = \varepsilon^2\,x^2 - x^2 + 2\,p\,x$
2	$y=t*x$ $\rightarrow\ y = t\,x$
3	$\text{Löse}(\{(y^2 = \varepsilon^2\,x^2 - x^2 + 2p\,x),(y = t\,x)\},\{x,y\})$ $\rightarrow\ \left\{\{x=0, y=0\},\left\{x = 2\cdot\dfrac{p}{t^2-\varepsilon^2+1}, y = 2\,p\,\dfrac{t}{t^2-\varepsilon^2+1}\right\}\right\}$

Abb. 5.27 Herleitung der Parametrisierung mit CAS

5.8 Zentralperspektive

Jeder Kegelschnitt entsteht auch als zentralperspektives Bild eines Kreises (Lietzmann, 1949). Dies wird hier nicht weiter vertieft, eine dynamische Visualisierung findet sich aber in Elschenbroich (2021).

5.9   Anwendungen

Es gibt zahlreiche und so wichtige Anwendungen der Kegelschnitte, dass man sich schon fragt, wie es sein kann, dass diese in Schule und Lehrerausbildung so vernachlässigt werden. Die Anwendungen stehen in diesem Beitrag nicht im Vordergrund und es werden deshalb nur einige exemplarisch erwähnt.

5.9.1   Parabeln

Die heute wohl bekannteste Anwendung ist vermutlich der Parabolspiegel in Form der Satellitenschüssel auf dem Dach. Die einfallenden Signale eines Fernsehsatelliten (Astra, Eutelsat) werden im Brennpunkt gesammelt, wenn die Achse auf den Satelliten ausgerichtet ist. Im Prinzip genauso funktionieren Spiegelteleskope und Radioteleskope, mit denen das Weltall erforscht wird.[1]

Nach dem gleichen Prinzip, nur mit Sonnenlicht, funktioniert auch der Solarkocher, mit dem auch traditionell das olympische Feuer entzündet wird.[2] Dies geht bis zum Solarofen, mit dem Metalle geschmolzen werden können, Wasser verdampft wird und Wasser in Wasserstoff und Sauerstoff zerlegt wird. Umgekehrt aber auch nach dem gleichen Prinzip haben alte Fahrradlampen oder Autolampen (vor der Leuchtdiode (LED)) Paraboloid-Form, das Glühlämpchen sitzt dann im Brennpunkt.[3]

Wasserfontänen von Springbrunnen und Flugbahnen von geworfenen Objekten (schiefer Wurf) sind parabelförmig.

Ebenso haben viele Brücken Parabelbögen, z. B. die Müngstener Brücke, weil damit Druck optimal ohne unerwünschte Seitenkräfte in die Fundamente weitergegeben wird.[4]

Beim schiefen Wurf durchläuft der Körper eine Parabel-Bahn (besonders bekannt: Wurftraining von Dirk Nowitzki[5]), auch haben entsprechende Springbrunnen parabelförmige Wasserfontänen.[6]

5.9.2   Ellipsen

Nierensteinzertrümmerer funktionieren nach dem Prinzip, dass bei einem elliptischen Spiegel in einem Brennpunkt einer Ellipse ein Stoßwellengenerator

---

[1] www.mpifr-bonn.mpg.de/mitteilungen/2020/3

[2] tirol.orf.at/v2/news/stories/2.513.603/.

[3] https://www.fahrzeug-elektrik.de/Egc.htm

[4] www.wuppertals-gruene-anlagen.de/an-der-wupper/bruckenpark-munsten/

[5] http://www.mathematik.tu-dortmund.de/ieem/bzmu2011/_BzMU11_2_Einzelbeitraege/BzMU11_HENNING_H_Nowitzki.pdf

[6] http://www1.beuth-hochschule.de/~schwenk/hobby/wurfparabel/springbrunnen-parabel.html

ist und im andern Brennpunkt der Patient passend positioniert wird.[7,8] Die Brennpunkt-Eigenschaft eines Ellipsenspiegels wird auch wunderschön in einem Video von Humbert Cole visualisiert.[9]

Die Planeten laufen auf leicht elliptischen Bahnen um die Sonne (mit nur kleinen Abweichungen von der Kreisbahn) – theoretisch exakt im Zweikörpermodell, in der Praxis gibt es auch da Abweichungen durch kleine „Massestörungen".[10] Bei den deutlich kleineren Kometen hängt es vom Startimpuls („Abschussgeschwindigkeit") ab, ob sie auf elliptischen Bahnen wiederkehrend verlaufen oder auf hyperbolischen Bahnen singuläre Erscheinungen bleiben.[11,12]

Die Reichstagskuppel in Berlin ist ein Ellipsoid und die Ausfahrt des Berliner Hauptbahnhofs ist ellipsenförmig.[13,14]

Ist die Decke eines Gewölbes von elliptischem Querschnitt, kann man trotz großer Entfernung Gespräche, die in einem Brennpunkt geführt wurden, im anderen Brennpunkt gut hören. Dies nennt man Flüstergewölbe.[15]

5.9.3 Hyperbeln

Ein berühmtes Beispiel für Hyperbeln in der Architektur ist die Kathedrale von Brasilia.[16]

Kühltürme von Kraftwerken haben auch meist die Gestalt eines Hyperboloids.[17]

Zur Navigation auf See verwendet man die LORAN-Navigation (long range navigation), die mit einem Leitsender und zwei Nebensendern arbeitet und die Position des Schiffes aus dem Schnitt zweier Hyperbeln ermittelt.

Umgekehrt proportionale Funktionen und damit Hyperbeln treten bei Kran-Auslegern auf.[18]

---

[7] aif.bit.uni-bonn.de/rhino/tourguide/html/disintegrator-d.html.

[8] http://mathcentral.uregina.ca/beyond/articles/Lithotripsy/lithotripsy1.html

[9] https://www.facebook.com/humbertcolemath/videos/386268106446777

[10] https://www.geogebra.org/m/czwbuphh#material/zgfx7x9f

[11] https://de.wikipedia.org/wiki/umlaufbahn

[12] https://lernarchiv.bildung.hessen.de/grundschule/internes/noll/ws0910/dinges/der_weltraum/material/Kometen.pdf

[13] https://www.geogebra.org/m/BEMzz2xc

[14] https://www.geogebra.org/m/SrtGhmv7

[15] https://de.wikipedia.org/wiki/Fl%C3%BCstergew%C3%B6lbe

[16] De.wikipedia.org/wiki/kathedrale_von_brasília.

[17] https://th.bing.com/th/id/OIP._TrYxgEBWtBH3PWLupv1IwHaIo?pid=ImgDet&w=1372&h=1600&rs=1

[18] https://www.geogebra.org/m/czwbuphh#material/tttrvcsj

5.9.4   Delisches Problem

Sicherlich keine Anwendung im heutigen Sinne, aber ein klassisches Problem aus der antiken Geometrie ist die delische Würfelverdopplung (zu einem Würfel einen doppelt so großen Würfel konstruieren). In der Antike konnte es mit den Werkzeugen skaleloses Lineal und Zirkel nicht gelöst werden (was erst viel später auch als unlösbar bewiesen wurde), wohl aber mit dem Schnitt von Kegelschnitten (was aber wiederum heute mit digitalen Werkzeugen auch gut veranschaulicht werden kann).[19]

5.10   Resümee

Hier wurde unter umfangreichem Einsatz von GeoGebra ein anschaulicher und genetischer Kursgang präsentiert, der die langwierigen und fehleranfälligen geometrischen und algebraischen Hürden im Umgang mit Kegelschnitten durch den konsequenten Einsatz dynamischer Lernumgebungen vermeidet bzw. umgeht und dazu die Möglichkeiten der mächtigen Tools von GeoGebra nutzt.

Dynamische Visualisierung und systematische Variation als wesentliche Prinzipien beim Einsatz digitaler Werkzeuge (Heintz et al., 2017) werden in den Beispielen und GeoGebra-Dateien durchgängig umgesetzt: Alle Beispiele gibt es in einem GeoGebra Book (Elschenbroich, 2021) in einer PC-Version mit Maus und in einer für iPads optimierten Version mit Touchpad.

Vielleicht erscheint da gelegentlich auch einmal etwas wie Zauberei, auf die man sich dann einlassen kann, die man aber auch aufklären kann. In einer Situation, wo dieses reichhaltige und wichtige Thema mittelfristig kaum ausreichend Platz in den Lehrplänen und Bildungsstandards finden wird, ist dies vorwiegend ein Angebot, Kegelschnitte schon ab der Sekundarstufe I in Projektwochen, Kursarbeiten und Referaten niedrigschwellig zugänglich zu machen und spiralig aufzubauen. Dies können wir hier mit digitalen Werkzeugen wie GeoGebra und dynamischen Lernumgebungen erreichen. In allen Abschnitten gelangen wir so zu einer ganzheitlichen Sicht! Der stereometrische Schnitt eines Doppelkegels mit einer Ebene ist der typisch genetische Zugang. Hier werden fundamentale Gedanken der Meraner Reform umgesetzt, nämlich das genetische *Prinzip der Anpassung* („den Lehrgang mehr als bisher dem natürlichen Gange der geistigen Entwicklung anzupassen") und „die Stärkung des *räumlichen Anschauungsvermögens*" (Gutzmer, 1908). Wir erhalten damit „eine gemeinsame Einführung aller Kegelschnitte" (Schupp, 2000) durch die Variation des Neigungswinkels der Schnittebene zur Kegelachse (Hanxleben & Hentze, 1952; Hilbert & Cohn-Vossen, 1996) und können so die Kegelschnitte „unter einem ganzheitlichen

---

[19] https://www.geogebra.org/m/czwbuphh#material/cwzjgakj

Aspekt betrachten" (Schupp, 2000). Dazu gewinnen wir aus dem Quotienten $\frac{\cos(\beta)}{\cos(\alpha)}$ die numerische Exzentrizität ε (Schupp, 2000).

Dieser Parameter ε wird sich auch für alle folgenden Betrachtungen plani-metrischer und analytischer Art als fundamental erweisen:

- Bei den Abstandsuntersuchungen stellt man fest, dass das Abstandsverhältnis konstant ist und gleich der numerischen Exzentrizität ε ist (Hilbert & Cohn-Vossen, 1996).
- In den Ortslinienkonstruktionen zeigt sich speziell, dass alle Kegelschnitte mit den Parametern d für den Abstand und der numerischen Exzentrizität ε erzeugt werden können.
- Bei den impliziten Gleichungen ist es ähnlich, hier geht es in der einheitlichen allgemeinen Scheitelpunktgleichung um den Sperrungsparameter p und die numerische Exzentrizität ε. Hier kommt auch zwingend ein Koordinatensystem ins Spiel und der/ein Scheitelpunkt liegt im Ursprung (natürlich könnten dann noch entsprechende Transformationen vorgenommen werden).
- Mit den Parametern t und ε erhalten wir schließlich eine einheitliche Para-metrisierung für alle Kegelschnitt-Fälle, die auch mit den impliziten Gleichungen verträglich ist. Auch hier liegt der/ein Scheitelpunkt immer im Ursprung des Koordinatensystems.

Somit ist es ganz im Sinne von Schupp gelungen, alle betrachteten Aspekte in einer einheitlichen, allgemeinen Form zu sehen.

Literatur

Dürer, A. (1525). *Underweysung der Messung, mit dem Zirckel und Richtscheyt, in Linien, Ebenen unnd gantzen corporen*. Digitale Fassung SLUB Dresden. https://digital.slub-dresden.de/werkansicht/dlf/17139/5.

Dutkowski, W. (2022). Kreis und Kegelschnitt. In *Digitales Lernen in Distanz und Präsenz. Tagungsband Herbsttagung des Arbeitskreises Mathematikunterricht und digitale Werkzeuge*. Zugegriffen: 25. Sept. 2021.

Elschenbroich, H.-J. (2021). Kegelschnitte dynamisch erkunden. GeoGebra Book. www.geogebra.org/m/mmpd8yeq .

Gutzmer, A. (1908). Bericht betreffend den Unterricht in der Mathematik an den neunklassigen höheren Lehranstalten. *Reformvorschläge von Meran. Nachdruck in: Der Mathematikunterricht 26(1980)(6)*, 53–62.

Haftendorn, D. (2017). *Kurven erkunden und verstehen*. Spektrum Akademischer Verlag.

von Hanxleben, E., & Hentze, R. (1952). *Lehrbuch der Mathematik für höhere Lehranstalten. Oberstufe: Geometrie*. Vierte Auflage. Friedr. Vieweg & Sohn, Braunschweig.

Heintz, G., Elschenbroich, H.-J, Laakmann, H., Langlotz, H. Rüsing, M., Schacht, R., Schmidt, R., & Tietz, C. (2017). *Werkzeugkompetenzen. Kompetent mit digitalen Werkzeugen Mathematik betreiben*. MNU & T3. Verlag Medienstatt.

Hilbert, D., & Cohn-Vossen, S. (1996). *Anschauliche Geometrie* (Zweite). Springer.

Kroll, W., & Vaupel, J. (1986). *Grund- und Leistungskurs Analysis. Lehr- und Arbeitsbuch*. Dümmler Verlag.

Lehrerinnenfortbildung Baden-Württemberg. (2016). Bildungsplan. www.lehrerfortbildung-bw. de/u_matnatech/imp/gym/bp2016/fb3/m03_geo/4_loesungen/.

Lietzmann, W. (1949). *Elementare Kegelschnittlehre*. Ferd. Dümmler's Verlag.

Monge, G. (1795). *Géométrie descriptive. Deutsche Ausgabe Monge. (1900): Darstellende Geometrie. Übersetzt von R. Haussner*. Verlag von Wilhelm Engelmann. https://abel.math. harvard.edu/~knill/history/darstellend/Monge.pdf.

Schumann, H. (2004). Behandlung der Kegelschnitte im virtuellen Raum mit Cabri 3D. www. mathe-schumann.de/veroeffentlichungen/dynamische_raumgeometrie_1/005.pdf.

Schupp, H. (2000). *Kegelschnitte. Überarbeitete Fassung der 1988 im B. I. Wissenschaftsverlag erschienenen 'Kegelschnitte'*. Franzbecker.

Weiss, Y. (2022). *Kegelschnitte – Nicht nur eine schöne Tradition?*. In diesem Band.

Die App Mathe-AR – Raumgeometrie mit Augmented Reality aktiv erleben

6

Frederik Dilling und Julian Sommer

Zusammenfassung

In dem Beitrag werden Potenziale und Herausforderungen der Augmented Reality Technologie für den Mathematikunterricht diskutiert. Hierzu wird zunächst ein Überblick über die technischen Grundlagen und erste Forschungsergebnisse aus dem Bildungsbereich gegeben. Anschließend erfolgt die Vorstellung einer von den Autoren für den Mathematikunterricht entwickelten AR-Anwendung. In einem Ausblick werden weitere Entwicklungspotenziale erörtert.

6.1 Einleitung

Bei Augmented Reality (AR) handelt es sich um eine Technologie, welche die virtuelle Erweiterung der Realität beispielsweise über die Kamera und den Bildschirm eines Smartphones ermöglicht. Die Technologie nimmt Einzug in immer mehr Bereiche unseres Alltags, darunter auch in den Bildungsbereich. In diesem Beitrag soll an verschiedenen Beispielen aufgezeigt werden, welche Möglichkeiten sich für die Vermittlung mathematischer Inhalte im Unterricht ergeben.

Der Fokus liegt dabei auf dem Inhaltsbereich Raumgeometrie, da dieser von der Darstellung dreidimensionaler Objekte lebt und deshalb besonders geeignet erscheint. So lassen sich mit herkömmlichen digitalen Simulationen

F. Dilling (✉) · J. Sommer
Universität Siegen, Siegen, Deutschland
E-Mail: Frederik.Dilling@uni-siegen.de

J. Sommer
E-Mail: julian.sommer@uni-siegen.de

dreidimensionaler Objekte auf dem Bildschirm eines Computers oder Tablets (z. B. Dynamische Raumgeometrie Software wie GeoGebra) nur verzerrte und verkürzte Darstellungen der Objekte erzeugen – dies bringt unserer Erfahrung nach zum Teil erhebliche Probleme in Bezug auf das räumliche Vorstellungsvermögen von Schülerinnen und Schülern mit sich, selbst wenn sich die Darstellungen im virtuellen Raum auf dem Bildschirm drehen oder verschieben lassen. Abhilfe können in diesem Zusammenhang dreidimensionale Realmodelle schaffen. Diese sind wiederum recht starr und laden daher weniger zu explorativen und experimentellen Zugängen ein. Mit der Augmented Reality Technologie werden Möglichkeiten geschaffen, gewisse Chancen beider Zugänge zu verknüpfen, da die virtuellen Objekte auf der einen Seite flexibel genug und dynamisch sind, um explorativ und experimentell arbeiten zu können, auf der anderen Seite aber durch ihre Einbindung in die Realität auch relativ intuitiv räumlich wahrgenommen werden können.

In Abschn. 6.2 dieses Beitrags wird zunächst ein Überblick über die technischen Grundlagen von Augmented Reality sowie Einsatzperspektiven im Bildungsbereich bzw. spezieller im Mathematikunterricht gegeben. Der Abschnitt orientiert sich wesentlich an einem Beitrag von Dilling, Jasche, Ludwig und Witzke (2022). In Abschn. 6.3 wird dann die von den Autoren dieses Beitrags entwickelte App 'Mathe AR' beschrieben. Bei der Anwendung handelt es sich um Work in Progress – das heißt, die Anwendung wird stetig weiterentwickelt und ist erst nach weiteren wissenschaftlich gestützten Überarbeitungen öffentlich zugänglich. Konkret werden vier Szenarien vorgestellt, welche die Themen geometrische Körper, Satz des Pythagoras in räumlichen Zusammenhängen, Kongruenzabbildungen und analytische Geometrie behandeln. Abschließend wird in Kap. 4 ein Fazit gezogen und es wird ein Ausblick auf weitere Entwicklungs- und Forschungsperspektiven gegeben.

6.2   Augmented Reality Technologie im Mathematikunterricht

Als Augmented Reality (AR) wird eine Technologie bezeichnet, die mit Hilfe digitaler Medien die durch ein Individuum wahrgenommenen Eindrücke der Realität erweitert, indem sie weitere (simulierte) Eindrücke hinzufügt. Dabei handelt es sich i. d. R. um visuelle Informationen (Azuma, 1997), wie z. B. das räumliche Einblenden von Erklärungsvideos zu einem Bild in einem Schulbuch auf einem Smartphone mithilfe einer Smartphonekamera – aber auch das Anzeigen einer Abseitslinie bei einer Wiederholung einer Fußballszene in der Sportschau kann je nach zugrunde liegender Definition bereits als Augmented Reality bezeichnet werden. AR ist jedoch nicht auf visuelle Darstellungen begrenzt, sondern kann auch taktile, haptische, auditive, olfaktorische oder gustatorische Reize umfassen. Da für die visuelle und auditive Wahrnehmung ausgereifte technologische Lösungen bereitstehen, verwenden die meisten AR-Anwendungsszenarien hauptsächlich diese Sinneskanäle.

AR ist eine vergleichsweise junge Technologie, die noch keine einheitliche Definition für Augmented Reality hervorgebracht hat (Speicher et al., 2019). Eine Definition, die bis heute vielfach verwendet wird, stammt von Ronald T. Azuma (1997) und stellt drei spezifische Charakteristika für Augmented Reality heraus:

1. Die Realität wird durch virtuelle Informationen erweitert, überlagert oder mit diesen kombiniert.
2. Die Interaktion des/der Nutzer*in mit dem System erfolgt in Echtzeit.
3. Es gibt einen dreidimensionalen Bezug zwischen den virtuellen und den realen Objekten.

6.2.1 Technische Grundlagen

Zur Nutzung von AR-Technologie stehen heute verschiedene Hardwaretypen zur Verfügung. Handheld-Devices, i. d. R. Smartphones und Tablets, sind dabei die am meisten verbreiteten. Das liegt daran, dass sie viele weitere Anwendungsszenarien für den Alltag der Nutzer*innen bieten und sie vergleichsweise günstig sind. Dabei ermöglichen sie gleichzeitig auch eine Multi-User-Nutzung, indem ihr Display durch mehrere Nutzer*innen betrachtet werden kann. Bei der Interaktion wird für den/die Nutzer*in jedoch in der Regel wenigstens eine Hand durch das Halten des Devices blockiert, mitunter auch beide.

AR-Brillen (auch Datenbrillen oder Smart Glasses) bieten potenziell eine sehr authentische visuelle Darstellung der AR-Inhalte, indem sie ihre Darstellung mit stereoskopischen Bildern dreidimensional realisieren können. Außerdem bleiben bei der Nutzung einer AR-Brille die Hände des/der Nutzer*in frei. In aktuellen Produkten findet man auch eingebaute Kameras, sodass durch Gesten mit den virtuellen Inhalten interagiert werden kann. Dabei kann jedoch nur der/die Träger*in der AR-Brille die entsprechenden Inhalte sehen. In der Gegenwart finden sie vor allem in handwerklich-technischen Bereichen großer Unternehmen Einsatz, z. B. um interaktive Modelle und Tutorials zu einer Maschine, an der entweder gearbeitet oder neues Wissen erworben werden soll, einzublenden. Trotz zurzeit noch verhältnismäßig sehr hoher Preise und weniger frei zugänglicher Softwareanwendungen für AR-Brillen sehen große Konzerne wie Meta (ehemals facebook) und Microsoft großes Potenzial in dieser Hardwaresparte.

Projektionsbasierte AR-Devices projizieren auf eine Oberfläche digitale Inhalte, welche dann von Nutzer*innen betrachtet werden können. Mit ihnen kann gewöhnlich mithilfe von Berührungssensoren oder durch die Registrierung von Gesten durch am Projektor installierte Kameras interagiert werden. Dabei stehen dem/der Nutzer*in beide Hände zur freien Verfügung und in der Regel können mehrere Nutzer*innen gleichzeitig mit dem System interagieren. Projektionsbasierte AR-Devices bringen den Nachteil mit sich, dass sie ohne weitere Hilfsmittel, wie z. B. Farbfilterbrillen, keine Dreidimensionalität realisieren können. Außerdem handelt es sich um nicht-mobile Systeme.

Damit die vorgestellten AR-Devicetypen AR-Inhalte darstellen können, benötigen sie zu ihnen passende Software. Diese lässt sich aktuell in App- und web-basierte AR-Anwendungen untergliedern. Beim App-basierten AR werden AR-fähige, i. d. R. auf die Hardware zugeschnittene Apps auf das Device übertragen und über ein Menü in der Nutzeroberfläche des Devices gestartet. Als Einsatzzwecke sind hier prinzipiell alle mit dem Device technisch möglichen Szenarien denkbar. Beim web-basierten AR („web based AR") benötigt das Device lediglich den Aufruf einer Internetseite in einem modernen installierten Browser, was die Anwendung für den/die Nutzer*in besonders komfortabel macht. Da jedoch bei web-based AR auf eine Kompatibilität mit möglichst vielen verschiedenen Devices geachtet wird, müssen App-Entwickler*innen deutlich größere Einschränkungen akzeptieren als bei App-basiertem AR.

Das Tracking, also das Nachhalten des Devices, in welchem Winkel und an welcher Position ein AR-Inhalt angezeigt werden soll, geschieht entweder markerlos oder markerbasiert. Beim markerlosen Tracking sucht ein Device i. d. R. mithilfe eines Kamerasensors und Bilderkennungsalgorithmen nach glatten Oberflächen, auf die ein AR-Inhalt projiziert wird – bei Handheld-Devices digital auf die Displayanzeige, bei AR-Brillen auf die Brillengläser oder digital auf das in diesen verbaute Display und bei projektionsbasierten AR-Devices (i. d. R. ohne Kamerasensor) auf die Projektionsfläche. Beim markerbasierten Tracking wird hingegen von Sensoren des Devices ein Signal eines dem Device bekannten Markers registriert, das dem Device Aufschluss über Distanz und Orientierungsdifferenz zum Device gibt. Dies ist gewöhnlich realisiert, indem das Gerät mittels eines Kamerasensors nach bestimmten Bildmustern sucht und die erwartete Größe (Ermittlung der Distanz) und Orientierung mit der im Device hinterlegten Information vergleicht. Möglich ist es aber auch, dass in Markern intelligente Sensoren eingesetzt werden, die direkte Information über Distanz und Orientierung des Markers an das Device senden – dies ermöglicht besonders präzises Tracking.

6.2.2   Abgrenzung zu Virtual Reality und verwandte Begriffe

Sowohl Virtual Reality (VR) als auch Augmented Reality lassen sich in das Reality-Virtuality-Kontinuum (Milgram et al., 1994) einordnen (Abb. 6.1). Hierbei zeichnet sich AR dadurch aus, dass einer realen Umgebung lediglich einige virtuelle Informationen hinzugefügt werden, während VR versucht, möglichst viele Sinneseindrücke des/der Nutzer*in mit digitalen Reizen zu erzeugen, sodass die Illusion einer virtuellen Umgebung entsteht. Dazu wird von dem/der Nutzer*in gewöhnlich ein Head-Mounted-Display („VR-Brille") genutzt, welches das gesamte Sichtfeld einnimmt und stereoskopisch dreidimensionale visuelle sowie auditive Reize erzeugt. Mit spezieller Zusatzhardware können häufig auch haptische und taktile Reize erzeugt werden. Während also AR und VR beide den dreidimensionalen Raum zur Darstellung nutzen, versucht AR die Realität zu

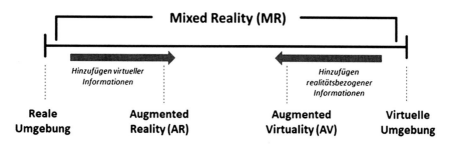

Abb. 6.1 Reality-Virtuality-Kontinuum nach Milgram et al. (1994)

erweitern, VR hingegen versucht sie zu ersetzen. Da VR eine vollständig virtuelle Umgebung erzeugt, kann prinzipiell, entsprechende Hardware und Technologie vorausgesetzt, alles Denkbare in VR realisiert oder aus der Realität simuliert werden. Die Anwendungsszenarien sind dabei vielfältig. Zwar findet VR seine Anwendung aktuell hauptsächlich im Entertainment-Sektor, es existiert jedoch auch eine stetig wachsende Anzahl von Apps im Schul- sowie Aus- und Weiterbildungsbereich (Radianti et al., 2020).

Der seltener auftretende Begriff Augmented Virtuality bezeichnet eine virtuelle Umgebung, der reale Informationen, z. B. die Position und Größe eines Sofas, hinzugefügt werden. So kann mit einem realen Objekt, das in der VR repräsentiert ist, interagiert werden, z. B. indem sich der/die Nutzer*in auf besagtes Sofa setzt.

6.2.3 Augmented Reality im Bildungsbereich

AR findet sich bereits seit über 10 Jahren in Lehr-Lern-Szenarien wieder. Das Interesse der Forschung nimmt dabei stetig zu: die jährliche Summe wissenschaftlicher Publikationen über den Einsatz von AR im Schulunterricht steigt in den letzten Jahren stetig (Garzón et al., 2019). Dabei werden als relevanteste Chancen von AR für den Schulunterricht hauptsächlich eine gesteigerte Motivation und ein potenzieller Lernzuwachs genannt. Studien von Radu (2012, 2014) und Di Serio et al. (2013) legen außerdem nahe, dass der Einsatz von AR-Szenarien zu mehr Freude beim Lernen und intensiverer Auseinandersetzung mit Lerninhalten führen kann. Die meisten Studien untersuchen dabei den Einsatz von AR-Anwendungen in der Primarstufe und den unteren Stufen der Sekundarstufe I. Die Anwendungen enthalten dabei nahezu immer spielerische Aspekte, die sich bei jungen Schüler*innen besonders positiv auf die Motivation auswirken können (Garzón et al., 2019).

Inhaltlich behandeln die AR-Anwendungen meist MINT-Themen. Es liegt hierbei die Vermutung nahe, dass Fachkräfte aus dem MINT-Bereich eher technikaffin sind und Apps für ihren Fachbereich entwickeln. Nach einer Medienvergleichsstudie von Ibáñez et al. (2014) eignet sich AR besonders zur Visualisierung abstrakter Themen. In der Studie sollte der Lernzuwachs Lernender über das

Verhalten elektromagnetischer Felder in einer Gruppe mithilfe einer nicht-AR-Webanwendung und in einer Gruppe mit Hilfe einer AR-App untersucht werden. Da die Gruppe, die AR-Technologie nutzte, im Post-Test besser abschnitt, folgerten Ibáñez et al., dass AR-Medien gegenüber herkömmlichen Medien bei der Vermittlung abstrakter Konzepte Vorteile haben können.

AR dient nach Kapoor und Naik (2020) aktuell eher als „Add-on" im Unterricht, um Themen interaktiv tiefgängiger zu erläutern. Anstatt Schüler*innen zum Selberlernen anzuregen oder klassische Lernmethoden zu ersetzen, wird AR also zum Ergänzen von Unterricht eingesetzt. So bietet z. B. der Cornelsen Verlag in seinen Schulbüchern AR-Marker an, die mit einer bereitgestellten App zum Einblenden digitaler Inhalte im Buch genutzt werden können.

Neben den erhofften Vorteilen bringt AR auch eine Reihe an Schwierigkeiten mit sich. Am naheliegendsten sind dabei technische Probleme, die vermutlich jede*r Nutzer*in von technischen Produkten aus der eigenen Erfahrung kennt. Außerdem ist wie bei allen Medien die (didaktisch) sinnvolle Gestaltung von Bedeutung, für AR insbesondere die Gestaltung der App und des Userinterfaces (Squire & Jan, 2007). Andere historische Quellen sollten in ihrer Gültigkeit für die Gegenwart hinterfragt werden. So merken Yu et al. (2010) an, dass die Hardware nicht auf Kinder und den Klassenzimmereinsatz ausgelegt ist. Jedoch ist Kindern heute im Gegensatz zum zeitlichen Kontext der Studie von Yu et al. i. d. R. der Umgang mit dem Smartphone vertraut und – wenn auch nicht ideal – eine mögliche Lösung, um AR nutzerfreundlich im Unterricht zu integrieren. Noch kritischer sind die Studien von Dünser (2005) und Lin et al. (2011) zu betrachten. In der Interventionsstudie von Dünser schnitten AR-unterrichtete Schüler*innen in einem Post-Test schlechter ab als solche, die ohne AR-App lernten. Jedoch darf infrage gestellt werden, ob sich die Eigenschaften von zum gegenwärtigen Zeitpunkt 16 Jahre alter Soft- und Hardware sowie der Schüler*innen dieser Zeit mit denen der jeweils adäquaten Substitute der Gegenwart vergleichen lassen. Lin et al. kritisieren, dass AR-Systeme auf Nutzer*innen kompliziert wirkten. Auch in diesem Bereich liegt die Vermutung nahe, dass wegen der in der Schülerschaft entwickelten Smartphone-Affinität und der Verbesserung der Usability von AR-Apps in den letzten 10 Jahren eine Verschiebung in Richtung Nutzerfreundlichkeit stattfand.

6.2.4 Augmented Reality im Mathematikunterricht

Der Einsatz von AR-Technologie im Mathematikunterricht ist heute keine Seltenheit mehr. So untersuchten Ahmad und Junaini (2020) in einem systematischen Literaturreview nach der Sichtung von 1570 zwischen 2015 und 2019 erschienenen Studien zu AR und Mathematikunterricht lediglich 19, die den von ihnen festgelegten Kriterien standhielten. Dabei stellten sie eine Reihe von Vorteilen beim Lernen mit AR-Apps heraus. Besonders im Bereich der Geometrie profitierten Schüler*innen durch die Bildung eines gesteigerten Selbstvertrauens im Umgang mit geometrischen Formen. Außerdem steigere er ihr Verständnis von geometrischen Formen (Gecu-Parmaksiz & Delialioglu, 2019). Auch die vielseitigen Möglichkeiten zur Visualisierung von 3D-Körpern seien dem Lernen hier zuträglich (Chen, 2019). Im Allgemeinen führe auch das interaktive Lernen mit dem Medium zu einem größeren Lernerfolg (Demitriadou et al., 2020). Letzteres deckt sich mit den Erkenntnissen von Markowitz et al. (2018), die aufgrund ihrer Ergebnisse zu VR-Lernprozessen das Interactive Information Processing Model aufstellten, nach dem eine stärkere Interaktion mit dem VR-Medium zu einer tieferen geistigen Verarbeitung führe. Die Studie von Markowitz et al. wurde nicht in der Meta-Studie von Ahmad und Junaini untersucht.

Während ca. ein Drittel der untersuchten Studien inhaltlich das Thema „Geometrie" behandelten, hat etwas mehr als ein Drittel das Thema des Lerninhalts nicht angegeben und sich das letzte Drittel auf die übrigen Inhaltsbereiche der Mathematik verteilt (hauptsächlich Stochastik, dann Algebra, dann analytische Geometrie). An dieser Stelle sei vor allem der AR-Modus der „Geogebra 3D"-App genannt, der markerlos arbeitet. Dort können auf eine glatte Oberfläche ein dreidimensionales Koordinatensystem samt 3D-Objekten projiziert werden und durch Bewegung in der Realität von allen Seiten perspektivisch korrekt betrachtet werden. Die Interaktion mit dem Medium funktioniert hauptsächlich über das Touch-Display des Handheld-Devices. Andere AR-Apps, wie z. B. Math VR, nutzen stattdessen markerbasiertes AR, zur Interaktion wird zum Teil jedoch auch das Touch-Display verwendet.

6.3   Die Anwendung „Mathe AR"

In diesem Abschnitt sollen verschiedene Szenarien der Augmented Reality Anwendung ‚Mathe AR' vorgestellt werden, welche von den Autoren dieses Beitrages zur Unterstützung von Lernprozessen im Geometrieunterricht für die Verwendung auf Smartphones oder Tablets entwickelt wird. Eine erste Version der App (das Szenario 4 zu analytischer Geometrie) wurde in Zusammenarbeit mit Thomas Ludwig und Florian Jasche erstellt, welche an der Universität Siegen zu cyber-physischen Systemen forschen (vgl. Dilling et al. 2022). Anschließend wurden systematisch weitere Anwendungsszenarien implementiert, die wesentliche Themen aus der Geometrie der Sekundarstufe I abdecken. Bei der vorgestellten App handelt es sich um Work in Progress – im Rahmen von Entwicklungsforschung wird die Anwendung auf der Basis wissenschaftlicher Evaluationen laufend verändert und erweitert. Anschließend soll sie öffentlich zugänglich gemacht werden, sodass sie von Mathematiklehrerinnen und -lehrern im Unterricht eingesetzt werden kann (Abb. 6.2).

Die App ‚Mathe AR' nutzt das oben bereits beschriebene markerbasierte Tracking-Verfahren. Hierzu stehen für alle Szenarien die gleichen Marker zur Verfügung und werden jeweils mit anderen mathematischen Inhalten in

Abb. 6.2 Mathe-AR-Logo

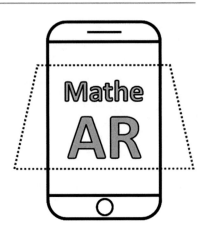

Verbindung gesetzt. Bei den Markern handelt es sich um zufallsgenerierte besonders kontrastreiche Muster[1], welche als quadratische Formen auf Papier gedruckt werden. Indem diese Muster in der Software hinterlegt sind und von dieser Verarbeitet werden können, ist eine maßstäbliche Verortung von virtuellen Objekten in Bezug auf die Marker möglich. Hierzu wurde das Software Development Kit *Vuforia* für die 3D-Spiel-Engine Unity verwendet. Eine Besonderheit von *Vuforia* liegt in der Möglichkeit, zeitgleich mehrere Marker zu erkennen und mit unterschiedlichen Funktionen zu belegen. Außerdem kann ein Marker auch erkannt werden, wenn einzelne Teile bedeckt sind (z. B. durch ein Körperteil oder einen anderen Marker). In Abb. 6.3 ist beispielhaft das markerbasierte Tracking zu sehen. Auf dem Tisch befindet sich ein großer Marker, der ein 3D-Koordinatensystem verortet. Der kleinere Marker in der Hand der verwendenden Person verortet eine Ebene, die dann in der App mit einer weiteren virtuell hinzugefügten Ebene in Verbindung gesetzt wird und eine Schnittgerade erzeugt. Bereits dieses kleine Szenario zeigt das Kernanliegen der Anwendung – anstatt lediglich die Visualisierungsmöglichkeiten von AR zu nutzen, sollen echte Handlungen über die Positionierung der AR-Marker zu Veränderungen in der App führen. Sowohl das Koordinatensystem als auch die Ebene passen sich bei Bewegung der Marker simultan an. Diese Handlungen leiten zu explorativen Herangehensweisen an und können zusätzlich durch Eingaben am Touchscreen erweitert werden.

Im Folgenden werden beispielhaft vier Anwendungsszenarien der App zu geometrischen Körpern, zum Satz des Pythagoras in räumlichen Zusammenhängen, zu Kongruenzabbildungen und zur analytischen Geometrie beschrieben.

---

[1] https://www.brosvision.com/ar-marker-generator/

Abb. 6.3 AR-Marker (oben rechts) erzeugt virtuelle Ebene auf einem Tablet (links). (Foto: Michael Bahr)

6.3.1   Szenario 1: Geometrische Körper

Das erste Szenario, welches hier vorgestellt werden soll, behandelt den Themenkomplex geometrische Körper. In diesem Zusammenhand ist es möglich, drei unterschiedliche Marker mit jeweils einem geometrischen Körper in Verbindung zu setzen. Hierbei stehen folgende Körper zur Auswahl:

- Quader mit Seitenlängen a, b und c
- Würfel mit Seitenlänge a
- Zylinder mit Durchmesser d und Höhe h
- Kegel mit Durchmesser d und Höhe h
- Kugel mit Durchmesser d
- Quadratische Pyramide mit Seitenlänge a und Höhe h
- Dreiecksprisma mit Seitenlänge a und Höhe h

Die einzelnen Marker können von den Schülerinnen und Schülern in die Hand genommen, gedreht und damit aus unterschiedlichen Perspektiven betrachtet werden (siehe Abb. 6.4, links). Je nach ausgewähltem Körper können zusätzlich die definierenden Parameter wie Seitenlängen, Durchmesser oder Höhen durch Schieberegler auf dem Touchscreen verändert werden. Der Körper passt sich simultan an die neuen Werte an, sodass der Einfluss der Parameter auf die Form der Körper experimentell untersucht werden kann.

Dadurch, dass man jeden Marker einzeln mit einem Körper verbinden kann (siehe Abb. 6.4, Mitte), lassen sich zum Beispiel die gleichen Körper mit unter-

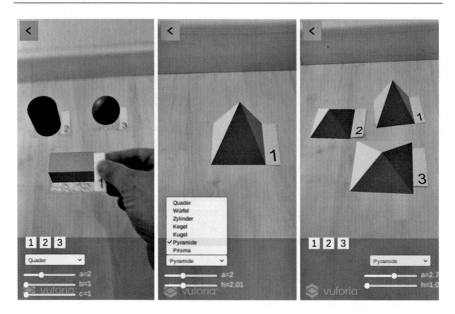

Abb. 6.4 Screenshots aus einem AR-Szenario zu geometrischen Körpern

schiedlichen Parametern vergleichen, wie es in Abb. 6.4 (rechts) für quadratische Pyramiden erfolgt. Alternativ könnte man auch verschiedene Körper mit gleichen Parametern vergleichen (z. B. Vergleichen der Volumina eines Würfels mit $a = 1$, einer Kugel mit $d = 1$ und eines Zylinders mit $d = h = 1$; Anpassen der Parameter eines Quaders, sodass ein Würfel entsteht).

Die Körper können beim Vergleichen nicht nur nebeneinander gehalten werden – da es sich nicht um physische, sondern virtuelle Objekte handelt, lassen sie sich auch direkt ineinander schieben. Dadurch kann man zum Beispiel direkt sehen, wieso ein Würfel mit Seitenlänge 1 ein größeres Volumen hat als ein Zylinder mit Durchmesser 1 und Höhe 1.

6.3.2 Szenario 2: Pythagoras im Raum

Ein weiteres Szenario der App ‚Mathe AR' befasst sich mit der Anwendung des Satzes des Pythagoras zur Bestimmung der Längen von Strecken im Raum. Hierzu befindet sich auf dem ersten Marker ein dreidimensionaler Körper – zur Auswahl steht eine Pyramide, ein Quader oder ein Kegel (siehe Abb. 6.5 und 6.6). Die Maße der Körper lassen sich über Schieberegler verändern.

Bei der Auswahl einer Pyramide können die Seitenlänge a der quadratischen Grundfläche sowie die Höhe h der Pyramide eingestellt werden. Auf dem zweiten und dem dritten Marker befindet sich jeweils ein rechtwinkliges Dreieck (siehe Abb. 6.5, links). Das Dreieck auf Marker 2 hat als eine Kathetenlänge die halbe

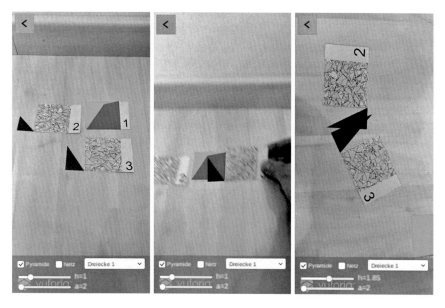

Abb. 6.5 Screenshots aus einem AR-Szenario zu Pyramiden

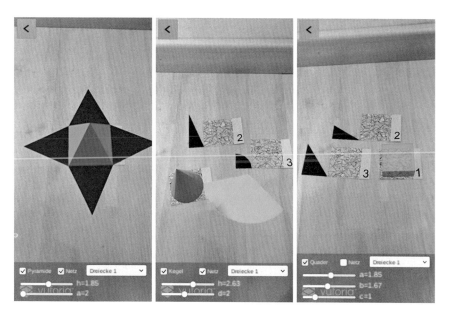

Abb. 6.6 Screenshots aus AR-Szenarien zu Pyramiden, Quadern und Kegeln

Seitenlänge der quadratischen Grundfläche (also $\frac{a}{2}$), die zweite Kathetenlänge ist durch die Höhe h der Pyramide gegeben. Auf Marker 3 ist die eine Kathete ebenfalls $\frac{a}{2}$, die andere Kathete entspricht allerdings der Höhe h_D des Dreiecks auf der Oberfläche der Pyramide und nicht der Höhe der Pyramide selbst. Die Maße der Dreiecke passen sich automatisch an die mit den Schiebereglern eingegebenen Maße für die Pyramide an.

Durch Bewegen der Marker können die Dreiecke an und in der Pyramide positioniert werden (siehe Abb. 6.5, Mitte). Auf diese Weise können Schülerinnen und Schüler erkennen, wie die beiden Dreiecke gebildet werden und mit welchen Maßen der Pyramide sie in Verbindung stehen. Die Maße der Dreiecke können dann im Folgenden genutzt werden, um die Kantenlängen der Pyramide – also sowohl die Länge a der Kanten an der Grundfläche als auch die Länge s der Kanten an der Pyramidenspitze – mit der Höhe der Pyramide in Verbindung zu setzten. Mit dem Satz des Pythagoras für die rechtwinkligen Dreiecke auf Marker 2 und 3 erhält man die bekannte Formel: $h = \sqrt{h_s{}^2 - \frac{a^2}{2}}$

Dass die Hypotenuse des Dreiecks auf Marker 2 der Kathete auf Marker 3 entspricht und damit auch zur Bestimmung der Formel gleichgesetzt werden kann, lässt sich auch durch Nebeneinanderhalten der beiden Dreiecke erkennen (siehe Abb. 6.5, rechts). Über ein Dropdown-Menü lassen sich auch weitere Dreiecke auswählen, die ebenfalls dazu geeignet sind, die Höhe der Pyramide mit den Kantenlängen in Verbindung zu setzen – zum Beispiel indem die Diagonale der quadratischen Grundfläche genutzt wird. Außerdem kann man sich auch ein Netz der Pyramide anzeigen lassen (siehe Abb. 6.6, links), mit der sich dann ebenfalls die Dreiecke vergleichen lassen.

Wählt man anstelle der Pyramide den Quader aus, werden ebenfalls zwei rechtwinklige Dreiecke generiert (siehe Abb. 6.6, Mitte). Hier geht es dann darum, die Kantenlängen des Quaders mit der Raumdiagonalen in Verbindung zu setzen. Beim Kegel werden ein rechtwinkliges Dreieck und ein Kreissektor generiert (siehe Abb. 6.6, rechts). Der Durchmesser und die Höhe sollen hier über den Abstand zwischen Kegelspitze und Grundfläche auf der Mantelfläche in Verbindung gesetzt werden.

Neben den allgemeinen Szenarien zu Pyramide, Quader und Kegel sind in ‚Mathe AR' auch konkrete Aufgaben hinterlegt, in denen sich das Wissen zu den entwickelten Formeln bzw. der Satz des Pythagoras im Raum anwenden lässt. Ein Beispiel ist in Abb. 6.7 gegeben. In der Aufgabe geht es darum, eine passende Verpackung für einen länglichen Gegenstand zu finden (eine M4-Gewindestange der Länge 68 cm). Drei Kartons mit verschiedenen Maßen stehen zur Verfügung. Indem man die Diagonale der drei Kartons berechnet, lässt sich ein passender Karton auswählen. Um passende Lösungsansätze generieren zu können, stehen als Hilfe entsprechende Kartons als virtuelle Objekte auf den Markern zur Verfügung.

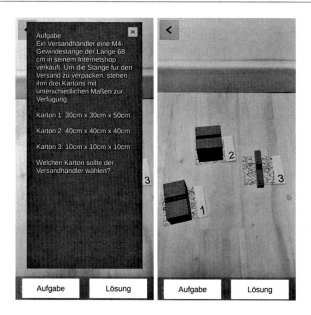

Abb. 6.7 Screenshots aus einem AR-Szenario mit einer Anwendungsaufgabe zu Diagonalen von Quadern

6.3.3   Szenario 3: Kongruenzabbildungen

Bei Kongruenzabbildungen handelt es sich um ein klassisches Thema des Geometrieunterrichts der Sekundarstufe I. In der App ‚Mathe AR' lassen sich die
verschiedenen Kongruenzabbildungen experimentell untersuchen. Zur Auswahl
stehen unter anderem folgende 3D-Kongruenzabbildungen:

- Verschiebung
- Drehung um eine Gerade
- Spiegelung an einer Ebene
- Spiegelung an einer Geraden
- Spiegelung an einem Punkt
- Schubspiegelung

Am Beispiel der Spiegelung an einer Ebene wollen wir das Verfahren kurz
erläutern. Auf Marker 1 ist der Ausschnitt einer Ebene zu sehen, die senkrecht auf
dem Marker steht. Auf Marker 2 befindet sich ein Dreiecksprisma. Marker 3 ist
mit einer Pyramide besetzt.

Werden die Marker von der Kamera erfasst, so erzeugt sich automatisch ein
zur Pyramide bzw. zum Prisma gespiegelter Körper. Bewegt man das Prisma oder
die Pyramide, so passt sich der gespiegelte Körper simultan an (siehe Abb. 6.8,
links). Alternativ kann auch die Spiegelebene durch Bewegen des Markers verändert werden (siehe Abb. 6.8, Mitte). Indem man die Marker so positioniert, dass

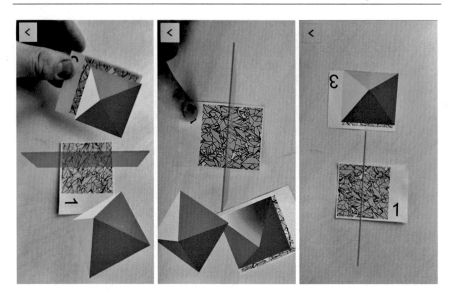

Abb. 6.8 Screenshots aus einem AR-Szenario zur Spiegelung an einer Ebene

der Ausgangskörper und der gespiegelte Körper aufeinanderliegen, lassen sich die Körper in dem Szenario zum Beispiel auf Spiegelsymmetrien untersuchen (siehe Abb. 6.8, rechts).

Auf ähnliche Weise lassen sich mit Augmented Reality auch 2D-Kongruenzabbildungen untersuchen, also Verschiebung, Drehung, Spiegelung und Schubspiegelung.

6.3.4 Szenario 4: Analytische Geometrie

Das letzte in diesem Beitrag vorgestellte Szenario behandelt die analytische Geometrie als ein Kernthema des Mathematikunterrichts der Sekundarstufe II. Für eine detaillierte Beschreibung dieses Szenarios der App siehe auch Dilling et al. (2022).

Ein großer AR-Marker sorgt in dem Szenario für die Festlegung der Position und der Größe eines dreidimensionalen Koordinatensystems. Ein solcher Marker kann entweder einfach auf einen Tisch gelegt werden (siehe Abb. 6.3), oder er kann an die Wand eines physischen Koordinatenmodells (siehe hierzu auch Dilling, 2019b) geklebt werden. Die zweite Möglichkeit soll hier vorgestellt werden, da auf diese Weise das Arbeiten mit einem Koordinatensystem als Realmodell erweitert werden kann.

Sobald dieser große Marker erkannt wird, wird ein virtuelles schwarzes Koordinatenkreuz in das Bild eingeblendet (siehe Abb. 6.9, links). Wird ein weiterer, kleiner Marker in die Kamera gehalten und von der AR Anwendung

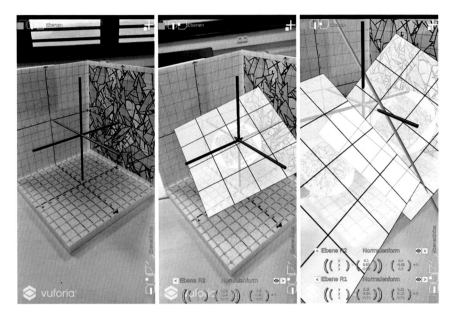

Abb. 6.9 Koordinatenkreuz, eine Ebene sowie zwei sich schneidende Ebenen in der App ‚Mathe AR‘

erkannt, so wird entsprechend der Position und dem Winkel des Markers eine Ebene hinzugefügt (siehe Abb. 6.9, Mitte). Außerdem wird eine symbolische Beschreibung der Ebene eingeblendet. Hierbei kann zwischen der Parameterform, der Normalenform und der Koordinatenform gewechselt werden. Die symbolische Beschreibung der Ebene wird dynamisch durch die Positionierung der physischen Ebene anhand des Markers ermittelt. Das bedeutet, dass sich die virtuelle Ebene immer der physischen Ebene gegeben durch das Papier, auf dem der Marker gedruckt ist, anpasst und die Informationen im User Interface aktualisiert werden. Dies bietet die Möglichkeit, direkt mit dem Inhalt in der AR Anwendung zu interagieren. Befinden sich zwei kleine Marker im Koordinatensystem, so werden beide erfasst und virtuell erweitert. Es besteht auch die Möglichkeit, sich weitere Informationen zu ihren Beziehungen anzeigen zu lassen. Dazu gehören die Visualisierung der Schnittgeraden mit zusätzlicher Darstellung in der Parameterform sowie der Winkel zwischen den Ebenen und bei Parallelität der Abstand zwischen diesen (siehe Abb. 6.9, rechts).

Des Weiteren lassen sich Punkte, Geraden und Ebenen auch virtuell durch die Eingabe am Bildschirm hinzufügen. Hierzu können in der linken oberen Ecke drei Icons angetippt werden, die für Punkte, Geraden und Ebenen im Raum stehen. Die Eingabe eines Punktes erfolgt über dessen Koordinaten (siehe Abb. 6.10, links), die Gerade kann in Parameterform eingegeben werden (siehe Abb. 6.10, Mitte) und für die Ebene lässt sich die Parameter-, die Koordinaten- oder die Normalenform zur Eingabe auswählen (siehe Abb. 6.10, rechts). Sobald ein Wert eingegeben

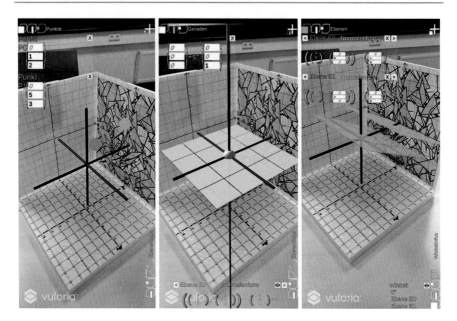

Abb. 6.10 Auf dem Bildschirm hinzugefügte Objekte: Punkte, Gerade und Ebene sowie zwei parallele Ebenen

wurde, erscheint visuell im AR-Koordinatensystem am Bildschirm ein Punkt, eine gerade Linie im Raum oder der rechteckige Ausschnitt einer Ebene. Im Falle der Ebene ist es wichtig, dass nicht der gesamte Bildschirm gefüllt ist und ein Raster abgebildet ist, damit man die Orientierung im Raum auch auf dem 2D-Bildschirm erkennen kann. Die Objekte sind farblich voneinander abgesetzt und leicht transparent, damit auch dahinter positionierte Objekte betrachtet werden können. Die Objekte können durch die Änderung von Zahlenwerten auch später noch verändert werden (Dilling et al., 2022).

6.4 Fazit und Ausblick

In diesem Beitrag wurde die AR-Technologie im Mathematikunterricht am Beispiel der App "Mathe AR" beleuchtet. Bei dieser liegt der Fokus anders als bei vielen bisherigen AR-Mathematik-Apps auf echten Handlungen mit AR-Markern anstelle von Eingaben auf dem Bildschirm. Indem man die Marker bewegt, betrachtet man beispielsweise Körper aus verschiedenen Positionen, bringt verschiedene Körper in Beziehung zueinander, verändert eine Spiegelebene und damit auch die Position eines gespiegelten Körpers oder positioniert eine Ebene in einem virtuellen Koordinatensystem. Dieser aktive Umgang mit den Objekten lädt zu experimentellen Herangehensweisen ein und ermöglicht zum

Teil sogar Erfahrungen, die ohne die Technologie nicht realisierbar wären (z. B. Positionierung von virtuellen Objekten ineinander).

Der Einsatz der App im Unterricht kann als grundsätzliche Visualisierungshilfe für unterschiedliche Problemstellungen aus dem Bereich der räumlichen Geometrie erfolgen. Auf diese Weise könnten mathematische Wissensentwicklungsprozesse verbunden mit explorativen Hypothesenbildungen, experimentellen Wissenssicherungen und auch deduktiven Wissenserklärungen (vgl. Dilling, 2022a) angereichert werden. Gleichzeit kann die App auch bei konkreten Aufgabenstellungen aus dem Unterricht herangezogen werden oder auch selbst Aufgabenstellungen liefern (siehe Abb. 6.7). Der Aufwand ist dabei vergleichsweise gering, da die gleichen Marker für alle Szenarien verwendet werden und als digitales Endgerät die schülereigenen Geräte wie Smartphones oder Tablets fungieren können.

Wie eingangs bereits beschrieben handelt es sich bei der App ‚Mathe AR‘ um Work in Progress.[2] Auf der Grundlage stoffdidaktischer Ansätze und empirischer Erhebungen wird die App stetig weiterentwickelt und auch um weitere Szenarien ergänzt. Dabei sollen unter anderem die folgenden Themen im Rahmen von AR-Szenarien umgesetzt werden:

- Schnitte an Körpern (Zylinder, Kegel, etc.)
- Orthogonal– und Zentralprojektionen
- Messen von Objekten
- Analysis: Funktionsgraphen, Rotationskörper, Extremwertaufgaben, etc.
- Stochastik: Würfelwurf, Münzwurf, Glücksrad, etc.

Grundsätzlich scheint die AR-Technologie reichhaltige Repertoire-Erweiterungen für den Mathematikunterricht zu bieten. Insbesondere Themen, bei denen dreidimensionale Darstellungen mathematischer Objekte im Vordergrund stehen, könnten von den technologischen Möglichkeiten profitieren, sodass neue Zugänge geschaffen werden. Ob dies tatsächlich der Fall ist, soll auf der Grundlage der hier vorgestellten App auch systematisch durch eng verknüpfte Grundlagen- und Entwicklungsforschung wissenschaftlich untersucht werden. Dabei sollen insbesondere Charakteristika von mathematischen Lernprozessen mit Augmented Reality identifiziert werden. Beispielsweise stellt sich die Frage, ob Schülerinnen und Schüler virtuellen und physischen Objekten die gleichen mathematischen Eigenschaften zuschreiben, oder ob die Kontextgebundenheit des Wissens zur Entwicklung unterschiedlicher Konzeptionen führt (vgl. Rahn & Dilling, 2020). Auch das Verhältnis von Augmented Reality zu verwandten Technologien wie Virtual Reality ist in diesem Zusammenhang von Interesse (zu VR im Mathematikunterricht siehe u. a. Dilling, 2022a/b; Sommer et al., 2022).

---

[2] Zum Zeitpunkt der Veröffentlichung dieses Beitrags ist die App noch nicht öffentlich zugänglich. Nach weiteren durch wissenschaftliche Untersuchungen begleiteten Überarbeitungen und Erweiterungen soll die App bereitgestellt werden.

Literatur

Ahmad, N. I. N., & Junaini, S. N. (2020). Augmented reality for learning mathematics: a systematic literature review. *International Journal of Emerging Technologies in Learning, 15*(16), 106–122. https://doi.org/10.3991/ijet.v15i16.14961.

Azuma, R. T. (1997). A survey of augmented reality. *Presence: Teleoperators and Virtual Environments, 6*(4), 355–385. https://doi.org/10.1.1.30.4999.

Billinghurst, M., Clark, A., & Lee, G. (2015). A survey of augmented reality. *Foundations and Trends® in Human–Computer Interaction, 8*(2–3), 73–272. https://doi.org/10.1561/1100000049.

Chen, Y. (2019). Effect of mobile augmented reality on learning performance, motivation, and math anxiety in a math course. *Journal of Educational Computing Research, 57*(7), 1695–1722. https://doi.org/10.1177/0735633119854036.

Demitriadou, E., Stavroulia, K. E., & Lanitis, A. (2020). Comparative evaluation of virtual and augmented reality for teaching mathematics in primary education. *Education and Information Technologies, 25*(1), 381–401. https://doi.org/10.1007/s10639-019-09973-5.

Di Serio, Á., Ibáñez, M. B., & Kloos, C. D. (2013). Impact of an augmented reality system on students' motivation for a visual art course. *Computers & Education, 68,* 586–596. https://doi.org/10.1016/j.compedu.2012.03.002.

Dilling, F. (2019a). *Der Einsatz der 3D-Druck-Technologie im Mathematikunterricht. Theoretische Grundlagen und exemplarische Anwendungen für die Analysis.* Springer Spektrum.

Dilling, F. (2019b). Ebenen und Geraden zum Anfassen – Lineare Algebra mit dem 3D-Drucker. Beiträge zum Mathematikunterricht 2019, 177–180.

Dilling, F. (2022a). *Begründungsprozesse im Kontext von (digitalen) Medien im Mathematikunterricht. Wissensentwicklung auf der Grundlage empirischer Settings.* Springer Spektrum. (Dissertation)

Dilling, F. (2022b). Mathematik Lernen in Virtuellen Realitäten – Eine Fallstudie zu Orthogonalprojektionen von Vektoren. In F. Dilling, F. Pielsticker, & I. Witzke (Hrsg.), Neue Perspektiven auf mathematische Lehr-Lernprozesse mit digitalen Medien – Eine Sammlung wissenschaftlicher und praxisorientierter Beiträge (S. 227-254). Springer Spektrum.

Dilling, F, Marx, B., Pielsticker, F., Vogler, A., & Witzke, I. (2021). *Praxisbuch 3D-Druck im Mathematikunterricht. Einführung und Unterrichtsentwürfe für die Sekundarstufe I und II.* Waxmann.

Dilling, F., Jasche, F., Ludwig, T., & Witzke, I. (2022). Physische Arbeitsmittel durch Augmented Reality erweitern – Eine Fallstudie zu dreidimensionalen Koordinatenmodellen. In F. Dilling, F. Pielsticker, & I. Witzke (Hrsg.), Neue Perspektiven auf mathematische Lehr-Lernprozesse mit digitalen Medien – Eine Sammlung wissenschaftlicher und praxisorientierter Beiträge (S. 289-306). Springer Spektrum.

Dünser, A. (2005). *Trainierbarkeit der Raumvorstellung mit Augmented Reality.* Dissertation an der Universität Wien.

Garzón, J., Pavón, J., & Baldiris, S. (2019). Systematic review and meta-analysis of augmented reality in educational settings. *Virtual Reality, 23*(4), 447–459. https://doi.org/10.1007/s10055-019-00379-9.

Gecu-Parmaksiz, Z., & Delialioglu, O. (2019). Augmented reality-based virtual manipulatives versus physical manipulatives for teaching geometric shapes to preschool children. *British Journal of Educational Technology, 50*(6), 3376–3390. https://doi.org/10.1111/bjet.12740.

Ibáñez, M. B., Di Serio, Á., Villarán, D., & Delgado Kloos, C. (2014). Experimenting with electromagnetism using augmented reality: Impact on flow student experience and educational effectiveness. *Computers and Education, 71,* 1–13. https://doi.org/10.1016/j.compedu.2013.09.004.

Jeon, S., & Choi, S. (2009). Haptic augmented reality: taxonomy and an example of stiffness modulation. *Presence: Teleoperators and Virtual Environments, 18*(5), 387–408. https://doi.org/10.1162/pres.18.5.387.

Kapoor, V., & Naik, P. (2020). Augmented reality-enabled education for middle schools. *SN Computer Science, 1*(3), 1–7. https://doi.org/10.1007/s42979-020-00155-6.

Lengnink, K., Meyer, M., & Siebel, F. (2014). MAT(H)Erial. *Praxis der Mathematik in der Schule, 58,* 2–8.

Lin, H. K., Hsieh, M., Wang, C., Sie, Z., & Chang, S. (2011). Establishment and usability evaluation of an interactive AR learning system on conservation of fish. The Turkish Online Journal of Educational Technology, 10(4), 181–187.

Milgram, P., & Kishino, F. (1994). Taxonomy of mixed reality visual displays. *IEICE Transactions on Information and Systems, E77-D*(12), 1321–1329.

Narumi, T., Nishizaka, S., Kajinami, T., Tanikawa, T., & Hirose, M. (2011). Augmented Reality Flavors: Gustatory Display Based on Edible Marker and Cross-Modal Interaction. In *Proceedings of the SIGCHI Conference on Human Factors in Computing Systems* (S. 93–102). Association for Computing Machinery. https://doi.org/10.1145/1978942.1978957.

Pielsticker, F. (2020). *Mathematische Wissensentwicklungsprozesse von Schülerinnen und Schülern. Fallstudien zu empirisch-orientiertem Mathematikunterricht am Beispiel der 3D-Druck-Technologie.* Springer Spektrum.

Radianti, J., Majchrzak, T. A., Fromm, J., & Wohlgenannt, I. (2020). A systematic review of immersive virtual reality applications for higher education: Design elements, lessons learned, and research agenda. *Computers and Education, 147*(*December 2019*), 103778. https://doi.org/10.1016/j.compedu.2019.103778.

Radu, I. (2012). Why should my students use AR? A comparative review of the educational impacts of augmented-reality. *ISMAR 2012 – 11th IEEE International Symposium on Mixed and Augmented Reality 2012, Science and Technology Papers,* 313–314. https://doi.org/10.1109/ISMAR.2012.6402590.

Radu, I. (2014). Augmented reality in education: A meta-review and cross-media analysis. *Personal and Ubiquitous Computing, 18*(6), 1533–1543. https://doi.org/10.1007/s00779-013-0747-y.

Rahn, A., & Dilling, F. (2020). „Die Würfel auf dem Tablet waren aber anders" – Zur Kontextgebundenheit des Wissens bei Stationenarbeiten mit Digitalen Medien. In F. Dilling & F. Pielsticker (Hrsg.), *Mathematische Lehr-Lernprozesse im Kontext digitaler Medien* (S. 247–270). Springer Spektrum.

Rossano, V., Lanzilotti, R., Cazzolla, A., & Roselli, T. (2020). Augmented reality to support geometry learning. *IEEE Access, 8,* 107772–107780. https://doi.org/10.1109/ACCESS.2020.3000990.

Schmidt-Thieme, B., & Weigand, H.-G. (2015). Medien. In R. Bruder, L. Hefendehl-Hebecker, B. Schmidt-Thieme, & H.-G. Weigand (Hrsg.), *Handbuch der Mathematikdidaktik* (S. 416–490). Springer Spektrum.

Sommer, J., Dilling, F., & Witzke, I. (2022, im Druck). Die App „Dreitafelprojektion VR" – Potentiale der Virtual Reality-Technologie für den Mathematikunterricht. In F. Dilling, F. Pielsticker, & I. Witzke (Hrsg.), *Neue Perspektiven auf mathematische Lehr-Lernprozesse mit digitalen Medien – Eine Sammlung wissenschaftlicher und praxisorientierter Beiträge.* Springer Spektrum.

Speicher, M., Hall, B. D., & Nebeling, M. (2019). What is Mixed Reality? *Proceedings of the 2019 CHI Conference on Human Factors in Computing Systems – CHI '19, May,* 1–15. https://doi.org/10.1145/3290605.3300767.

Squire, K. D., & Jan, M. (2007). Mad city mystery: Developing scientific argumentation skills with a place-based augmented reality game on handheld computers. *Journal of Science Education and Technology, 16*(1), 5–29. https://doi.org/10.1007/s10956-006-9037-z.

Tarng, W., Yu, C. S., Liou, F. L., & Liou, H. H. (2013). Development of a virtual butterfly ecological system based on augmented reality and mobile learning technologies. *2013 9th International Wireless Communications and Mobile Computing Conference. IWCMC, 2013,* 674–679. https://doi.org/10.1109/IWCMC.2013.6583638.

Wang, J., Erkoyuncu, J., & Roy, R. (2018). A Conceptual Design for Smell Based Augmented Reality: Case Study in Maintenance Diagnosis. *Procedia CIRP, 78,* 109–114. https://doi.org/10.1016/j.procir.2018.09.067.

Witzke, I., & Heitzer, J. (2019). 3D-Druck: Chance für den Mathematikunterricht? Zu Möglichkeiten und Grenzen eines digitalen Werkzeugs. *Mathematik Lehren, 217,* 2–9.

Wu, H. K., Lee, S. W. Y., Chang, H. Y., & Liang, J. C. (2013). Current status, opportunities and challenges of augmented reality in education. *Computers and Education, 62,* 41–49. https://doi.org/10.1016/j.compedu.2012.10.024.

Yu, D., Jin, J. S., Luo, S., Lai, W., & Huang, Q. (2010). A useful visualization technique: A literature review for augmented reality and its application, limitation & future direction BT – visual information communication. In M. L. Huang, Q. V. Nguyen, & K. Zhang (Hrsg.), Visual Information Communication (S. 311–337). Springer US.

NURBS, Grundlage für Animationsfilme

Dörte Haftendorn

Zusammenfassung

Die Anbindung der mathematischen Ausbildung an die „Mathematik in unserer Welt" wird mit Recht immer wieder gefordert. Oft scheinen die praktizierten Methoden für Schule und Lehramtsausbildung zu kompliziert zu sein. Zu Bézier-Splines aber gibt es ein (bekanntes) zeichnerisches Gerüst, das mit einem Dynamischen Geometrie System (DGS) überzeugend dargestellt werden kann und hier nochmals vorgestellt wird. Die dort wesentlichen Bernsteinpolynome bilden den Einstieg in das Konzept der B-Splines, die nicht nur leicht auf beliebig viele Steuerpunkte ausgedehnt werden können, sondern sie können durch Gewichtungen zu rationalen B-Splines ausgebaut werden und ihre „Knoten" (Intervallgrenzen) dürfen beliebige Abstände haben. Das Akronym NURBS sagt genau dies: **N**on **U**nform **R**ational **B**-**S**plines. Am Beispiel der Trisektrix und ihrer Metamorphose zum Kreis wird gezeigt, dass auch exakte geometrische Objekte mit NURBS konzipiert werden können.

7.1 Das Ziel und der verständliche Weg dahin

Die Anbindung der mathematischen Ausbildung an die „Mathematik in unserer Welt" wird mit Recht immer wieder gefordert. Oft scheinen die praktizierten Methoden für Schule und Lehramtsausbildung zu kompliziert zu sein. Zu Bézier-Splines aber gibt es ein (bekanntes) zeichnerisches Gerüst, das mit DGS überzeugt und hier nochmals vorgestellt wird. Die dort wesentlichen Bernsteinpolynome

D. Haftendorn (✉)
Haftendorn, Lüneburg, Deutschland
E-Mail: doerte.haftendorn@leuphana.de

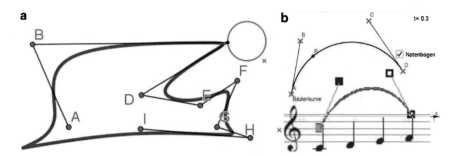

Abb. 7.1 **a** NURBS mit uniformen B-Splines, bei Bewegung eines Steuerpunktes reagiert ein Teil der Kurve quasi organisch, **b** Bézier-Spline mit Anwendung

bilden den Einstieg in das Konzept der B-Splines, die nicht nur leicht auf beliebig viele Steuerpunkte ausgedehnt werden können (siehe Abb. 7.1a), sondern sie können durch Gewichtungen zu rationalen B-Splines ausgebaut werden und ihre „Knoten" (Intervallgrenzen) dürfen beliebige Abstände haben. Das Akronym NURBS sagt genau dies: **N**on **U**nform **R**ational **B**-Splines. Am Beispiel der Trisektrix und ihrer Metamorphose zum Kreis wird gezeigt, dass auch exakte geometrische Objekte mit NURBS konzipiert werden können.

7.2   Bézier-Splines und Bernsteinpolynome

Pierre Étienne Bézier wollte in den 1960er Jahren ein Hilfsmittel zum Design von Karosserien für die Autos von Renault entwickeln. Die nach ihm benannten Bézier-Splines[1] eignen sich mit ihrer geometrischen Erzeugungsmöglichkeit gut für DGS wie das freie System GeoGebra. Sie werden heute vielfach verwendet, in Abb. 7.1b von dem Notenschreibprogramm *Capella*®, aber auch in Foto- und Grafikbearbeitungssoftware:

- Zu Abb. 7.2a: Jeder der gestrichelten Vektoren wird im Verhältnis t geteilt. So wird P definiert, die Ortskurve von P ist der Bézier-Spline. In Haftendorn et al. (2021, S. 369) finden Sie einen (schulisch erreichbaren) vektoriellen Beweis, der, sortiert nach den Ortsvektoren der Steuerpunkte, ergibt: **Parameterdarstellung der Bézierkurve**

$$\vec{P} = (1-t)^3\,\vec{A} + 3(1-t)^2\,\vec{B} + 3(1-t)\,\vec{C} + t^3\vec{D}$$

---

[1] De Casteljau fand ebenfalls diese Lösung des Designproblems für Citroën-Autos, durfte sie aber nicht veröffentlichen. Nach ihm ist heute der numerisch geschickte Berechnungsalgorithmus benannt.

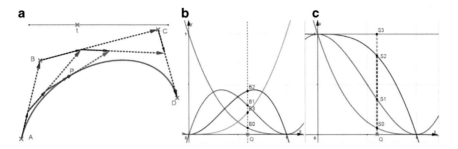

Abb. 7.2 **a** Steuerpunkte und Gerüst für einen Bézier-Spline, **b** Bernsteinpolynome als Basis, **c** Summe der Bernsteinpolynome ist 1

- Zu Abb. 7.2b: Die Koeffizienten der Steuerpunkte heißen **Bernsteinpolynome**.

$$b_0(t) = (1 - t)^3, \; b_1(t) = 3(1 - t)^2 t, \; b_2(t) = 3(1 - t)t^2, \; b_3(t) = t^3$$

Sie bilden eine Basis für den Raum Π_3 der Polynome bis zum Grad 3.

- Zu Abb. 7.2c: Man kann sie sich als Summanden der Formel $((1 - t) + t)^3$ merken, entwickelt mit der binomischen Formel, womit klar ist, dass ihre Summe 1 ist, für jedes t.

Dieser Zusammenhang eignet sich in besonderer Weise, um die Parameterdarstellung von Kurven an einem relevanten, überzeugenden Beispiel einzuführen. In Walser (2011) weist Hans Walser darauf hin, dass die Vermeidung von Parameterkurven angesichts der heutigen Mathematiksoftware nicht sinnvoll ist. Zum Beispiel gibt es in GeoGebra den umfassenden Befehl Kurve($x(t),y(t),t,0,1$) Hier:

$$\overrightarrow{P} = \begin{pmatrix} P_x \\ P_y \end{pmatrix}, \; \begin{aligned} P_x(t) &= A_x b_0(t) + B_x b_1(t) + C_x b_2(t) + D_x b_3(t) = x(t), \\ P_y(t) &= A_y b_0(t) + B_y b_1(t) + C_y b_2(t) + D_y b_3(t) = y(t). \end{aligned}$$

Einen Vorschlag für die interaktive Visualisierung von Parameterdarstellungen finden Sie in Haftendorn et al. (2021, S. 371) und auf der Website Haftendorn (2021).

7.3 B-Splines als weiterführendes Splinekonzept

Bézier-Splines lassen sich nicht so einfach fortsetzen. Um Differenzierbarkeit zu erhalten und Krümmungssprünge zu vermeiden, muss der vierte Steuerpunkt die geometrische Mitte der vom dritten und fünften Steuerpunkt gebildeten Strecke sein und so fort. Die glatte Fortsetzung wird von B-Splines mit beliebig vielen Steuerpunkten elegant gelöst (Abb. 7.3).

Sieht man sich die Basiselemente der B-Splines links an, so könnte man meinen, sie ließen sich durch Polynome 4. Grades verwirklichen. Letztere lassen

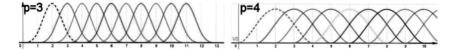

Abb. 7.3 Links: B-Spline-Basis vom Grad $p = 3$, rechts: „didaktische" B-Spline-Basis vom Grad $p = 4$. Bei beiden Typen sind an jeder Stelle genau vier Basiselemente („Hügel") wirksam. Sie gehen alle aus dem gestrichelten durch Verschieben hervor. Jeder Hügel ist null außerhalb eines Intervalls der Breite 4.

sich leicht realisieren. Im Folgenden wird gezeigt, warum das nicht optimal ist und wie im Beispiel der „didaktische" B-Spline im Vergleich mit dem echten B-Spline aussieht. Die „Hügel" der echten B-Spline-Basis bestehen aus vier Stücken von kubischen Polynomen, daher ist $p = 3$. Berechnung siehe unten.

7.4   Didaktische Reduzierung, didaktische NURBS

In Walser (2011) diskutiert Hans Walser mit Recht die Problematik von didaktischen Reduzierungen. Eine solche halte ich für gerechtfertigt, wenn die Lernenden mit eigenen Ideen und Realisierungen weit kommen können, man aber dann klarstellt, dass es so nicht wirklich gemacht wird, und der Grund dafür einsichtig wird. Der Kern des Umgangs sollte aber der richtige sein, „Mängel" nimmt man in Kauf.

Die Bernsteinspolynome in Abb. 7.2 erfüllen die Bedingung, dass für jedes t die Summe der Basisfunktionen 1 ist, dies muss man für alle B-Spline-Typen und damit auch für NURBS fordern. Anderenfalls wäre der Spline von affin abgebildeten Steuerpunkten nicht identisch mit dem affinen Bild des Splines der ursprünglichen Steuerpunkte. Aber die didaktischen Hügel haben nicht exakt die Summe 1, wie man in Abb. 7.4a an der Welligkeit der Summenlinie sieht. Die Wirkung auf den B-Spline zeigt Abb. 7.5c.

Im Wesentlichen kann man also an dem „didaktischen" B-Spline dieselben Erfahrungen machen wie an dem echten.

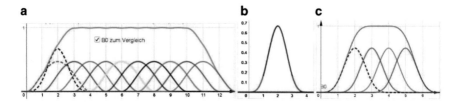

Abb. 7.4   a Didaktische B-Splines haben *nicht exakt Summe 1*, **b** das echte B-Spline-Basiselement besteht aus vier Polynomstücken vom Grad $p = 3$, **c** die Summe der echten B-Splines ist exakt 1, bis auf ein Intervall der Breite 3 vorn und hinten

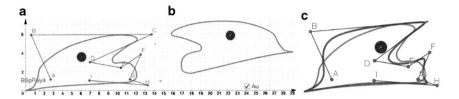

Abb. 7.5 **a** Neun Punkte *A*, *B*, …, *H*, *I* definieren einen Polygonzug, dazu der *didaktische B-Spline* „Karl" mit Polynomen 4. Grades, **b** „Karlo", der an einer Achse gespiegelte „Karl", macht bei Bewegung eines Steuerpunktes von „Karl" alle Veränderungen mit, **c** der echte B-Spline ist im Vergleich zu sehen, er reagiert feiner auf die Steuerpunkte

7.5   Rekursive Definition der B-Splines

Es wird angedeutet, wie man zu Basiselementen vierten und höheren Grades käme, aber in der Praxis bleibt man nach Piegl und Tiller (1997) i. d. R. bei $p = 3$. Bei B-Splines mit Knoten gleichen Abstandes braucht man nichts weiter zu rechnen, das Basiselement $B(0,3,t)$ in Abb. 7.4b wird für n Steuerpunkte mindesten n-mal als $B(i,3,t)$ verschoben verwendet, für Abb. 7.3 also neunmal.

7.6   Allgemeine NURBS

NU heißt *non uniform,* die Knoten können beliebige Abstände haben und sogar aufeinander fallen. Das hat, wegen der Summe-1-Bedingung, dann auch verschieden hohe „Hügel" zur Folge. R steht für *rational,* bisher haben wir nur Polynome, also ganzrationale Funktionen betrachtet. BS steht für B-Spline, wobei auch andere Spline-Basen zugelassen werden. In Haftendorn et al. (2021, S. 378 ff.) und der zugehörigen Website Haftendorn (2021) werden entsprechende Überlegungen angestellt. Im Folgenden werden mit nichtuniformen rationalen Bézier-Splines zwei ganz neue Beispiele betrachtet.

7.7   Die Trisektrix als NURBS und ihre Metamorphose zum Kreis

1. *Die Trisektrix von MacLaurin* (siehe Haftendorn, 2017, S. 62 ff.) ist eine Kurve dritten Grades mit der impliziten Gleichung $(a + x)y^2 = (3a - x)x^2$, mit *3a* als Schlaufenbreite. Wir brauchen eine rationale Parametrisierung.
2. Wir brauchen eine rationale Basis dritten Grades.
3. Wir brauchen passende Steuerpunkte.

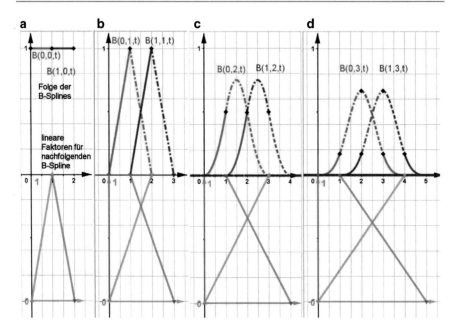

Abb. 7.6 Die Basiselemente heißen *B(i,p,t)*, sie beginnen im „Knoten" *i* zu wirken, *p* ist der Polynomgrad, sie sind außerhalb des Intervalls [*i, i+(p+1)*)] identisch null. Aus einer roten bzw. blauen waagerechten Strecke (*p = 0*) wird durch Multiplikation mit der darunter dargestellten Geraden und Addition eine rote Zacke (*p = 1*), die um 1 verschoben blau dargestellt ist. Durch Multiplikation mit den beiden Geraden darunter und Addition entsteht eine rote Kurve aus drei Parabelstücken, die wieder verschoben blau gezeichnet ist. Dieses wird nochmals durchgeführt und es entstehen zwei Basiselemente aus vier Stücken von Polynomen 3. Grades

Zu 1: Rationale Parametrisierung

Eine solche kann man finden, indem man eine algebraische Kurve mit einer beweglichen Geraden schneidet und dabei vermeidet, dass man Wurzelterme für die Schnittpunkte erhält. Das gelingt hier dadurch, dass die Gerade durch eine Singularität, den Doppelpunkt, verläuft (Abb. 7.7a).

Zu 2: Rationale Bernsteinpolynome

Grundlage sind die mit w_i gewichteten Bernsteinpolynome, die wegen der „Summe-1-Bedingung" noch durch die Summe aller Produkte dividiert werden müssen. Diese Summe muss hier $1 + t^2$ ergeben. Das führt durch Koeffizienten-vergleich zu den Gewichten $\left\{ 1, 1, \frac{4}{3}, 2 \right\}$, die dann auch in den Zählern Verwendung finden (siehe Haftendorn et al., 2021, S. 380).

$$R_0 = \frac{w_0 \cdot b_0}{\sum_{j=0}^3 w_j b_j}, \; R_1 = \frac{w_1 \cdot b_1}{\sum_{j=0}^3 w_j b_j}, \; R_2 = \frac{w_2 \cdot b_2}{\sum_{j=0}^3 w_j b_j}, \; R_3 = \frac{w_3 \cdot b_3}{\sum_{j=0}^3 w_j b_j}.$$

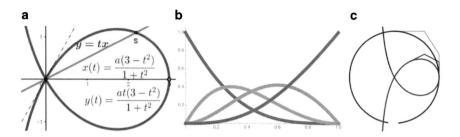

Abb. 7.7 **a** Trisektrix mit Parameterdarstellung und der Geraden zu deren Herleitung, **b** zugehörige rationale Bernstein-Basis, **c** Steuer-Gerüste für Trisektix und Kreis

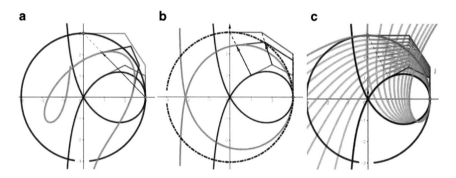

Abb. 7.8 **a** Gegenläufige, **b** gleichläufige, **c** falsche Zuordnungen der Steuerpunkte von Trisektrix und Kreis

Die Abbildung sieht fast so aus wie die der Bernsteinpolynome in Abb. 7.2b, denn der Faktor vor den b_i liegt zwischen eins und zwei.

Zu 3: Bestimmung der Steuerpunkte

$$x(t) = A_x R_0 + B_x R_1 + C_x R_2 + D_x R_3 \ \wedge \ y(t) = a\left(3 - t^2\right)$$

$$y(t) = A_y R_0 + B_y R_1 + C_y R_2 + D_y R_3 \ \wedge \ y(t) = at\left(3 - t^2\right)$$

Dieses führt durch Koeffizientenvergleich zu $\{A = \{3a, 0\}, B = \{3a, a\}, C = \left\{2a, \frac{3}{2}a\right\}, D = \{a, a\}\}$. Diese Punkte sind als Ecken des grünen Streckenzugs in Abb. 7.7c gezeigt.

In Haftendorn et al. (2021) und auf der Website Haftendorn (2021) sind diese Rechnungen ausgeführt.

Zwei rationale Parametrisierungen des Kreises
Das Gerüst der Steuerpunkte sieht fast aus wie ein Trapez, in Abb. 7.8 mit zwei Kreistangenten zu sehen. In Abb. 7.8a und Haftendorn et al. (2021, S. 380) wird es

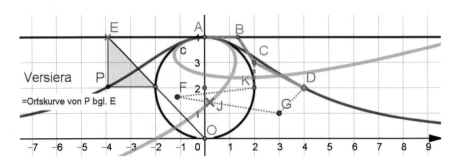

Abb. 7.9 Die Versiera der Maria Agnesi ist in der gezeigten Weise Ortskurve von *P*, wenn *E* auf der „Nordpol-Geraden" wandert. Als NURBS kann sie durch Ziehen von *D* auf *K* zum Kreis werden

im Uhrzeigersinn durchlaufen, in Abb. 7.8b ihm entgegen, mathematisch positiv, wie auch die Trisektrix im 1. Quadranten.

Metamorphose der Trisektrix in den Kreis
Es ist in beiden Fällen naheliegend, die Steuerpunkte von Trisektrix und Kreis ineinander zu überführen. Das ist in Abb. 7.8 auf drei Arten durch lineare Übergänge durchgeführt. Bei Abb. 7.8c ist der erste Steuerpunkt auf den letzten abgebildet, die Verwandlung der Trisektrix erreicht dann den Kreis nicht.

7.8 Die Versiera als NURBS und ihre Metamorphose zum Kreis

Die (weite) Versiera von Maria Agnesi (1748), siehe Haftendorn (2017, S. 79 f.), ist nicht nur einfach geometrisch als Ortskurve zu konstruieren, wie in Abb. 7.9 angedeutet, sondern sie ist auch als Funktion darstellbar. Insofern ist sie den schulischen Möglichkeiten besonders nah.

Ihre implizite Gleichung $(x^2 + 4a^2)y = 8a^3$ zeigt, dass sie eine algebraische Kurve 3. Grades ist. (Dabei ist *a* der Kreisradius.) Darum man kann das für die Trisektrix vorgestellte Vorgehen leicht übertragen. Für eine rationale Parametrisierung bringt man die Gerade $x = 2a\,t$ mit der Versiera zum Schnitt und erhält:

$$x(t) = 2at = \frac{2at + 2at^3}{1 + t^2}, y(t) = \frac{2a}{1 + t^2}$$

Das zweite Gleichheitszeichen entsteht durch Erweiterung mit dem passenden Nenner. Die Gewichte sind dieselben wie bei der Trisektrix, denn der Nenner ist derselbe, die Basiselemente R_i stimmen überein. Es ergeben sich die Steuerpunkte *A*, *B*, *C*, *D* in Abb. 7.9, die fast dieselben sind wie *A*, *B*, *C*, *K* für den die Versiera erzeugenden Kreis. Eine Metamorphose zum Kreis erhält man, indem man *D* als

Punkt J irgendwie auf K wandern lässt. Hier ist als Weg ein Polygonzug D, G, F, K gewählt. Dabei wird allerdings der Ursprung für große Parameterwerte nur angenähert.

7.9   Fazit und Ausblick

So kann man bei allen algebraischen Kurven bis zum dritten Grad vorgehen, insbesondere für alle Kegelschnitte. Bei Kurven höheren Grades, $p \geq 4$, müsste man zu den Bernsteinpolynomen entsprechenden Grades p greifen, die man durch Entwicklung der Formel $((1 - x) + x)^p$ erhält. Die Zahl der Steuerpunkte ist entsprechend zu erhöhen.

Mit NURBS kann man beliebige Kurven entwerfen, sie eröffnen sehr freie Handlungsweisen. Nachträgliche Bewegung jedes Steuerpunktes ist möglich, man kann geometrische Abbildungen auf die von NURBS erzeugten Kurven anwenden, indem man lediglich die Steuerpunkte abbildet. Daher eignen sie sich für Design-Aufgaben und für Animationen.

Literatur

Haftendorn, D. (2017). *Kurven erkunden und verstehen*. Springer Spektrum Verlag.
Haftendorn, D. (2018). *Mathematik sehen und verstehen* (3. Aufl.). Springer Spektrum Verlag.
Haftendorn, D. (2021). http://www.mathematik-sehen-und-verstehen.de. Website für diese beiden Bücher.
Haftendorn, D., Riebesehl, D., & Dammer, H. (2021). *Höhere Mathematik sehen und verstehen*. Springer Spektrum Verlag.
Piegl, L., & Tiller, W. (1997). *The NURBS book* (2. Aufl.). Springer (Monographs in Visual Communication).
Walser, H. (2011). Die Modellierung des schönen Scheins. http://www.mathematikinformation.info/pdf2/MI155Walser.

Spielerische Erkundungen mit den Werkzeugen einer dynamischen Geometriesoftware

8

Günter Graumann

Zusammenfassung

Nachdem Grundbegriffe der Geometrie wie „Gerade", „Strecke", „Winkel und Winkelmaß", „Parallelität", „Orthogonalität" etc. im 5./6. Schuljahr erarbeitet wurden, kann man die Schüler*innen auch an den Umgang mit einer dynamischen Geometriesoftware heranführen. Am Anfang sollten spielerische Erkundungen stehen; dabei kann dann auch Freude und Interesse für Geometrie entwickelt werden. Hier sollen Anregungen gegeben werden, was man an Figuren diskutieren kann, die mit Standardwerkzeugen einer dynamischen Geometriesoftware erzeugt werden können. An Dreiecken als Grundfigur werden mit der Mittelpunktbildung einerseits und dem Aufsetzen von regelmäßigen Vielecken andererseits Figuren erzeugt, die interessant sind und Anlass zu einer näheren Betrachtung bieten. Auch kann man Dreiecke mehrfach spiegeln. Schließlich kann man noch mit dem Zugmodus arbeiten, wobei das Aufsuchen von Spuren bestimmter Dreieckspunkte im Vordergrund stehen soll.

8.1 Vorwort

Wenn man die Geometrie als Feld eines offenen Umgangs mit Figuren und deren Veränderungsmöglichkeiten ansieht, kann Freude an Geometrie viel leichter geweckt werden als in einem an der Mathematik orientierten lehrgangsmäßigen Aufbau des Unterrichts. Spielerische Aktivitäten sind auch für Mathematiker*innen oft ein Ausgangspunkt für neue Erkenntnisse und für Hans

G. Graumann (✉)
Fakultät für Mathematik, Universität Bielefeld, Bielefeld, Deutschland
E-Mail: og-graumann@web.de

A. Filler et al. (Hrsg.), *Freude an Geometrie – Zum Gedenken an Hans Schupp*,
https://doi.org/10.1007/978-3-662-67394-2_8

Schupp waren sie ein für die Didaktik der Mathematik wichtiger Aspekt (vgl. etwa Lambert & von der Bank in diesem Buch). Spielerische Erkundungen heißt dabei nicht irgendwie „wild" hantieren, sondern nach einem ersten möglicherweise zufälligen Ansatz mittels Variation dieses Ansatzes unter Berücksichtigung von ein oder zwei selbstgewählten Prinzipien neue Erkenntnisse gewinnen. Eine solche Möglichkeit bietet zum Beispiel der spielerische Umgang mit verschiedenen Werkzeugen einer dynamischen Geometriesoftware, was insbesondere bei einer ersten Erkundung des Umgangs mit der Software angebracht ist.

Hier werden Anregungen für solche Erkundungen gegeben, wobei wir uns auf die ebene Geometrie und (mit Ausnahme einer Ergänzung am Ende) auf das Dreieck als Grundfigur beschränken. Als Werkzeuge verwenden wir „Mittelpunkt", „regelmäßige Vielecke", „Spiegeln" sowie den „Zugmodus". Im siebten Schuljahr wird man nur die jeweiligen Ergebnisse feststellen und benennen, später ab Mitte des achten Schuljahrs wird man auch einige Begründungen mittels bekannter Sätze finden können. Interessierte Schüler*innen kann man auch dazu anregen, mit einfachen Gesetzmäßigkeiten der analytischen Geometrie und algebraischen Umformungen Erklärungen zu finden.

8.2   Figuren erzeugt mit dem Werkzeug „Mittelpunkt"

Gegeben sei ein beliebiges Dreieck ABC mit den üblichen Bezeichnungen α, β, γ und a, b, c für die Innenwinkelmaße bzw. die Seitenlängen. Mit dem Werkzeug „Mittelpunkt" können wir dann zunächst die Seitenmittelpunkte M_a, M_b, M_c konstruieren. Deren Verbindungen erzeugen das Mittendreieck $M_a M_b M_c$ bei dem die Winkelmaße α, β, γ wieder auftreten und das zu den restlichen Teildreiecken von ABC kongruent ist. (Diese Aussagen kann man zunächst nur durch Nachmessen feststellen; formal begründen lassen sie sich, wenn die Sätze über Winkel an Parallelen und die Kongruenzsätze für Dreiecke bekannt sind.) Man kann nun weiterhin das Mittendreieck vom Mittendreieck bilden oder weitere Verbindungsstrecken eintragen oder noch andere Mittelpunkte bilden und miteinander verbinden. Angeregt wird hierbei das Entdecken von gleichgroßen Winkelmaßen, parallelen Strecken und kongruenten Teilfiguren[1] (Abb. 8.1).

8.3   Verwenden des Werkzeuges „Regelmäßiges Vieleck"

Gegeben sei ein gleichseitiges Dreieck ABC. Wir setzen auf die drei Seiten jeweils ein regelmäßiges n-Eck, z. B. ein Dreieck, Viereck, Fünfeck, Sechseck, Zwölfeck und Dreizehneck.

---

[1] Die hier und im Folgenden dargestellten Figuren wurden mit der weitverbreiteten dynamischen Geometriesoftware GeoGebra erzeugt.

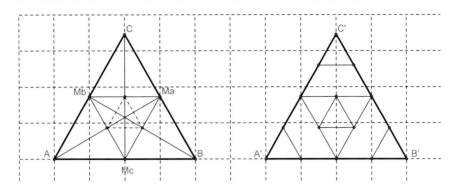

Abb. 8.1 Beispielhafte Figuren bei Anwendung der Mittelpunktbildung

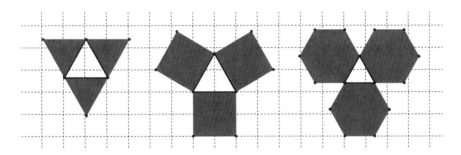

Abb. 8.2 Gleichseitiges Dreieck mit aufgesetzten regelmäßigen Drei-, Vier- und Sechsecken

Bei aufgesetzten regelmäßigen Dreiecken ergibt sich das Ausgangsdreieck, nur vergrößert. Es handelt sich also um die zur Mittendreieckbildung inverse Handlung, d. h., das Mittendreieck dieses vergrößerten Dreiecks ist das Ausgangsdreieck (Abb. 8.2 und 8.3).

Eine Frage bei jeder solchen Figur wäre diejenige nach dem Winkelmaß zwischen den aufgesetzten Vielecken. Weiß man, wie groß die Innenwinkelmaße im regelmäßigen n-Eck sind oder hat man sich diese in der Literatur besorgt, so erhält man für das Winkelmaß zwischen zwei aufgesetzten Vielecken beim regelmäßigen Dreieck 180°, beim Quadrat 120°, beim regelmäßigen Sechseck 60°, beim regelmäßigen Zwölfeck 0° und beim regelmäßigen Dreizehneck überschneiden sich zwei benachbarte Vielecke.

Bei den aufgesetzten regelmäßigen Zwölfecken bleibt oberhalb der gemeinsamen Seite zwischen je zwei aufgesetzten Zwölfecken 60° und es lässt sich dort ein zum Ausgangsdreieck kongruentes gleichseitiges Dreieck einfügen. Man kann dann auf der noch freien Seite dieses Dreiecks ein regelmäßiges Zwölfeck aufsetzen. Das führt zu der Frage, ob es immer so weiter geht, sodass man eine Parkettierung der Ebene mit regelmäßigen Dreiecken und regelmäßigen Zwölfecken erhält.

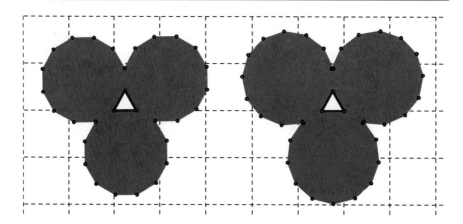

Abb. 8.3 Gleichseitiges Dreieck mit aufgesetzten regelmäßigen Zwölf- und Dreizehnecken

Nimmt man als Ausgangsfigur ein beliebiges Dreieck, so lassen sich weitere Überlegungen anstellen. So sind einmal die Kantenlängen der aufgesetzten regelmäßigen Vielecke natürlich nicht alle gleich groß und die Winkelmaße zwischen zwei benachbarten Seiten sind abhängig von dem Winkelmaß des Dreiecks in dem entsprechenden Eckpunkt. Die Summe der drei Winkelmaße zwischen den benachbarten aufgesetzten regelmäßigen Vielecken ist aber die gleiche wie die entsprechende Winkelmaßsumme beim gleichseitigen Dreieck als Ausgangsfigur. Ab welchem n sich zwei aufgesetzte regelmäßige n-Ecke überschneiden, hängt aber vom größten Winkelmaß des Ausgangsdreiecks ab.

8.4   Iteriertes Spiegeln einer Figur

Wir beginnen wieder mit einem gleichseitigen Dreieck ABC als Grundfigur und spiegeln dieses an der Seite $\overline{BC}$. Danach spiegeln wir das Bilddreieck $BA'C$ an der Seite $\overline{A'C}$, das Bild-Bilddreieck $A'B'C$ an der Seite $\overline{B''C}$ usw. Nach der sechsten Spiegelung landen wir dann wieder bei ABC und erhalten bei weiterer Iteration nichts Neues. Als Gesamtfigur haben wir ein regelmäßiges Sechseck erhalten. Wir erfahren dabei u. a., dass ein regelmäßiges Sechseck sich aus sechs gleichseitigen Dreiecken zusammensetzen lässt und dass das Innenwinkelmaß eines regelmäßigen Sechsecks 120° beträgt (Abb. 8.4).

Wenn wir andere Seiten der Bilddreiecke als Spiegelachsen verwenden, können wir sehr viele verschiedene Figuren erzeugen. Zum Beispiel können wir das wie oben erhaltene Bild-Bilddreieck $A'B'C$ an der Seite $\overline{A'B'}$ spiegeln und das damit erhaltene Dreieck $A'B'C'$ an $\overline{B'C'}$ spiegeln, wobei wir bei entsprechender Iteration ein unendliches „Band" erhalten. Wir könnten aber auch das Bilddreieck $BA'C$ an $\overline{A'B}$ spiegeln und das damit erhaltene Bild-Bilddreieck $A'BB'$ an $\overline{BB''}$ spiegeln etc. (Abb. 8.5).

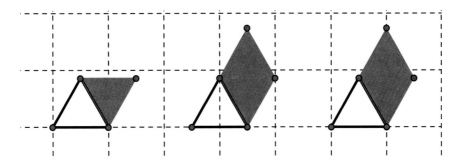

Abb. 8.4 Spiegeln eines Dreiecks an einer Seite mit Iteration dieses Vorgangs

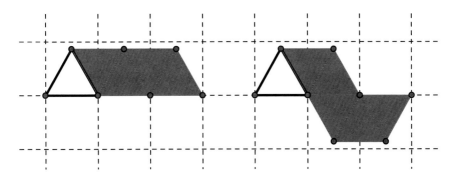

Abb. 8.5 Weitere durch iteriertes Spiegeln erzeugte Figuren

8.5   Spuren von speziellen Punkten eines Dreiecks bei Bewegung eines Eckpunktes mittels Zugmodus

Mit einer dynamischen Geometriesoftware kann man bekanntermaßen mit dem Zugmodus bestimmte Punkte einer Figur beliebig in der Ebene oder entlang einer vorgegebenen Kurve ziehen und die dabei entstehenden Veränderungen beobachten. Zunächst sollte man Schüler*innen genügend Freiheit für einen spielerischen Umgang mit dem Zugmodus geben. Allein schon die Erfahrungen damit, was es für unterschiedliche Ausprägungen von Dreiecken und Vierecken (über die Bilder in Schulbüchern oder an der Tafel hinausgehend) geben kann, ist eine nicht zu unterschätzende Erkenntnis.

Eine mögliche Fokussierung ist dann das Aufsuchen von *Spuren* besonderer Punkte der Ausgangsfigur, etwa des Umkreis- und Inkreis-Mittelpunktes oder der Seitenmitten eines Dreiecks. Dabei sollten die Schüler*innen auch erst einmal spielerisch vorgehen und Vermutungen über den Typus der Spurkurve anstellen. Auch ist es angebracht, Überlegungen zur Lage des betrachteten Punktes in bestimmten Positionen des mit dem Zugmodus bewegten Punktes anzustellen. Schließlich sollen sich interessierte Schüler*innen Gedanken über Begründungen für den Typus der Spurkurve machen. In einzelnen Fällen kann eine solche

Vermutung auch mit elementargeometrischen Mitteln (oder in höheren Klassen-
stufen mit Methoden der analytischen Geometrie oder/und der Trigonometrie)
begründet werden.

Wir wollen uns zur Anregung hier auf rechtwinklige Dreiecke beschränken,
wobei jeweils eine Länge vorgegeben ist. Da es bei der Charakterisierung der
Spuren nicht auf die Lage und die absolute Größe ankommt, kann man stets die
Lage eines Eckpunktes bestimmen sowie die Richtung und die Größe einer Länge
normieren.

8.5.1 Die Länge der Hypotenuse eines rechtwinkligen Dreiecks ist gegeben

Die Endpunkte der Hypotenuse seien mit A und B bezeichnet. Der Punkt C
wandert dann auf dem Thaleskreis über $\overline{AB}$ (Abb. 8.6).

Diese Konstellation wurde auf der Tagung des Arbeitskreises Geometrie 2019
(vgl. Graumann, 2020) ausführlich behandelt, sodass wir hier nicht weiter darauf
eingehen.

8.5.2 Die Länge einer Kathete eines rechtwinkligen Dreiecks ist gegeben

Die Endpunkte der gegebenen Kathete seien mit A und C bezeichnet. Wir können
dann im Koordinatensystem A und C normieren als $A = (1 \mid 0)$ und $C = (0 \mid 0)$,
während $B = (0 \mid v)$ mit variablem $v \in \mathrm{IR}$ auf der y-Achse gezogen wird (Abb. 8.7).

Der *Umkreismittelpunkt* U ist bei einem rechtwinkligen Dreieck
bekanntermaßen gleich dem Mittelpunkt M_c der Hypotenuse $\overline{AB}$. Dessen
x-Koordinate ist das arithmetische Mittel der x-Koordinate von A und der
x-Koordinate von B, d. h. gleich $\frac{1}{2}$. Die Spur von U ist daher eine Gerade, nämlich
die feste Mittelsenkrechte von $\overline{AC}$.

Abb. 8.6 Der Punkt C
wandert auf dem Thaleskreis
über $\overline{AB}$

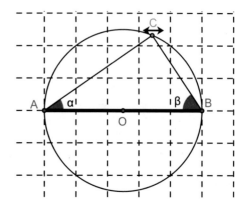

Abb. 8.7 Der Punkt B wandert auf der Senkrechten zur gegebenen Kathete $\overline{AC}$

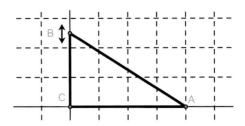

Der *Inkreismittelpunkt I* liegt auch auf einer Geraden, nämlich der festen Winkelhalbierenden von γ.

Der Seitenmittelpunkt M_b ist der feste Mittelpunkt von $\overline{AC}$ und der Seitenmittelpunkt M_a liegt immer auf der y-Achse.

Der *Schwerpunkt S* liegt auf der Verbindung von M_c und C und zwar immer mit $|CS| = \frac{2}{3} \cdot |CM_c|$. Die Spur von S ist also auch eine Gerade, eine Parallele zur y-Achse mit dem Abstand $\frac{1}{3}$ zur y-Achse.

Der *Höhenschnittpunkt H* ist beim rechtwinkligen Dreieck der Schnittpunkt der beiden Katheten und daher hier der feste Punkt C.

8.5.3 Die Länge der Höhe zur Hypotenuse eines rechtwinkligen Dreiecks ist gegeben

Die gegebene Höhe sei mit h bezeichnet. Als festen Punkt setzen wir $A = (0 \mid 0)$. Als wandernden Punkt wählen wir C auf der Parallelen zur x-Achse mit Abstand h und den Koordinaten $C = (u \mid h)$ mit variablem $u \in \mathbb{R}$. Der Punkt B liegt dabei auf der x-Achse. Für seine Koordinaten $B = (c \mid 0)$ folgt wegen $AC \perp BC$ die Gleichung – 1: $\frac{h}{u} = \frac{h}{u-c}$ bzw. $c = \frac{h^2 + u^2}{u}$ (Abb. 8.8).

Der *Umkreismittelpunkt U* ist gleich dem Mittelpunkt der Hypotenuse, d. h., $U = M_c = (\frac{1}{2} \cdot c \mid 0)$. Die Spur von U ist damit auch eine Gerade, nämlich die x-Achse.

Der *Höhenschnittpunkt H* ist mit C identisch und hat deshalb als Spur die parallele Gerade zur x-Achse im Abstand h.

Abb. 8.8 Der Punkt C wandert auf einer Parallelen zu Hypotenuse $\overline{AB}$

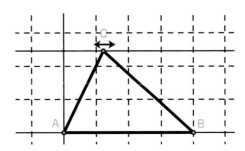

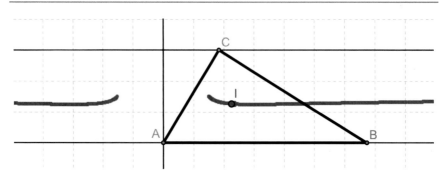

Abb. 8.9 Spur des Inkreismittelpunktes

Die *Mittelpunkte* M_a und M_b haben zur x-Achse immer den Abstand $\frac{1}{2} \cdot h$ und wandern daher auf der Parallelen zur x-Achse im Abstand $\frac{1}{2} \cdot h$ (d. h. der Mittelparallelen von der x-Achse und der Geraden von C).

Der *Schwerpunkt* S liegt auf der Verbindung von A und M_a mit $|AS| = \frac{2}{3} \cdot |AM_a|$. Seine Spur ist damit auch eine Gerade, nämlich die Parallele zur x-Achse mit Abstand $\frac{1}{3} \cdot h$.

Für die Spur des *Inkreismittelpunktes* I erkennt man mit Hilfe einer dynamischen Geometriesoftware, dass I auf keiner Geraden, sondern einer Kurve höherer Ordnung wandert. Als kurze Vorüberlegung zur Spur von I kann man leicht Folgendes feststellen: Wandert u gegen 0, so wandert der Punkt B auf der x-Achse ins Unendliche und α wird zu $90°$; damit bewegt sich dann I auf $(\frac{h}{2} | \frac{h}{2})$ zu. Für $u = h$ ist $\alpha = 45°$ und ABC ein gleichschenklig-rechtwinkliges Dreieck, womit sich $B = (2 \cdot h \mid 0)$ ergibt. Mit der Steigungsformel $y_I : x_I = \tan(\frac{1}{2} \cdot \alpha)$ ergibt sich $I = (h \mid h \cdot \tan 22{,}5°) \approx (h \mid 0{,}4142 \cdot h)$ (Abb. 8.9).

Schüler*innen können auf diese Weise die Erfahrung machen, dass es außer den üblicherweise bekannten Kurven erster und zweiter Ordnung noch ganz andere Kurven gibt. Diese nur mittels der dynamischen Geometriesoftware optisch gemachte Erfahrung reicht zunächst für alle Schüler*innen.

Für besonders interessierte Schüler*innen kann die Lehrkraft dann noch darauf hinweisen, dass man mit Hilfe von analytischer Geometrie und Trigonometrie sowie einigen algebraischen Umformungen die Gleichung $2 \cdot y^4 \cdot x + 2 \cdot y^3 \cdot x^2 + 2 \cdot y^2 \cdot x^3 - 2 \cdot h \cdot y^2 \cdot x^2 + 2 \cdot y \cdot x^4 - h \cdot y^4 - h \cdot x^4 = 0$ (d. h. eine Gleichung fünfter Ordnung) für die Kurve, auf der die Spur von I für $x > 0$ liegt, erhalten kann. Die zu dieser Gleichung gehörige Kurve enthält allerdings außer den Spurpunkten von I noch weitere Punkte, die aufgrund der algebraischen Operationen (Quadrieren etc.) entstanden sind. Unter diesen befinden sich u. a. auch Spurpunkte von Ankreismittelpunkten (Abb. 8.10).

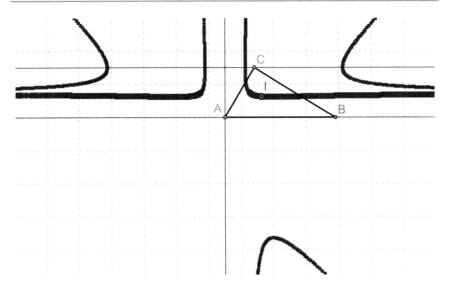

Abb. 8.10 Spurkurven von Inkreis- und Ankreismittelpunkten

8.6   Rechtecke und Rauten als Ausgangsfiguren

Will man das Thema noch weiter variieren (was ganz im Sinne von Hans Schupp wäre), so könnte man z. B. versuchen, Vierecke als Ausgangsfiguren obiger Betrachtungen zu benutzen. Da die Vielfalt der Viereckstypen sehr groß ist und ein beliebiges Viereck fünf Bestimmungsstücke hat, von denen beim Zugmodus nur eines variabel gehalten werden sollte, wollen wir uns hier auf Rechtecke und Rauten beschränken.

8.6.1   Die Mittenfiguren von Rechtecken und Rauten

Aufgrund der Symmetrie eines Rechtecks zu den beiden Verbindungsgeraden gegenüberliegender Seitenmittelpunkte ist das Mittenviereck eines Rechtecks eine Raute. Und aufgrund der Symmetrie einer Raute zu seinen beiden zueinander senkrechten Diagonalen ist das Mittenviereck einer Raute ein Rechteck (Abb. 8.11).

8.6.2   Aufgesetzte regelmäßige Vielecke auf ein Rechteck oder eine Raute

Beim beliebigen Rechteck sind die Kantenlängen der aufgesetzten n-Ecke natürlich unterschiedlich, sodass sich hier die Benutzung eines Quadrates als Ausgangsfigur empfiehlt. Die Winkelmaße zwischen zwei benachbarten aufgesetzten

Abb. 8.11 Rechteck und
Raute haben sich gegenseitig
als Mittenviereck

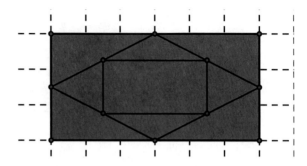

regelmäßigen *n*-Ecken sind aber davon unabhängig. Das Winkelmaß ist 0°, wenn das Innenwinkelmaß des *n*-Ecks gleich $\frac{1}{2}\cdot(360°-90°)$ ist, d. h. wenn $n=8$ ist.

Bei einer beliebigen Raute sind die Kantenlängen zwar alle gleich groß, aber die Winkelmaße zwischen den aufgesetzten regelmäßigen *n*-Ecken hängen von den Winkelmaßen der Raute ab (Abb. 8.12).

8.6.3 Iteriertes Spiegeln eines Rechtecks bzw. einer Raute

Bei geeigneter Reihenfolge der Spiegelung eines Rechtecks bzw. einer Raute kann man ein um den Faktor 2 vergrößertes Rechteck bzw. vergrößerte Raute erhalten. Bei einer anderen Reihenfolge ergeben sich aber auch viele andere Figuren.

8.6.4 Verwenden des Zugmodus bei einem Rechteck mit gegebener Diagonallänge

Von einem Rechteck *ABCD* seien *A* und *C* die Eckpunkte einer Diagonalen. Die Punkte *B* und *D* liegen dann auf dem Thaleskreis über der Diagonalen $\overline{AC}$ und

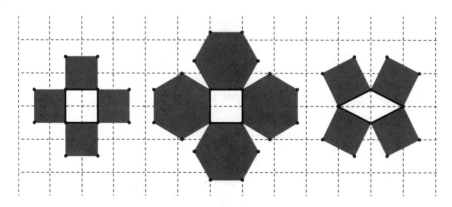

Abb. 8.12 Beispiele aufgesetzter Vielecke auf ein Quadrat bzw. eine Raute

zwar symmetrisch zum Mittelpunkt von $\overline{AC}$. Für spezielle Punkte des Rechtecks wie die Seitenmittelpunkte gelten dann die Ergebnisse des rechtwinkligen Dreiecks mit drittem Punkt auf dem Thaleskreis (vgl. Abschn. 8.4.1).

8.6.5 Verwenden des Zugmodus bei einer Raute mit einer gegebenen Diagonallänge

Von einer Raute $ABCD$ seien A und C die Eckpunkte der Diagonalen mit vorgegebener Länge. Der Punkt D wird dann auf der Mittelsenkrechten von $\overline{AC}$ gezogen und der Punkt B liegt jeweils symmetrisch zu $\overline{AC}$ ebenfalls auf der Mittelsenkrechten von $\overline{AC}$. Der Mittelpunkt aller dieser Rauten ist der feste Punkt M_{AC}. Die Mittelpunkte der Seiten der Raute wandern, wie man leicht begründen kann, auf Parallelen zur Mittelsenkrechten von $\overline{AC}$, und zwar im Abstand $\frac{1}{4} \cdot |\overline{AC}|$.

8.7 Schlussbemerkung

Die aufgezeigten Beispiele sind Anregungen und sollen die vielfältigen Möglichkeiten des spielerischen Umgangs mit einer dynamischen Geometriesoftware andeuten, die dann hoffentlich auch Freude an der Geometrie wecken.

Literatur

Graumann, G. (2020). Die Thalesfigur dynamisch betrachtet – ein elementargeometrisches Problemfeld. In A. Filler & A. Lambert (Hrsg.), *Geometrie als Quelle von Bildung: Anwenden, Strukturieren, Problemlösen* (S. 73–90). Franzbecker.
Schupp, H. (2002). *Thema mit Variationen oder Aufgabenvariationen im Mathematikunterricht.* Franzbecker.

Zur Konkurrenz der Dreieckshöhen

Jörg Meyer

Zusammenfassung

Der einfache (auf Gauß zurückgehende) Beweis, dass die Dreieckshöhen konkurrieren, d. h. sich in einem Punkt treffen, steht zu Recht in jedem Schulbuch. Warum zu diesem altbekannten Thema noch ein Beitrag? Der erwähnte Standard-Beweis ist wie eine Autobahn, mit der man zwar schnell am Ziel ist, aber fast nichts von der Landschaft sieht. Dies ist schade, da die Gegend durchaus ihre Reize hat. Es gibt andere Beweise, die mehr sehen lassen und deren Variation bis zu einer In-Ellipse führt.

9.1   Einleitung

„... dass man im Unterricht zuweilen versuchen sollte, sich einzugraben und Mut zur Gründlichkeit zu haben, statt wie üblich zur nächsten Seite des Schulbuches oder gar nur zur nächsten Einübung derselben Methode weiterzugehen. Dass dabei Einsichten zusammenkommen, die im üblichen Curriculum separiert sind, ist kein Nachteil (Hans Schupp, 2009)."

Der einfache (auf Gauß zurückgehende) Beweis, dass die Dreieckshöhen konkurrieren, d. h. sich in einem Punkt treffen, steht zu Recht in jedem Schulbuch. Warum zu diesem altbekannten Thema noch ein Beitrag? Der erwähnte Standard-Beweis ist wie eine Autobahn, mit der man zwar schnell am Ziel ist, aber

J. Meyer (✉)
Studienseminar Hameln, Hameln, Deutschland
E-Mail: J.M.Meyer@t-online.de

fast nichts von der Landschaft sieht. Dies ist schade, da die Gegend durchaus ihre
Reize hat. Es gibt andere Beweise, die mehr sehen lassen und deren Variation bis
zu einer In-Ellipse führt. Zudem gibt es bei den Höhen einige Desiderate: Kann
man sie als Ortslinien charakterisieren, sodass der von den Mittelsenkrechten,
Winkelhalbierenden und Seitenhalbierenden bekannte Transitivitätsbeweis zur
Konkurrenz auch bei Höhen Anwendung finden kann? Nach Gauß gibt es einen
Zusammenhang zwischen Höhen und Mittelsenkrechten; wir werden sehen,
dass es auch einen Zusammenhang zu Winkelhalbierenden gibt. Was ist mit den
Seitenhalbierenden? Der Schnittpunkt der Mittelsenkrechten führt zum Umkreis,
der Schnittpunkt von Winkelhalbierenden zum Inkreis und zu Ankreisen, der
Schnittpunkt der Seitenhalbierenden ist der Schwerpunkt. Welche Folgerungen
lassen sich in der Schule aus der Höhen-Konkurrenz ziehen? Zu einem Dreieck gibt es eine eindeutige Um-Ellipse, wenn man einen Brennpunkt F vorgibt.
Welche Bedeutung hat der zweite Brennpunkt, wenn F der Höhenschnittpunkt ist?
Leider können diese offenen Fragen nur zum Teil beantwortet werden. Als Handwerkszeug wird der (in der Schule leider nur noch selten unterrichtete) Umfangswinkelsatz verwendet; da Höhen mit rechten Winkeln zu tun haben, ist der Weg zu
Thaleskreisen nicht mehr weit, und Kreise führen zu Winkelaussagen und damit
zu ähnlichen Dreiecken.

9.2   Ein Anfang

Man kann die Höhen-Konkurrenz als Überraschung gestalten, wenn man einen
Punkt C und eine Gerade g (die Trägergerade von c) vorgibt, auf g zwei Punkte A
und B beliebig wählt und die Höhen zu AC und BC einzeichnet (Abb. 9.1). Deren
Schnittpunkt bewegt sich unerwarteterweise auf einer zu g senkrechten Geraden
durch C, wenn A und B beliebig auf g variiert werden.

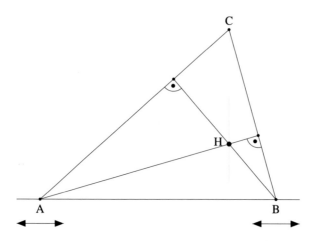

Abb. 9.1 Der Schnittpunkt zweier Höhen

9.3   Beginn mit zwei Höhen

Unter einem *a-b-Höhenschnitt* sei der Schnittpunkt der beiden Höhen verstanden, die auf den Dreiecksseiten *a* und *b* senkrecht stehen. In Abb. 9.2 ist *H* genau dann der *a-b*-Höhenschnitt von *ABC*, wenn *C* der *a-b*-Höhenschnitt von *ABH* ist.

Da durch den Austausch von *H* und *C* die Stumpfwinkligkeit mit der Spitzwinkligkeit vertauscht wird, folgt das Lemma von Hajja/Martini (2013): Man kann sich beim Beweis der Höhen-Konkurrenz auf spitzwinklige Dreiecke beschränken.

Wenn man die Konkurrenz der drei Dreieckshöhen schon bewiesen hat, ist ein Ausbau des Lemmas möglich (Abb. 9.2): *A, B, C, H* bilden ein *orthozentrisches Viereck:* Der Höhenschnitt von *ABC* ist *H,* der Höhenschnitt von *ABH* ist *C,* der Höhenschnitt von *AHC* ist *B* usw.

Schon der *a-b*-Höhenschnitt *H* führt zur Konkurrenz aller drei Höhen, denn die Thaleskreise über *AB* und über *CH* zeigen zusammen mit dem Umfangswinkelsatz mit den Sehnen *AE* bzw. *EH,* dass die markierten Winkel in Abb. 9.3 alle die gleiche Größe haben.

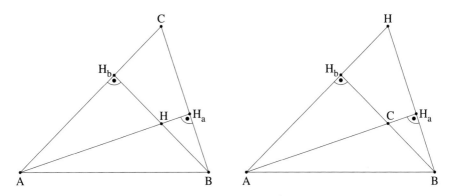

Abb. 9.2   Die *a-b*-Höhenschnitte

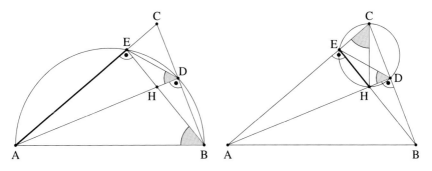

Abb. 9.3   Zwei Höhen und zwei Thaleskreise

Abb. 9.4 Zur dritten Höhe

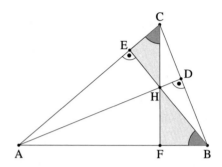

Verlängert man nämlich *CH* über *H* hinaus bis zum Schnittpunkt *F* mit *AB* (Abb. 9.4), so stellt man die Ähnlichkeit der Dreiecke *FBH* und *HCE* fest. Daraus folgt, dass der Winkel bei *F* recht ist und mithin *CF* die dritte Höhe ist.

9.4   Eine Beobachtung

Bekanntlich stehen die Innen-Winkelhalbierenden senkrecht auf den Außen-Winkelhalbierenden (Abb. 9.5). Die Innen-Winkelhalbierenden sind demnach die Höhen des aus den Mittelpunkten der Ankreise gebildeten Dreiecks $W_a W_b W_c$.

Für einen Beweis der Höhen-Konkurrenz muss man von $W_a W_b W_c$ ausgehen und daraus *A*, *B*, *C* gewinnen. *A*, *B*, *C* sind die *Höhen-Fußpunkte* von $W_a W_b W_c$.

Abb. 9.5 Das Dreieck der Ankreis-Mittelpunkte

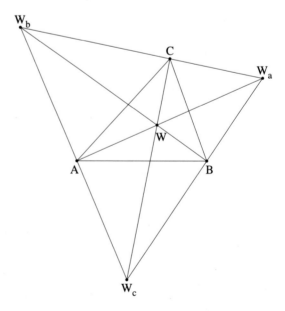

9.5   Höhen und Winkelhalbierende

Nun kann man allgemein einsehen, dass die *Höhen* von *ABC Winkelhalbierende* des Höhen-Fußpunkt-Dreiecks *DEF* sind (Abb. 9.6). Damit folgt aus der (schon bekannten) Konkurrenz der Winkelhalbierenden von *DEF* die Konkurrenz der Höhen von *ABC*.

Das Vorhaben gelingt mit etwas Trigonometrie bzw. mithilfe zueinander ähnlicher Dreiecke (Abb. 9.7). Die Dreiecke *AFE* und *ABC* haben den Winkel α gemeinsam, außerdem ist $\frac{AF}{AE} = \frac{AC}{AB}$. Mithin sind die beiden Dreiecke zueinander ähnlich, und es folgt $\sigma = \gamma$. Analog gilt, dass *DBF* ähnlich zu *ABC* ist, woraus $\tau = \gamma$ folgt. Daher halbiert *CF* den Winkel bei *F* des Dreiecks *DEF*.

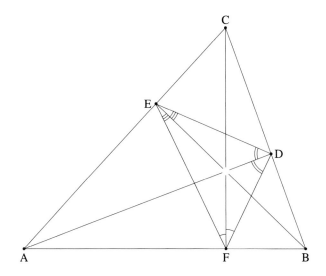

Abb. 9.6   Das Höhen-Fußpunkt-Dreieck von *ABC*

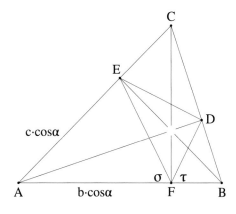

Abb. 9.7   Etwas Trigonometrie

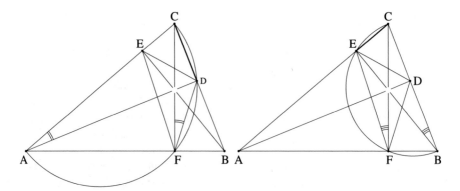

Abb. 9.8 Zwei Thaleskreise

Ebenfalls gelingt das Vorhaben mit zwei Thaleskreisen (und dem Umfangswinkelsatz; Abb. 9.8): Der Thaleskreis über AC zeigt, dass die zweigestrichenen
Winkel über der Sehne CD die gleiche Größe haben; diese beträgt $90°$-γ.

Analog (mit dem Thaleskreis über BC und der Sehne EC) haben die dreigestrichenen Winkel beide die gleiche Größe, und auch diese beträgt $90°$-γ.

9.6   Erste Zwischenreflexion

Bisher wurde erkannt: Aufgrund des Gauß-Beweises sind die Höhen von ABC die
Mittelsenkrechten des Parallelen-Dreiecks UVW (Abb. 9.9).

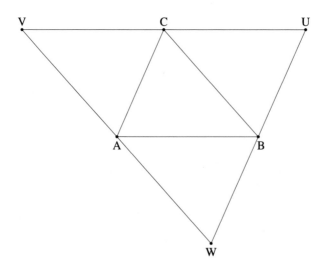

Abb. 9.9 Das Parallelen-Dreieck

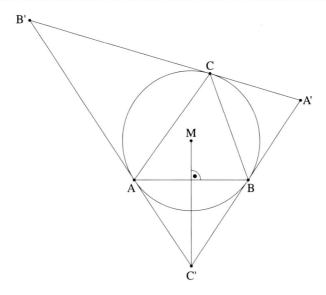

Abb. 9.10   Das Umkreis-Tangenten-Dreieck

Außerdem sind die Höhen die (Innen-) *Winkelhalbierenden* des Höhen-Fußpunkt-Dreiecks. Die *Mittelsenkrechten* haben auch direkt mit den (Innen-) *Winkelhalbierenden* zu tun, denn die Mittelsenkrechten eines spitzwinkligen Dreiecks ABC sind ihrerseits die Innen-Winkelhalbierenden des Umkreis-Tangenten-Dreiecks $A'B'C'$ (Abb. 9.10).

Der Umkreis von ABC ist der Inkreis von $A'B'C'$. Ferner ist ABC *Fußpunkt-Dreieck* von M bezüglich $A'B'C'$. (Ist ABC stumpfwinklig, so bekommt man Außen-Winkelhalbierende, und ist ABC rechtwinklig, so sind zwei Tangenten zueinander parallel.)

9.7   Ausblick, ausgehend vom Umkreis-Tangenten-Dreieck

Es sei $A'B'C'$ das Umkreis-Tangenten-Dreieck von ABC. Die Ecktransversalen AA', BB' und CC' konkurrieren (Abb. 9.11) im nach Ernst Wilhelm Grebe (1804–1874) oder nach Émile Michel Hyacinthe Lemoine (1840–1912) benannten *Symmedian-Punkt* von ABC (vom Umkreis-Mittelpunkt M verschieden!).

Man bekommt den Symmedian-Punkt auch anders (Abb. 9.12). Errichtet man über den Seiten des in Abb. 9.12 fett gezeichneten Ausgangsdreiecks Quadrate, so lassen sich die den jeweiligen Dreiecksseiten gegenüberliegenden Quadratseiten zum roten Dreieck ergänzen, dessen Ecktransversalen durch die ursprünglichen Eckpunkte im Symmedian-Punkt konkurrieren.

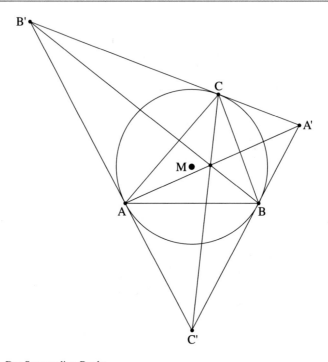

Abb. 9.11　Der Symmedian-Punkt

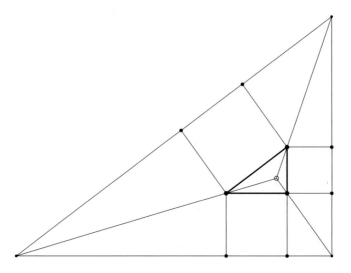

Abb. 9.12　Andere Erzeugung des Symmedian-Punktes

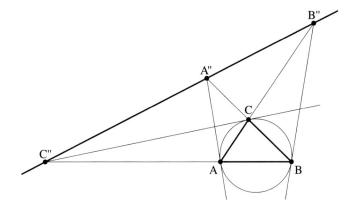

Abb. 9.13 Eine unvermutete Kollinearität

Der Ausblick gestaltet sich noch etwas reichhaltiger: Die Schnittpunkte A''', B'', C'' der Umkreis-Tangenten mit den gegenüberliegenden Dreiecksseiten sind kollinear (Abb. 9.13). Diese Gerade wird nach Lemoine und nach Ludwig Otto Hesse (1811–1874) benannt.

Synthetische Beweise des Ausblicks sind nicht trivial. Aber man kann ein schönes Gebirge besichtigen, ohne es besteigen zu können.

9.8   Zweite Zwischenreflexion

Zum spitzwinkligen Dreieck ABC gehört das spitzwinklige Parallelen-Dreieck $A'B'C'$; die *Höhen* von ABC sind *Mittelsenkrechte* in $A'B'C'$ (Abb. 9.14). Zu $A'B'C'$ gehört das Umkreis-Tangenten-Dreieck $A''B''C''$; damit sind die *Mittelsenkrechten* von $A'B'C'$ Innen-*Winkelhalbierende* von $A''B''C''$. Also sind die *Höhen* von $A''B''C''$ die *Mittelsenkrechten* von $A'B'C'$ und die Innen-*Winkelhalbierenden* von $A''B''C''$.

ABC ist **Fußpunkt-Dreieck** von H bezüglich $A'B'C'$. $A'B'C'$ ist **Fußpunkt-Dreieck** von H bezüglich $A''B''C''$. Kurz und prägnant ausgedrückt:

Höhenschnitt(ABC) = Umkreismitte($A'B'C'$) = Inkreismitte($A''B''C''$)

Hier kommen die Seitenhalbierenden nicht vor. *Nebenbei:* Stets ist das dritte Fußpunkt-Dreieck zum Ausgangsdreieck ähnlich (Abb. 9.15).

Die Begründung ist einfach; für beliebige Punkte P gilt:

$$\alpha_1 = \angle PAC \rightarrow \angle PA'C' = \beta_1 = \angle PBA$$
$$\beta_1 = \angle PBA \rightarrow \angle PB'A' = \gamma_1 = \angle PCB$$
$$\gamma_1 = \angle PCB \rightarrow \angle PC'B' = \alpha_1$$

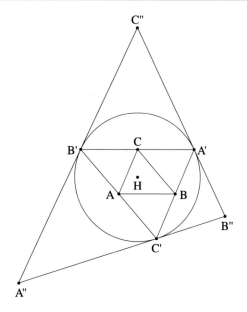

Abb. 9.14 Zusammenfassung

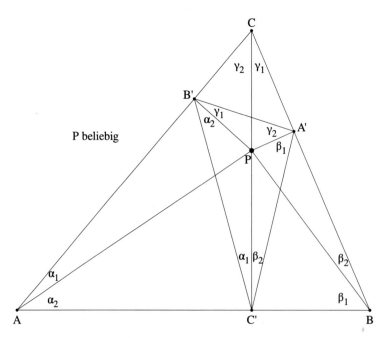

Abb. 9.15 Das Fußpunkt-Dreieck ist zum Ausgangsdreieck ähnlich

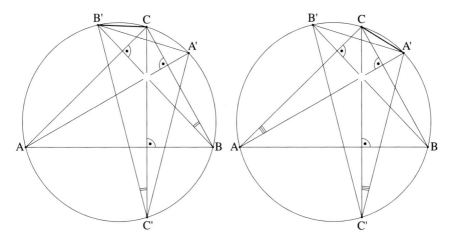

Abb. 9.16 Ein alternativer kurzer Beweis

9.9   Ein alternativer Schnellzugang

Die Winkelhalbierenden treten nicht nur beim Höhen-Fußpunkt-Dreieck auf und
liefern einen einfachen Beweis für die Höhen-Konkurrenz (Abb. 9.16): Verlängert
man die Höhen von *ABC* bis zum Umkreis, erhält man *A'B'C'*.

Die zweigestrichenen Winkel über der Sehne *B'C* und die dreigestrichenen
Winkel über der Sehne *CA'* haben alle die Größe 90°-γ. Daher sind die Höhen von
ABC die Innen-Winkelhalbierenden von *A'B'C'* und deshalb konkurrent.

9.10   Höhen, Mittelsenkrechte und Innen-Winkel-halbierende

… haben einen engen Zusammenhang: Mit *M* als Mittelpunkt des Umkreises hat
man die Konstellation der Abb. 9.17.

Nach dem Umfangswinkelsatz (Abb. 9.18) ist der Winkel bei *M* doppelt so
groß wie der Winkel bei *B*. Daher tritt der Winkel β auch bei *M* auf. Da *DMC*
ähnlich ist zu $H_c BC$, ist σ = τ. Höhe und *CM* liegen spiegelbildlich zur Winkelhalbierenden, nicht aber *M* und H_c.

Man nennt diesen Zusammenhang zwischen *M* und *H isogonale Konjugation*:
H ist zu *M* isogonal konjugiert, der Inkreis-Mittelpunkt ist zu sich selbst isogonal
konjugiert. Auch hier spielen Seitenhalbierende keine Rolle, denn der Schwerpunkt ist zum Symmedian-Punkt isogonal konjugiert. Ist vielleicht gar nicht zu
erwarten, dass Höhen und Seitenhalbierende miteinander zu tun haben?

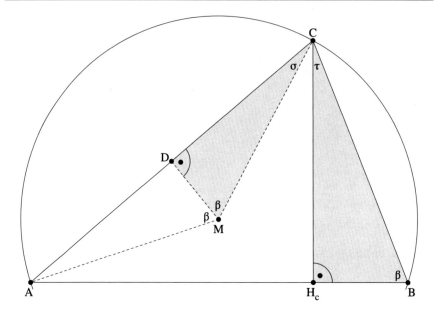

Abb. 9.17 Höhen und Mittelsenkrechte

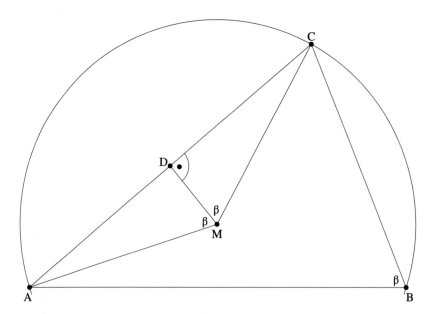

Abb. 9.18 Zum Umfangswinkelsatz

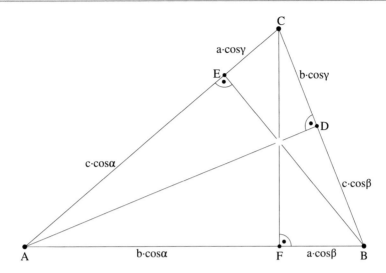

Abb. 9.19 Zum Satz von Ceva

9.11 Alternative mit dem Satz von Ceva

Natürlich hätte man die Konkurrenz der Dreieckshöhen auch direkt mit dem Satz von Ceva begründen können (Abb. 9.19).

9.12 Die Begründung nach Newton

… gestaltet sich ganz anders (Abb. 9.20).

Die Höhen CF und AD schneiden sich in H. Da AFH ähnlich ist zu FBC, ist $HF = pq/CF$, und man hätte dasselbe Resultat, wenn man CH nicht mit der Höhe durch A, sondern mit der Höhe durch B geschnitten hätte. (Für $C = H$ hat man den Höhensatz.)

9.13 Von Newton zu einer In-Ellipse

In Abb. 9.20 gilt $AF \cdot FB = FH \cdot CF$. Nach dem Sehnensatz ist $AF \cdot FB = FH \cdot CF$ (Abb. 9.21), zusammen also $FH = FK$ mit K auf dem Umkreis.

Man kann die Sache auch umkehren: Zum Umkreis und zu H gibt es beliebig viele Dreiecke, deren Höhenschnitt H ist; man muss nur K variieren (Abb. 9.22): die Mittelsenkrechte zu KH liefert A und B, und KH schneidet den Kreis in C.

Dass H tatsächlich der Höhenschnitt ist, sieht man so ein: Da AB die Mittelsenkrechte zu HK ist, haben in Abb. 9.22 die zweigestrichenen Winkel bei B gleiche Größe. Wegen des Umfangswinkelsatzes (Sehne AK) tritt der zwei-

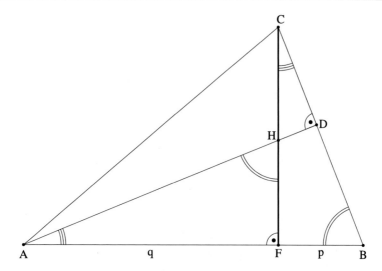

Abb. 9.20 Begründung nach Newton

Abb. 9.21 Newton und der
Sehnensatz

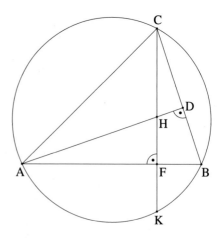

gestrichene Winkel auch bei *C* auf. Daher sind die Dreiecke *KBF* und *GHC*
zueinander ähnlich, sodass der Winkel bei *G* recht ist. *GB* ist demnach eine Höhe.
Analog argumentiert man für die Gerade *AH*. Die Konstellation erinnert an die
Konstruktion von Ellipsentangenten (Abb. 9.23), ausgehend vom Leitkreis um *M*
(als Umkreis von *ABC*) und dem Brennpunkt *F* = *H*; die Mittelsenkrechte zu *KH*
ist Ellipsen-Tangente.

Diese In-Ellipse ist nach Alexander Murray Macbeath (1923–2014) benannt.
(Die In-Ellipse wird eine Hyperbel, wenn H außerhalb des Umkreises liegt.)

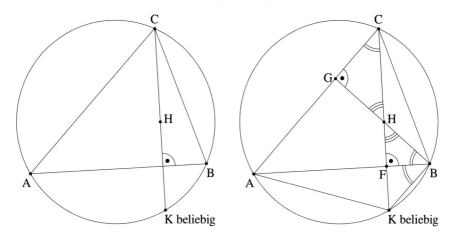

Abb. 9.22 Dreieck zum Umkreis und zu *H*

Abb. 9.23 Zur In-Ellipse

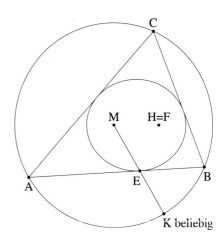

Selbstverständlich gibt es auch andere In-Ellipsen (mit anderen Brennpunkten). Bei einer In-Ellipse sind deren Brennpunkte zueinander isogonal konjugiert (Akopyan & Zaslavsky, 2007, S. 10 f.). Wenn es In-Ellipsen gibt, gibt es sicherlich auch Um-Ellipsen. Eine Um-Ellipse ist eindeutig bestimmt, wenn man nicht nur *A*, *B*, *C*, sondern zusätzlich einen Brennpunkt *F* vorgibt (Abb. 9.24). Ist *F* der Höhenschnitt *H*, so stellt sich die Frage nach der Bedeutung des zweiten Brennpunkts *Z*. Experimente lassen vermuten, dass der Inkreis-Mittelpunkt *W* auf der Brennpunktsachse liegt.

Abb. 9.24 Die Um-Ellipse
mit H als Brennpunkt

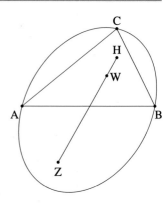

9.14   Von Newton zu Segner und zu einem Additionstheorem

Da in Abb. 9.25 die Beziehung $HC = \frac{b \cdot \cos\gamma}{\sin\beta} = 2 \cdot R \cdot \cos\gamma$ symmetrisch in A und B ist, konkurrieren die drei Höhen. Das war der Gedankengang von Newton. Aus der angegebenen Beziehung folgt auch der Satz von Johann Andreas SEGNER (1704–1777), wonach $\frac{HA}{\cos\alpha} = \frac{HB}{\cos\beta} = \frac{HC}{\cos\gamma} = 2 \cdot R$ gilt.

Man beachte die Ähnlichkeit zum Sinussatz.

Fügt man das Bisherige zusammen und berücksichtigt, dass $CH + HF = CF$ ist, gelangt man zu $\cos\gamma + \cos\alpha \cdot \cos\beta = \sin\alpha \cdot \sin\beta$. Das ist ein *Additionstheorem* für $\alpha + \beta + \gamma = 180°$.

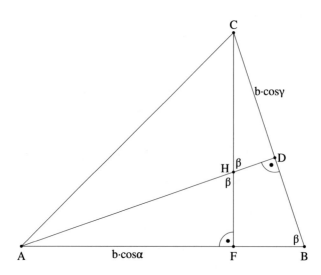

Abb. 9.25 Zum Satz von Segner

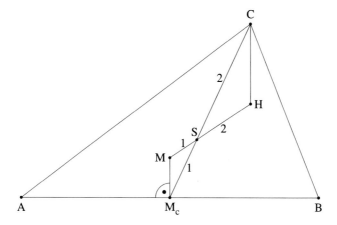

Abb. 9.26   Zur Euler-Geraden

9.15   Der direkte Weg zur Euler-Geraden

Konstruiert man zum Umkreismittelpunkt M und zum Schwerpunkt S einen Hilfs-
punkt H auf der Geraden durch M und S so, dass SH doppelt so lang ist wie MS
(Abb. 9.26), so ist CH zu MM_c parallel, also ist CH die Höhe durch C. Da man
analog für die beiden anderen Höhen argumentieren kann, ist H der Höhenschnittpunkt.

9.16   Die Vektorgeometrie liefert den einfachsten Beweis

„Algebra (…), diese Disziplin, welche dem menschlichen Verstande so hilfreich ist und
ihn zu führen scheint, ohne ihn zu erleuchten (Voltaire, 1734).“

Rechnet man mit Punkten wie mit den zugehörigen Ortsvektoren, so gilt:

$$\text{Punkt } H \text{ auf } h_c \Leftrightarrow (H - C) \cdot (A - B) = 0.$$

Addition liefert $(H - A) \cdot (C - B) = 0$. Also liegt H auch auf der dritten Höhe.

9.17   Höhen als Ortslinien

Für Punkte T auf der Höhe durch C gilt (Abb. 9.27) $\cos \alpha = \frac{TE}{TC}$ und $\cos \beta = \frac{TD}{TC}$,
also $\frac{TE}{\cos \alpha} = \frac{TD}{\cos \beta}$ oder $\boxed{aT \cdot \cos \alpha = bT \cdot \cos \beta}$ mit gP als rechtwinkligem Abstand
zwischen dem Punkt P und der Geraden g. Diese Eigenschaft charakterisiert
Punkte T auf der Höhe h_c durch C.

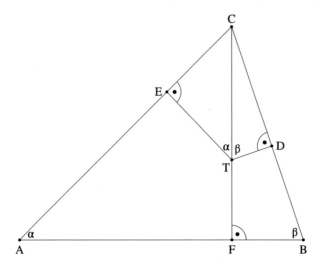

Abb. 9.27 Ortslinien-Eigenschaft

Dann gilt:

$$\left.\begin{array}{l} T \text{ auf } h_a \Leftrightarrow bT \cdot \cos\beta = cT \cdot \cos\gamma \\ T \text{ auf } h_b \Leftrightarrow aT \cdot \cos\alpha = cT \cdot \cos\gamma \end{array}\right\} \Rightarrow bT \cdot \cos\beta = aT \cdot \cos\alpha \Leftrightarrow T \text{ auf } h_c$$

Damit hat man einen Transitivitätsbeweis, bei dem jedoch die anschauliche Bedeutung von $aT \cdot \cos\alpha$ offen bleibt.

9.18 Schulnahe Folgerungen aus der Höhen-Konkurrenz

Bei Euklid kommt der Höhenschnitt nicht vor; er braucht ihn also gar nicht. Gleichwohl kommt er im Geometrieunterricht vor: Für spitzwinklige Dreiecke liefert die Höhen-Konkurrenz einen besonders einfachen Beweis zum Cosinussatz (Haag 2003, S. 33). Leicht zu beweisen ist, dass auf einer rechtwinkligen Hyperbel zu den Hyperbelpunkten A, B, C auch der Höhenschnitt auf der Hyperbel liegt. Etwas aufwändiger ist in der Sekundarstufe II der Beweis für die folgende allgemeinere Aussage: Ist ABC nicht rechtwinklig, so ist *jede* Kurve vom Grad 2 durch A, B, C und H eine rechtwinklige Hyperbel.

In der Sekundarstufe I wird oftmals die Höhenschnittpunkts-Parabel (Abb. 9.28) unterrichtet (wenn C auf einer Parallelen zu c wandert, beschreibt H eine Parabel, deren Leitgerade mit der erwähnten Parallele nicht identisch ist).

Man kann auch untersuchen, was geschieht, wenn C auf einer anderen Geraden variiert wird. Interessanter ist es, wenn man C mit H vertauscht (Abb. 9.29), denn ist H der Höhenschnitt zu ABC, so ist C der Höhenschnitt zu ABH. Also wird man auf einer Parabel A und B (beide symmetrisch zur Parabel-Achse) festlassen und

Abb. 9.28 Die
Höhenschnittpunkts-Parabel

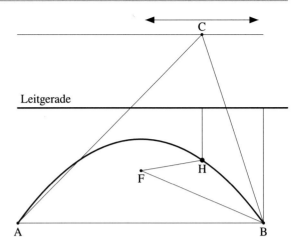

Abb. 9.29 Von der Parabel
zur Geraden

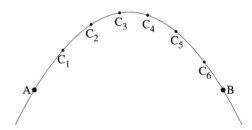

auf dieser Parabel C variieren. Dann wandert H auf einer Geraden. (Hier bietet sich als Anschlussproblem die Untersuchung an, was sich ergibt, wenn A und B nicht symmetrisch zur Parabel-Achse liegen.)

Schon in der Sekundarstufe I ist der folgende Sachverhalt beweisbar, wenn man (über die Diskriminante einer quadratischen Gleichung) Tangenten der Normalparabel berechnen kann: Auf der Normalparabel werde zu den drei Parabelpunkten A', B', C' das Tangenten-Dreieck ABC gebildet (Abb. 9.30). Dessen Höhenschnittpunkt H liegt stets auf der Leitgeraden. Dieser Sachverhalt gilt für *jede* Parabel.

Eine weitere Anwendung der Höhen-Konkurrenz geht von der Beobachtung aus, dass eine Höhe als gemeinsame Sehne (Chordale) zweier Thaleskreise entsteht (Abb. 9.31).

Dann müssen die gemeinsamen Sehnen (Chordalen) dreier Kreise konkurrieren (Abb. 9.32).

Der Schnittpunkt existiert auch dann, wenn es keine gemeinsamen Sehnen gibt (Abb. 9.33).

Abb. 9.30 Tangenten-
Dreieck einer Parabel

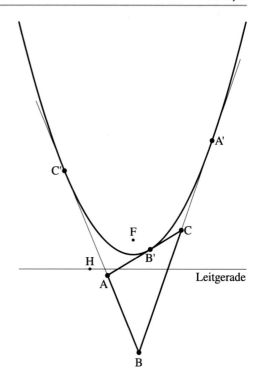

Abb. 9.31 Chordalen
können Höhen sein

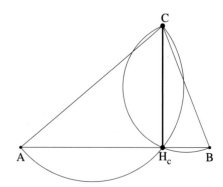

9.19   Schlussbemerkung

Selbst wenn es keine schulnahe Anwendung gäbe: Der Perspektivenwechsel
(Höhen als Mittelsenkrechte, Höhen als Winkelhalbierende) ist eine Art von Übersetzung und kann das Vermögen fördern, nicht nur Strukturen passiv zu erkennen,
sondern sie auch aktiv hineinzusehen.

Abb. 9.32   Drei Chordalen

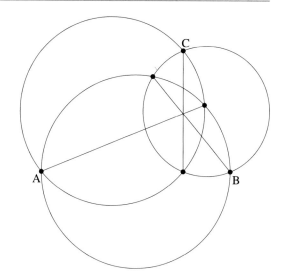

Abb. 9.33   Schnittpunkt
dreier Chordalen

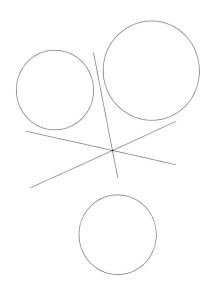

Literatur

Akopyan, A. V., & Zaslavsky, A. A. (2007). Geometry of conics. Providence: *American Mathematical Society*.

Haag, Wilfried (2003). Wege zu geometrischen Sätzen. Stuttgart usw.: Klett Verlag.

Hajja, M., & Martini, H. (2013). Concurrency of the altitudes of a triangle. *Mathematische Semesterberichte, 60,* 249–260.

Schupp, H. (2009): Rund um den Thales-Satz. *MNU, 62,* 395–399.

Voltaire: Philosophische Briefe; 1. Anhang zum 17. Brief. In: Erzählungen, Dialoge, Streitschriften, Band 3. Berlin 1981: Rütten & Loening, S. 96.

Invariante Flächensummen

10

Hans Walser

Zusammenfassung

Einige geometrische Sätze, insbesondere der Satz des Pythagoras, werden unter dem Aspekt der invarianten Flächensumme untersucht. Diese neue Sichtweise ermöglicht ein ganzes Feld von Verallgemeinerungen und zugehörigen Illustrationen.

10.1 Lakritze

Der Witz des Satzes von Pythagoras ist nicht, wie man in der Schule ausgiebig lernt, dass $a^2 + b^2 = c^2$ ist, sondern dass $a^2 + b^2 = a^2 + b^2$ ist, auch wenn in der Zwischenzeit der Punkt C auf dem Thaleskreis bewegt wurde, siehe Abb. 10.1. Die Invarianz der Flächensumme der beiden Kathetenquadrate also. Das c^2 ergibt sich dann als Grenzfall.

Im Folgenden werden weitere Beispiele invarianter Flächensummen von zwei oder mehr Quadraten vorgestellt.

10.2 Auf der Sinuskurve

Zwei Quadrate gehen auf der Sinuskurve spazieren: Abb. 10.2.

Die Länge der horizontal eingezeichneten Basis ist die halbe Periodenlänge.

H. Walser (✉)
Frauenfeld, Schweiz
E-Mail: hwalser@bluewin.ch

© Der/die Autor(en), exklusiv lizenziert an Springer-Verlag GmbH, DE, ein Teil von
Springer Nature 2023
A. Filler et al. (Hrsg.), *Freude an Geometrie – Zum Gedenken an Hans Schupp*,
https://doi.org/10.1007/978-3-662-67394-2_10

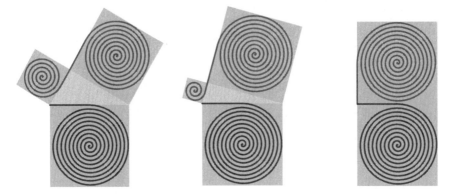

Abb. 10.1 Das eine gibt, das andere nimmt

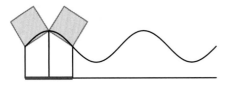

Quadratflächen = {3.47, 3.47}   Quadratflächen = {2.56, 4.38}
Flächensumme = 6.93   Flächensumme = 6.93

Abb. 10.2 Spaziergang auf der Sinuskurve

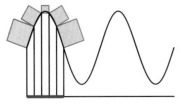
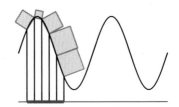

Quadratflächen = {3.5, 1.58, 0.39, 1.58, 3.5}   Quadratflächen = {1.35, 0.41, 1.82, 3.63, 3.35}
Flächensumme = 10.57   Flächensumme = 10.57

Abb. 10.3 Semmeringbahn

10.3   Als ich das erste Mal auf dem Dampfwagen saß

Es geht auch mit fünf Quadraten (Abb. 10.3).

Die blaue Basislänge ist wiederum die halbe Periodenlänge. Dass es schon mit der halben Periodenlänge geht, hat mit der Schubspiegelsymmetrie der Sinuskurve zu tun: Abb. 10.4. Wenn wir auf der vollen Periodenlänge eine gerade Anzahl von Quadraten platzieren, ergeben sich zwei kongruente schubspiegelsymmetrische Hälften.

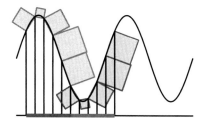

Quadratflächen = {1.38, 0.41, 1.79, 3.62, 3.37}
Flächensumme = 10.57

Abb. 10.4   Schubspiegelsymmetrie

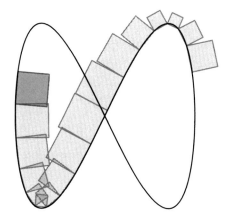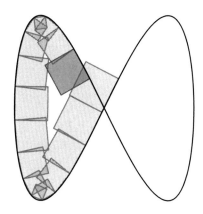

Flächensumme = 1.44   Flächensumme = 1.44

Abb. 10.5   Achterbahn mit Lok

10.4   Achterbahn (Lissajous-Kurve)

Die Abb. 10.5 zeigt eine Lissajous-Kurve.

Die Lok schrammt knapp am letzten Wagen vorbei: Abb. 10.6. Das hat natürlich mit der halben Periodenlänge zu tun.

10.5   Externer Pivot

Die drei bewegten Quadratecken fahren auf einer Ellipse, siehe Abb. 10.7. Das ist eine sehr spezielle Lissajous-Kurve.

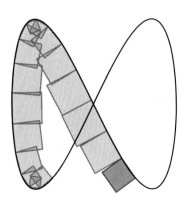
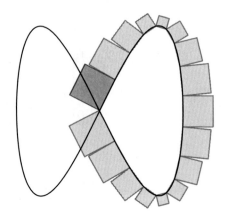

Flächensumme = 1.44   Flächensumme = 1.44

Abb. 10.6 Halbe Periodenlänge

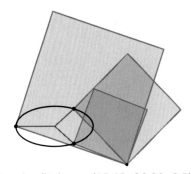
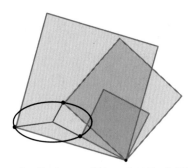

Quadratflächen = {15.13, 36.39, 8.5}   Quadratflächen = {18.4, 34.79, 6.83}
Flächensumme = 60.02   Flächensumme = 60.02

Abb. 10.7 Externer Pivot

10.6 Schlüsselformeln

Für den Nachweis der invarianten Flächensummen in unseren Beispielen sind die folgenden Formeln hilfreich:

$$\sum_{k=1}^{n} \cos\left(t + k\frac{2\pi}{n}\right) = 0, \tag{10.1}$$

$$\sum_{k=1}^{n} \sin\left(t + k\frac{2\pi}{n}\right) = 0, \tag{10.2}$$

$$\sum_{k=1}^{n} \cos^2\left(t + k\frac{2\pi}{n}\right) = \frac{n}{2}, \tag{10.3}$$

Abb. 10.8 Überlandleitung

$$\sum_{k=1}^{n} \sin^2\left(t + k\frac{2\pi}{n}\right) = \frac{n}{2}. \qquad (10.4)$$

Der Beweis läuft über regelmäßige Vielecke oder mit der komplexen Exponential-funktion.

Für $n = 3$ sind wir in der Situation des Dreiphasenstroms. Da die Spannungs-summe null ist, braucht es keinen Rücklauf. Daher ist die Anzahl der Drähte bei Überlandleitungen immer ein Vielfaches von drei (Abb. 10.8).

10.7   Der gute alte Pythagoras

In der Schule wird der Satz des Pythagoras oft mit horizontaler Hypotenuse dar-gestellt, siehe Abb. 10.9. Der Punkt C bewegt sich auf dem Thaleskreis. Dies ent-spricht dem antiken Weltbild mit einer festen horizontalen Erde (die Hypotenuse) und einer Sonne C, die am Morgen bei A im Osten aufgeht, den Sonnenkreis beschreibt und am Abend im Westen bei B untergeht.

Nun ja, und in der Nacht geht sie untendurch zurück: Abb. 10.10.

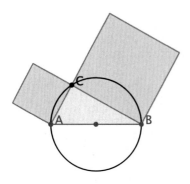

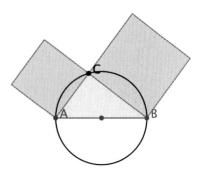

Quadratflächen = {3.07, 0.93}   Quadratflächen = {2.56, 1.44}
Flächensumme = 4   Flächensumme = 4

Abb. 10.9 Klassische Darstellung

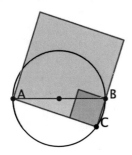

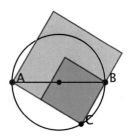

Quadratflächen = {0.38, 3.62}   Quadratflächen = {1.04, 2.96}
Flächensumme = 4   Flächensumme = 4

Abb. 10.10 Pythagoras bei Nacht

10.8   Die kopernikanische Wende

Der Punkt C bleibt fest, die Hypotenuse dreht sich wie ein Propeller um ihren
Mittelpunkt, siehe Abb. 10.11. Das ist immer noch der Satz des Pythagoras, aber
mit umgekehrtem Bewegungsmodell. Die Flächensumme der Kathetenquadrate ist
nach wie vor invariant.

10.9   Apollonios und al Sijzi

Die Flächensumme der Seitenquadrate bleibt invariant, auch wenn der Punkt C
weiter weg ist: Abb. 10.12 (Sätze von Apollonios und al Sijzi). Wir haben nun kein
rechtwinkliges Dreieck mehr. Die Grundlinie AB dreht wie ein Propeller.

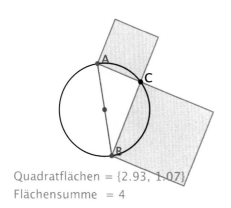

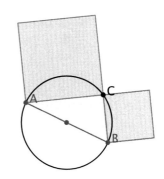

Quadratflächen = {2.93, 1.07}
Flächensumme = 4

Quadratflächen = {1.06, 2.94}
Flächensumme = 4

Abb. 10.11 Umgekehrte Sicht. Propeller

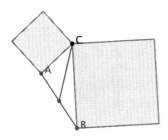

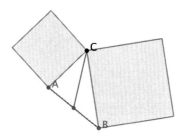

Quadratflächen = {6.61, 1.79}
Flächensumme = 8.41

Quadratflächen = {5.68, 2.73}
Flächensumme = 8.41

Abb. 10.12 Kein rechtwinkliges Dreieck

Natürlich könnten wir auch die Grundlinie *AB* festhalten und *C* auf einem Kreis um den Mittelpunkt der Grundlinie variieren.

10.10 Allgemein

Die obigen Sachverhalte lassen sich allgemein formulieren: Eine Figur aus den Punkten $A_1, \ldots, A_n$ dreht sich um ihren Schwerpunkt S. Weiter sei C ein externer fester Punkt. Dann ist die Summe der Quadrate der Abstände von C zu den Punkten $A_1, \ldots, A_n$ invariant.

Ein Beispiel mit drei Punkten zeigt Abb. 10.13.

Für den Beweis setzen wir den Nullpunkt des Koordinatensystems in den Schwerpunkt S (Prinzip der einfachen Lage). Es ist also $S(0,0)$. Weiter schreiben wir $A_k(x_k, y_k)$, $k = 1, \ldots, n$. Da der Nullpunkt im Schwerpunkt liegt, erhalten wir:

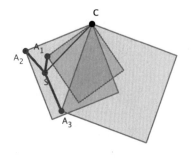

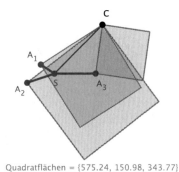

Quadratflächen = {337.55, 533.89, 198.55}
Flächensumme = 1069.99

Quadratflächen = {575.24, 150.98, 343.77}
Flächensumme = 1069.99

Abb. 10.13 Drehen um Schwerpunkt

$$\sum\nolimits_{k=1}^{n} x_k = 0, \quad \sum\nolimits_{k=1}^{n} y_k = 0. \tag{10.5}$$

Weiter sei $C(x_C, y_C)$. Für die Summe der Quadrate der Abstände von C zu den Punkten $A_1, \dots, A_n$ gilt:

$$\sum\nolimits_{k=1}^{n} d(C, A_k)^2 = \sum\nolimits_{k=1}^{n} \left((x_k - x_C)^2 + (y_k - y_C)^2 \right). \tag{10.6}$$

Wegen Gl. 10.5 ergibt sich:

$$\sum\nolimits_{k=1}^{n} d(C, A_k)^2 = \sum\nolimits_{k=1}^{n} d(S, A_k)^2 + n d(S, C)^2. \tag{10.7}$$

Die beiden Summanden im rechten Teil von Gl. 10.7 sind konstant.

10.11 Einfachstes Beispiel: Apollonios und al Sijzi

Bei einem Dreieck ABC erhalten wir:

$$a^2 + b^2 = 2\left(\frac{c}{2}\right)^2 + 2s_c^2. \tag{10.8}$$

Dieser Sachverhalt kann gemäß Abb. 10.14 visualisiert werden.

Die Flächensumme der beiden schrägen roten Quadrate ist gleich der Flächensumme der vier blauen Quadrate mit den Seitenlängen s_c beziehungsweise $\frac{c}{2}$. Dies ist der Satz des Apollonios. Der Satz von al Sijzi besagt umgekehrt, dass zu gegebenen Punkten A und B bei konstanter roter Quadratflächensumme der Eckpunkt C auf dem eingezeichneten Kreis liegen muss. Dies ist eine Verallgemeinerung des Thaleskreises.

Im Sonderfall eines rechtwinkligen Dreieckes wird der blaue Teil zum Hypotenusenquadrat und wir erhalten den Satz des Pythagoras zurück.

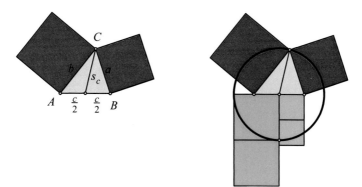

Abb. 10.14 Einfachstes Beispiel

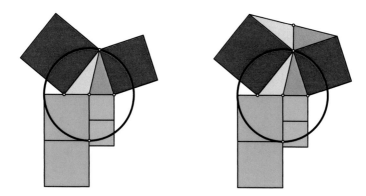

Abb. 10.15 Umbau der Figur

10.12 Umbau der Figur

Wir zerlegen das Dreieck durch die Schwerlinie s_c in zwei Teildreiecke. Diese Teildreiecke können wir in anderer Anordnung oben ansetzen, siehe Abb. 10.15.

Das Dreieck kann mit einem Gelenk umgeklappt werden: Abb. 10.16.

Nun können wir die blauen Quadrate anders anordnen: Abb. 10.17.

Schließlich bauen wir die blauen Rechtecke in Quadrate um, siehe Abb. 10.18.

Erstaunliches geschieht. Die blauen Quadrate haben ebenfalls eine Ecke gemeinsam, wie die roten. Wir erhalten eine Schließungsfigur mit struktureller Symmetrie (Walser, 2021). Wir hätten ebenso gut mit den beiden blauen Quadraten beginnen können.

Aufgrund unserer Herleitung ist die Flächensumme der blauen Quadrate gleich der Flächensumme der roten.

Abb. 10.16 Klappschnabel

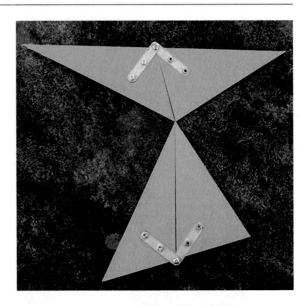

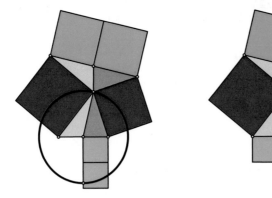

Abb. 10.17 Andere Anordnung der blauen Quadrate

10.13 Papillon

Die Schließungsfigur Abb. 10.18 hat einige merkwürdige Eigenschaften. Die Umkreise der vier Quadrate verlaufen durch einen gemeinsamen Punkt: Abb. 10.19. Ihre Mittelpunkte, also auch die Mittelpunkte der vier Quadrate, bilden ein fünftes Quadrat.

Die Diagonalverbindungen der Außenecken sind orthogonal und gleich lang, siehe Abb. 10.20. Ihre Mittelpunkte sind die Kontaktpunkte gleichfarbiger Quadrate. Die Diagonalen schneiden sich im gemeinsamen Schnittpunkt der vier

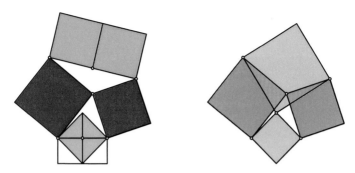

Abb. 10.18   Umbau der Rechtecke. Schließungsfigur

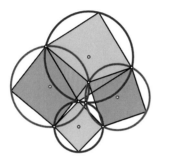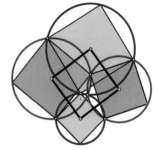

Abb. 10.19   Umkreise

Abb. 10.20   Diagonalen

Umkreise. Die Diagonalverbindungen der Rot-blau-Gelenkpunkte sind ebenfalls orthogonal und gleich lang und schneiden sich ebenfalls im gemeinsamen Schnittpunkt. Zu den Diagonalen der Außenecken haben sie einen Winkel von 45°. Das Längenverhältnis der langen Diagonalen zu den kurzen ist $\sqrt{2} : 1$.

Die Schließungsfigur kann zu einer Spirale ergänzt werden: Abb. 10.21.

Abb. 10.21 Spirale

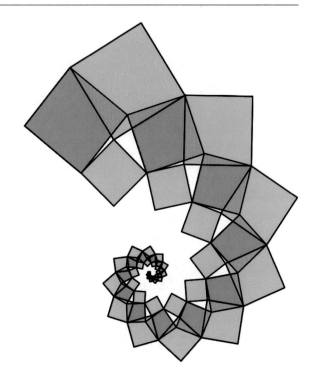

Literatur

Walser, H. (2021). Spiel mit Quadraten. MU, Der Mathematikunterricht. Jahrgang 67. Heft
  3–2021. S. 17–27. ISSN 0025–5807.

Geometrisch argumentieren in der Analysis

11

Manfred Schmelzer

Zusammenfassung

Die Ableitungen und Integrale der elementaren Basisfunktionen u. a. der Sinus-, Potenz- und Exponentialfunktionen werden geometrisch hergeleitet. Die Skalierung von Funktionsgraphen überträgt sich auf deren Tangenten und Integralflächen. Dabei treten Grenzwerte, h-Methode sowie Ober- und Untersummen in den Hintergrund. Alle vorgestellten Herleitungen verzichten auf den Hauptsatz der Differential- und Integralrechnung. Getreu dem Motto „Bilder sagen mehr als tausend Worte" soll die Perspektive in der Analysis von der formal-symbolischen zur konstruktiv-ikonischen Ebene verlagert werden.

11.1   Einleitung

Die Anregung, im Schulunterricht stärker mit Skalierungen zu argumentieren, geht ursprünglich von einem Vortrag von Christoph Hammer aus (Hammer, 2016). Zur A-priori-Bestimmung von Integralen vor dem Hauptsatz der Differential- und Integralrechnung gibt es mehrere Herleitungswege.

Oft werden Integralflächen durch Grenzwerte von Riemannsummen bestimmt, z. B. im Buch von Martin Barner und Friedrich Flohr (Barner & Flohr, 1983).

Die Artikel (Kirfel & Kaenders, 2017 und 2020) von Christoph Kirfel und Rainer Kaenders argumentieren in der Analysis sehr umfassend mit Skalierungen. Deren Skalierungskonzept wird hier vielfach übernommen.

M. Schmelzer (✉)
Regensburg, Deutschland
E-Mail: manfred.schmelzer@web.de

A. Filler et al. (Hrsg.), *Freude an Geometrie – Zum Gedenken an Hans Schupp*, https://doi.org/10.1007/978-3-662-67394-2_11

Die Abb. 11.1 zeigt ein „Mittelwertrechteck" *R,* dessen Oberkante den Funktionsgraphen G_f an einer Stelle t schneidet, an der die Tangentensteigung $f'(t) = \frac{\Delta y}{\Delta x}$ gleich der Sekantensteigung über dem Intervall Δx ist.

Das Argumentieren mit solchen Mittelwertrechtecken soll als eigenständiges Herleitungsprinzip betrachtet werden.

Die Integralfläche $\int f^{-1}(y) dy$ der Umkehrfunktion ergänzt sich in Abb. 11.2 aus dem Buch *Analysis 1* von Theodor Bröcker (Bröcker, 1992) mit $\int f(x) dx$ zu einem Sechseck. Dieser Zugang lässt sich im Unterricht leicht umsetzen, z. B. zur Ermittlung der Integrale $\int \ln x dx$ oder $\int \sqrt{x} dx$.

Das Volumen einer Pyramide der Höhe a über der Grundfläche a^2 lässt sich durch Integration über die in Abb. 11.3 dargestellten Schnittflächen herleiten: $V = \int_0^a x^2 dx$. Mit dem Prinzip von Cavalieri ist der Wert $V = \frac{1}{3} a^3$ a priori bekannt. So ergibt sich ein Beweis für $\int_0^a x^2 dx = \frac{1}{3} a^3$.

Die Idee, Ableitungen und Integrale aus der Fläche oder dem Volumen bekannter Körper abzuleiten, lässt sich auch auf andere Funktionen anwenden.

Es werden nun exemplarisch Integrale und Ableitungen verschiedener Funktionen hergeleitet, unter Verwendung eines der vorgestellten Prinzipien:

- Argumentieren mit Volumen und Oberflächen bekannter Körper,
- Argumentieren mit dem Graphen der Umkehrfunktion,
- Argumentieren mit Mittelwertrechtecken,
- Argumentieren mit Skalierungen von Funktionsgraphen.

Diese verschiedenen Ansätze finden sich teils im Artikel *Mathematische Erschließungsmethoden in der Geometrie* des Autors (Schmelzer 2016). Anstelle einer „einfachsten" Herleitung steht eine größere Vielfalt an Argumenten im Vordergrund.

Abb. 11.1 Konstruktion eines Schätzers für Integralflächen mit dem Mittelwertsatz

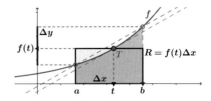

Abb. 11.2 Die Umkehrabbildung von f hat vertauschte Achsen

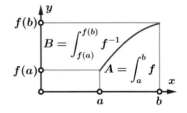

Abb. 11.3 Die Pyramide hat ihre Spitze im Ursprung und ihre Grundfläche senkrecht zur x-Achse

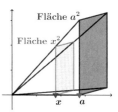

11.2 Ableitung und Integration der Potenzfunktionen mit Skalierungen

Streckt man die Potenzfunktion f mit $f(x) = x^n$ horizontal um den Faktor t und vertikal um t^n, so wird f auf sich selbst reskaliert $f(x) = t^n f\left(\frac{x}{t}\right)$.

Die Tangenten skalieren entsprechend, mit $f'(a) = \frac{\Delta y}{\Delta x}$ gilt für die Ableitung f' von f an der Stelle ta wie in Abb. 11.4a ersichtlich:

$$f'(ta) = \frac{t^n \cdot \Delta y}{t \cdot \Delta x} = t^{n-1} f'(a).$$

Mit der Bernoulli-Ungleichung $(1 + x)^n \geq 1 + nx$ liegt die Funktion f mit $f(x) = x^n$ oberhalb ihrer Berührtangente $y = 1 + n(x - 1)$. Deren Steigung $n = f'(1)$ ist die Ableitung von f an der Stelle 1, $f(x) = x^n$ hat die Ableitung

$$f'(x) = nx^{n-1}.$$

Die vertikale Streckung von $f(x) = x^n$ mit t^n und die horizontale Stauchung mit dem Faktor $\frac{1}{t}$ ergeben dieselbe Funktion $f(tx) = t^n x^n$. Die Integralflächen in Abb. 11.4b skalieren entsprechend, somit gilt also $\frac{1}{t} A' = t^n A$, d. h., $\frac{1}{t} \int_{ta}^{tb} x^n dx = t^n \int_a^b x^n dx$, mit einer Konstanten $\alpha_n = \int_0^1 x^n dx$ gilt sodann:

$$\int_0^t x^n dx = t^{n+1} \int_0^1 x^n dx = \alpha_n t^{n+1}.$$

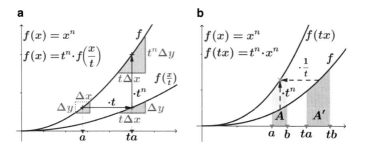

Abb. 11.4 Streckung (**a**) und Stauchung (**b**) des Graphen einer Potenzfunktion

Abb. 11.5 Verschiebung und
Zerlegung der Integralfläche

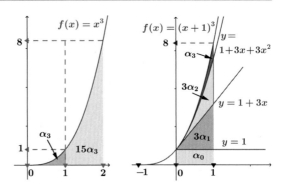

Für $\alpha_n = \int_0^1 x^n dx$ gilt $\alpha_0 = 1$ und $\alpha_1 = \frac{1}{2}$, außerdem leiten wir $\alpha_2 = \frac{1}{3}$ aus der Betrachtung von Pyramiden ab. Exemplarisch wird nun $\alpha_3 = \frac{1}{4}$ durch Skalierung und Verschiebung des Graphen von $f(x) = x^3$ bestimmt.

Die Integralfläche $\int_0^2 x^3 dx$ ist doppelt so breit und 8-fach so hoch wie die Integralfläche $\int_0^1 x^3 dx$, sie hat aus Skalierungsgründen den 16-fachen Flächeninhalt. Aus der Zerlegung der Integralflächen wie in Abb. 11.5 ergibt sich:

$$15 \int_0^1 x^3 dx = \int_1^2 x^3 dx = \int_0^1 (x+1)^3 dx,$$
$$15\alpha_3 = \alpha_0 + 3\alpha_1 + 3\alpha_2 + \alpha_3| - \alpha_3,$$
$$14\alpha_3 = 1 + 3 \cdot \frac{1}{2} + 3 \cdot \frac{1}{3} = \frac{14}{4}.$$

Es folgt $\alpha_3 = \frac{1}{4}$, induktiv lässt sich so $\alpha_n = \frac{1}{n+1}$ allgemein beweisen. Also gilt:

$$\int_0^t x^3 dx = \frac{1}{4} t^4 \quad \text{und allgemein} \int_0^t x^n dx = \frac{1}{n+1} t^{n+1}.$$

Die Voraussetzung $\alpha_i = \int_0^1 x^i dx = \frac{1}{i+1}$ für $i < n$ führt mit der Skalierung $(2^{n+1} - 1) \int_0^1 x^n dx = \int_1^2 x^n dx$ zu folgendem Induktionsschluss:

$$(2^{n+1} - 1)\alpha_n = \int_0^1 (x+1)^n dx = \sum_{i=0}^n \binom{n}{i} \int_0^1 x^i dx = \alpha_n + \sum_{i=0}^{n-1} \binom{n}{i} \frac{1}{i+1}.$$

Die Lösung dieser Gleichung ergibt $\alpha_n = \frac{1}{n+1}$. Diese Herleitung von $\int_0^t x^n dx = \frac{1}{n+1} t^{n+1}$ verzichtet auf Grenzwerte.

11.3 Integration der Potenzfunktionen mit Mittelwertrechtecken

Der achsenparallele Streifen B der Höhe Δy zwischen dem Graphen G_f von f und der y-Achse sowie der Streifen A zwischen G_f und der x-Achse der Breite Δx ergänzen sich in Abb. 11.6a zu einem L-förmigen Sechseck. Beide Streifen werden jeweils durch eine Rechteckfläche abgeschätzt.

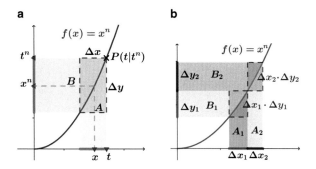

Abb. 11.6 Ergänzung der Integralfläche A mit B (**a**) zu einer L-förmigen Fläche (**b**)

Mit dem Mittelwertsatz gibt es eine Stelle x im Intervall Δx, sodass für die Höhe Δy des Streifens B gilt: $\Delta y = f'(x)\Delta x = nx^{n-1}\Delta x$. Aus $A \approx x^n \cdot \Delta x$ und $B \approx x \cdot \Delta y = x \cdot nx^{n-1}\Delta x$ ergibt sich die Abschätzung

$$B \approx n \cdot A.$$

Die Abweichung zwischen A und dem Rechteck $x^n \cdot x$ setzt sich aus Teilflächen des Rechtecks $\Delta x \Delta y$ zusammen, also gilt $|A - x^n\Delta x| < \Delta x \Delta y$. Analog gilt $|B - x\Delta y| < \Delta x \Delta y$. Insgesamt ergibt sich zusammen eine grobe Abschätzung $|B - n \cdot A| < (n+1)\Delta x \Delta y$. Also gibt es eine kleinste obere Schranke $\alpha \leq n+1$, sodass für alle zueinander passenden Streifen A, B gilt:

$$|B - n \cdot A| < \alpha \cdot \Delta x \Delta y.$$

Halbieren wir die Streifenbreite wie in Abb. 11.6b, so ergeben sich jeweils zwei Streifenpaare A_1, B_1 und A_2, B_2, für die obige Ungleichung einzeln gilt:

$$|B_1 - n \cdot A_1| < \alpha \cdot \Delta x_1 \Delta y_1, |B_2 - n \cdot A_2| < \alpha \cdot \Delta x_2 \Delta y_2.$$

Mit $\Delta x_1 = \Delta x_2 = \frac{1}{2}\Delta x$ gilt aber $\Delta x_1 \Delta y_1 + \Delta x_2 \Delta y_2 = \frac{1}{2}\Delta x \Delta y$ und somit

$$|B - n \cdot A| < \alpha \cdot (\Delta x_1 \Delta y_1 + \Delta x_2 \Delta y_2) = \frac{1}{2}\alpha \cdot \Delta x \Delta y.$$

Es ist α aber die kleinste obere Schranke, also $\alpha \leq \frac{1}{2}\alpha$. Null ist die einzige nichtnegative Zahl, die kleiner oder gleich ihrer Hälfte ist, also gilt exakt:

$$B = n \cdot A.$$

Starten die Streifen A, B im Ursprung, so ergänzen sie sich zu einem Rechteck zwischen dem Koordinatenursprung und einem Punkt $P(t, t^n)$ des Graphen G_f der Funktion $f(x) = x^n$. Diese Rechteckfläche ist dann $A + B = t^{n+1}$:

$$\int_n^t x^n dx = \frac{A}{A+B}t^{n+1} = \frac{1}{1+n}t^{n+1}.$$

Abb. 11.7 Abbildung der Wurzelfunktion in einem gedrehten Koordinatensystem

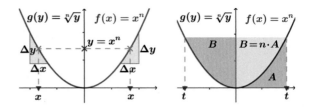

11.4 Ableitung und Integration von Wurzelfunktionen

Die Definitionsmenge der Potenzfunktion $f(x) = x^n$ wird auf nichtnegative Zahlen eingeschränkt. Zudem zeichnen wir in Abb. 11.7 die Umkehrfunktion $g(y) = \sqrt[n]{y}$ in den II. Quadranten, die Einsetzungen werden auf der y-Achse abgetragen und die Werte von $g(y)$ sind auf der x-Achse nach links steigend.

Der Graph G_g der Umkehrfunktion g geht sodann aus dem Graphen G_f von f durch Spiegelung an der y-Achse hervor. Die Tangenten gehen ebenfalls durch Spiegelung an der y-Achse auseinander hervor:

$$g'(y) = \frac{\Delta x}{\Delta y} = \frac{1}{f'(x)} = \frac{1}{nx^{n-1}} = \frac{1}{ny^{\left(\frac{n-1}{n}\right)}} = \frac{1}{n} y^{\left(\frac{1}{n}-1\right)}.$$

Es vertauschen die Teilflächen A, B ihre Rollen, mit $t = \sqrt[n]{b}$ und $B = nA$ gilt:

$$\int_0^b \sqrt[n]{y}\, dy = \int_0^{t_n} \sqrt[n]{y}\, dy = \frac{B}{A+B} t^{n+1} = \frac{n}{1+n} t^{n+1} = \frac{1}{\frac{1}{n}+1} b^{\left(\frac{1}{n}+1\right)}.$$

11.5 Exponentialfunktionen sind Vielfache ihrer Ableitung

Die Exponentialfunktion $f(x) = b^x$ reskaliert zu $f(x) = b^t \cdot f(x - t)$.

Hat f an der Stelle a ein Steigungsdreieck mit $f'(a) = \frac{\Delta y}{\Delta x}$, so hat f an der Stelle $a + t$ wie in Abb. 11.8 ersichtlich die Ableitung

$$f'(a + t) = \frac{b^t \cdot \Delta y}{\Delta x} = b^t \cdot f'(a).$$

Eine Exponentialfunktion $f(x) = b^x$ mit $s = f'(0)$ erfüllt $f'(x) = sf(x)$.

Abb. 11.8 horizontale Verschiebung und vertikale Streckung einer Exponentialfunktion

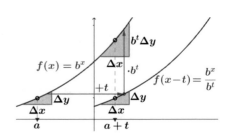

Abb. 11.9 Die Funktion
g ist gleich ihrer Ableitung
$g' = g$

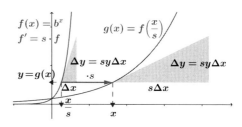

Bei der horizontalen Streckung der Funktion $f(x) = b^x$ um den Faktor s zu $g(x) = f\left(\frac{x}{s}\right) = \sqrt[s]{b}^x$ skalieren die Steigungsdreiecke entsprechend.

In Abb. 11.9 wird mit dem Faktor s aus $f' = s \cdot f$ gestreckt, sodann gilt:

$$g'(x) = \frac{\Delta y}{s \cdot \Delta x} = \frac{sy \cdot \Delta x}{s \cdot \Delta x} = y = g(x).$$

Es existiert eine Potenzfunktion $g(x) = e^x$ mit $g' = g$. Offensichtlich ist hierbei die Basiszahl e eindeutig.

11.6   Funktionen, die gleich ihrer Ableitung sind

Sei $f = f'$ eine Funktion, die gleich zu ihrer Ableitung ist. In einem isolierten Hochpunkt mit $f(x) > f(x')$ für $x' \neq x$ aus einer Umgebung $U(x)$ hätte f' einen Vorzeichenwechsel, aber f keinen. Es gibt keine isolierten Extrempunkte: f ist streng monoton und es gibt eine Umkehrfunktion l von f mit $x = f(l(x))$, oder es ist $f = 0$ die Nullfunktion.

In der Abb. 11.10 werden die Werte von f auf der x-Achse nach links und die Einsetzungen von f auf der y-Achse eingetragen, sodass die Graphen G_f und G_l Spiegelbilder an der y-Achse sind, vergleichbar zu Abb. 11.7.

Die Steigungsdreiecke reichen mit der Wahl von $\Delta y = 1$ bis zur y-Achse:

$$\Delta x = f'(y)\Delta y = f(y)\Delta y = f(y) = x.$$

Die Steigung der Umkehrfunktion l ist durch $f' = f$ vorgegeben zu:

$$l'(x) = \frac{\Delta y}{\Delta x} = \frac{1}{x}.$$

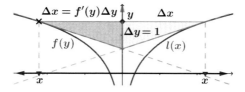

Abb. 11.10   Steigungsdreiecke einer Funktion f mit $f' = f$ und zur Umkehrabbildung

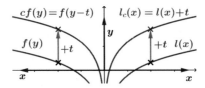

Abb. 11.11 Reskalierungsidentität einer Funktion, die gleich ihrer Ableitung ist

Die Umkehrfunktion l hat also die Hyperbel $l'(x) = \frac{1}{x}$ zur Ableitung. Diese Herleitung von $l'(x) = \frac{1}{x}$ wurde mir von Hartmut Müller-Sommer mitgeteilt. Für
alle Konstanten $c, t \in \mathbb{R}$ $\mathbb{R}$gehören mit $f(y)$ auch $cf(y)$ und $f(y - t)$ zur Klasse
$\mathcal{F} = \{f' = f\}$ der Funktionen, die gleich zu ihrer Ableitung sind.

Die Umkehrfunktion $l_c(x)$ von $cf(y)$ hat ebenso die Ableitung $l'_c(x) = \frac{1}{x}$, also
unterscheidet sich $l_c(x) = l(x) + t$ von l nur um eine Konstante t.

Sodann gilt aber $cf(y) = f(y - t)$ wie in Abb. 11.11 ersichtlich. Jede vertikale
Streckung einer Funktion $f \in \mathcal{F}$ um $c \neq 0$ ist zugleich eine horizontale Verschiebung um einen geeigneten Wert t:

$$cf(y) = f(y + t).$$

Es folgt $c^n f(y) = f(y + nt)$ und schließlich $c^{\frac{n}{m}} f(y) = f\left(y + \frac{n}{m}t\right)$ für alle Brüche
$\frac{n}{m} \in \mathbb{Q}$. Für $x = qt$ mit $q \in \mathbb{Q}$ und $e = \sqrt[t]{c}$ sowie $s = f(0)$ gilt:

$$f(x) = f(0 + qt) = c^q f(0) = s \cdot e^x.$$

Es sind f und $y = s \cdot e^x$ identisch auf $\mathbb{Q}t$ und schlussendlich auch auf $\mathbb{R}$. Jede
Funktion $f \neq 0$ in $\mathcal{F}$ ist eine Exponentialfunktion:

$$f = f' \Leftrightarrow f(x) = se^x \quad \text{oder} \quad f = 0.$$

11.7 Integration der Hyperbel

Die Hyperbel $h(x) = \frac{1}{x}$ erfüllt die Reskalierungsidentität $h\left(\frac{x}{t}\right) = t \cdot h(x)$.

Die Fläche A' in Abb. 11.12 ist t-fach breiter und dafür t-fach niedriger als A
und somit vom gleichen Flächeninhalt, es ist $A' = A$:

$$\int_{ta}^{tb} \frac{1}{x} dx = \int_{a}^{b} \frac{1}{x} dx.$$

Weiter ist die Integralfunktion $\ln a = \int_1^a \frac{1}{x} dx$ ein Logarithmus:

Abb. 11.12 Gleich große
Integralflächen unter der
Hyperbel

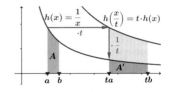

$$\ln(ab) = \int_1^a \frac{1}{x}dx + \int_a^{ab} \frac{1}{x}dx = \int_1^a \frac{1}{x}dx + \int_1^b \frac{1}{x}dx = \ln a + \ln b.$$

Für die Potenzen der Zahl e mit $\ln e = 1$ folgt aus $\ln(ab) = \ln a + \ln b$:

$$\ln(e^n) = n \cdot \ln e = n \quad \text{und analog} \quad \ln\left(\sqrt[m]{e}\right) = \frac{1}{m}.$$

Für eine Bruchzahl $q \in \mathbb{Q}$ ergibt sich somit $\ln(e^q) = q$, da $y = e^x$ und $\ln(x)$ streng monoton sind; gilt für jede reelle Zahl $r \in \mathbb{R}$ und jede Zahl $y > 0$:

$$r = \ln(e^r) \quad \text{und} \quad y = e^{\ln(y)}.$$

11.8   Ableitung der Logarithmusfunktion

Die Flächen A, B und deren Teilflächen A', B' in Abb. 11.13 grenzen die Integralfläche $\int \frac{1}{t}dt$ ein. Genauer gelten für $0 < x' < 1 < x$ die Abschätzungen:

$$A' < \int_1^x \frac{1}{t}dt < A \Rightarrow (x-1)\frac{1}{x} = 1 - \frac{1}{x} < \int_1^x \frac{1}{t}dt < x - 1,$$

$$B > \int_{x'}^1 \frac{1}{t}dt > B' \Rightarrow (1-x')\frac{1}{x'} = -1 + \frac{1}{x'} > \int_{x'}^1 \frac{1}{t}dt > 1 - x'.$$

Multipliziert man die zweite Ungleichung mit -1, so gilt für $x > 0$ stets:

$$1 - \frac{1}{x} \leq \int_1^x \frac{1}{t}dt \leq x - 1.$$

Es ist also $t(x) = x - 1$ Berührtangente von $\ln(x)$ bei $x = 1$. Somit gilt $\ln'(1) = 1$ als auch $f'(0) = 1$ für die Umkehrfunktion f mit $f(y) = e^y$. Damit gehört f jedoch zu den Funktionen in $\mathcal{F} = \{f' = f\}$. Dies ergibt die Ableitung

$$\ln'(x) = \frac{1}{x}.$$

Abb. 11.13 Ober- und Untersummen der Hyperbel mit jeweils nur einem Rechteck

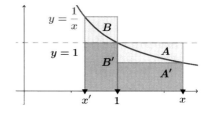

11.9   Integration der Exponentialfunktion mit Mittelwertrechtecken

Das Rechteck R_m der Höhe $\frac{1}{m}$ und Breite $\Delta y = b - a$ in Abb. 11.14b ist mit $m = \frac{1}{2}(a + b)$ flächengleich zu einem Trapez innerhalb der Integralfläche $\int_a^b \frac{1}{x} dx$, also ist $R_m = \frac{1}{m} \Delta y$ kleiner als $\int_a^b \frac{1}{x} dx$.

Mit $\int_a^{ta} \frac{1}{x} dx = \int_{ta}^{t^2 a} \frac{1}{x} dx$ halbiert sich für $b = t^2 a$ die Integralfläche $\int_a^b \frac{1}{x} dx$ im geometrischen Mittel $g = ta = \sqrt{ab}$. Die Rechtecke $R = R' = 1 - \frac{1}{t}$ sowie die Flächen $A = A'$ in Abb. 11.14a sind paarweise gleich groß. Die Fläche B' ist wegen der Linkskrümmung von $y = \frac{1}{x}$ jedoch etwas größer als A' oder A. Somit ist das Rechteck $R_g = \frac{1}{g} \Delta y$ etwas größer als $\int_a^b \frac{1}{x} dx$ und R_m kleiner:

$$\frac{1}{m} \Delta y < \int_a^b \frac{1}{x} dx < \frac{1}{g} \Delta y.$$

Für $f(x) = e^x$ ist $\Delta x = \ln b - \ln a = \int_a^b \frac{1}{x} dx$ die Breite des Steigungsdreiecks der Höhe $\Delta y = b - a$, durch Kehrwertbildung folgt $g < \frac{\Delta y}{\Delta x} < m$.

Der Mittelwertsatz liefert einen Punkt $T(t|e^t)$ auf dem Graphen G_f von $f(x) = e^x$ mit $e^t = f(t) = f'(t) = \frac{\Delta y}{\Delta x}$ und somit $g < e^t < m$.

Der Punkt T liegt somit im 4. Quadranten des Rechtecks $\Delta x \Delta y$ in Abb. 11.15a. Für $A = \int_{\ln a}^{\ln b} e^x dx$ ist das Rechteck $\widetilde{A} = f(t)(b - a) = f'(t)\Delta x = \Delta y$ ein geeigneter Schätzer. Es existiert eine kleinste obere Schranke $\alpha \leq 1$ mit:

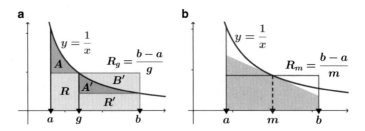

Abb. 11.14 Vergleich der Integralfläche der Hyperbel mit Rechtecken

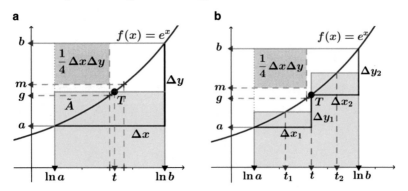

Abb. 11.15 Mittelwertrechtecke als Schätzer der Integralfläche

$$\left| A - \widetilde{A} \right| \leq \alpha \cdot \Delta x \Delta y.$$

Unterteilen wir wie in Abb. 11.15b dargestellt im Punkt T in zwei Abschätzungen mit $A_i = \int_{\Delta x_i} \frac{1}{x} dx$ und $\widetilde{A}_i = f(t_i) \Delta x_i$ mit $f'(t_i) = \frac{\Delta y_i}{\Delta x_i}$, so gilt:

$$A = A_1 + A_2 \quad \text{sowie} \quad \widetilde{A}_1 + \widetilde{A}_2 = \Delta y_1 + \Delta y_2 = \Delta y = \widetilde{A}.$$

Die Teilfläche $\frac{1}{4} \Delta x \Delta y$ oben links liegt in Abb. 11.15b disjunkt zu den Teilflächen $\Delta x_1 \Delta y_1$ und $\Delta x_2 \Delta y_2$ des Rechtecks $\Delta x \Delta y$:

$$\left| A - \widetilde{A} \right| \leq \left| A_1 - \widetilde{A}_1 \right| + \left| A_2 - \widetilde{A}_2 \right| \leq \alpha(\Delta x_1 \Delta y_1 + \Delta x_2 \Delta y_2) \leq \frac{3}{4} \alpha \cdot \Delta x \Delta y.$$

Da α die kleinste obere Schranke ist, gilt $\alpha = 0$; die Schätzung ist also exakt, $f(x) = e^x$ ist Stammfunktion zu sich selbst, mit $c = \ln a$ und $d = \ln b$ gilt:

$$\int_c^d e^x dx = \widetilde{A} = \Delta y = b - a = e^d - e^c.$$

11.10 Integration der Logarithmusfunktion

In Abb. 11.16 ergänzen sich die Flächen $B = \int_0^{\ln a} e^y dy = e^{\ln a} - 1 = a - 1$ und $A = \int_1^a \ln x dx$ für $a > 1$ zum Rechteck $A \cup B$ mit Flächeninhalt $a \cdot \ln a$.

Mit $A = a \ln a - B$ ist $L(x) = x \ln x - x$ eine Stammfunktion von $\ln x$:

$$\int_1^a \ln x dx = a \ln a - B = a \ln a - a + 1 = L(a) - L(1).$$

11.11 Ableitung der Sinusfunktion mit zwei Schmetterlingsfiguren

Die Figur in Abb. 11.17a stellt einen Schmetterling innerhalb des Einheitskreises mit Radius $r = 1$ dar. Die dunkleren Dreiecke rechts und links haben dieselbe Höhe über derselben Grundseite und also denselben Flächeninhalt.

Abb. 11.16 Integration der
ln-Funktion

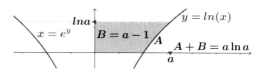

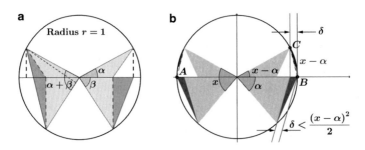

Abb. 11.17 Schmetterlinge mit rechts und links gleich großen Flächen

Also hat der Schmetterling in Abb. 11.17a rechts und links insgesamt gleiche Flächeninhalte, mit der Dreiecksflächenformel gilt:

$$2A_{links} = \sin(\alpha + \beta),$$
$$2A_{rechts} = \sin\alpha\cos\beta + \cos\alpha\sin\beta.$$

$$\sin(\alpha + \beta) = \sin\alpha\cos\beta + \cos\alpha\sin\beta.$$

Mit diesem Additionstheorem hat die heller schraffierte Schmetterlingsfigur in Abb. 11.17b den Flächeninhalt $A(x) = \sin x$. Diese Schmetterlingsfigur wird um die dunkleren Zusatzflächen vergrößert zu einem *Sinusplus-Falter* mit Flächeninhalt A^+. Dieser hat in einem oberen Quadranten den Anteil $\cos\alpha$ am Kreissektor-Flächeninhalt $\frac{1}{2}(x - \alpha)$ und in einem unteren Quadranten die Fläche $\frac{1}{2}\sin\alpha$. Über alle vier Quadranten hat der *Sinusplus-Falter* die Gesamtfläche

$$A^+(x) = \cos\alpha(x - \alpha) + \sin\alpha.$$

Die Streifenbreite δ in Abb. 11.17b ist Hypotenusenabschnitt im Dreieck ABC, der Kathetensatz bringt $2\delta = \overline{BC}^2 < (x - \alpha)^2$. Die dunkleren Zusatzflächen liegen rechts und links jeweils innerhalb eines Streifens der Breite $\frac{1}{2}(x - \alpha)^2$. Die Fläche $A = \sin x$ des *Sinusfalters* lässt sich so abschätzen zu:

$$A^+ - (x - \alpha)^2 \leq A \leq A^+.$$

Wie in Abb. 11.18 ersichtlich hat $f(x) = \sin x$ die Ableitung $f'(x) = \cos x$.

11.12 Integration der Kosinusfunktion mit der Lambert-Zylinderprojektion

Die Oberfläche einer Kugel mit Radius r wird auf einen umfassenden Zylinder mit Radius r und Höhe $2r$ projiziert. Jeder Punkt der Kugeloberfläche wird längs seiner Lotgeraden zur senkrechten Achse nach außen verschoben.

Wir vergleichen die Flächeninhalte eines Kugeloberflächenstreifens und des Zylindermantelstreifens zwischen zwei zur Äquatorebene parallelen Ebenen.

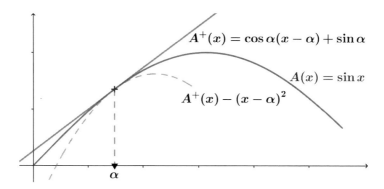

Abb. 11.18   Ableitung der Sinusfunktion mit Schmetterlingsflächen

Die Abb. 11.19 zeigt die obere Halbkugel und deren Zylinder im Schnittbild.
Der Kugeloberflächenstreifen der Breite db mit *geografischem Breitengrad* α hat
einen zugehörigen Zylindermantelstreifen der Breite $dh = \cos \alpha \cdot db$.

Der Kugeloberflächenstreifen in Abb. 11.20 ist um den Faktor $\cos \alpha$ kürzer als
der Zylindermantelstreifen, dafür aber entsprechend breiter.

Beide Streifen haben denselben Flächeninhalt $2\pi r \cos \alpha \cdot db$. Die Oberfläche
A_h einer Halbkugel-Teilfläche bis zur Höhe h ist gleich der Zylindermantelfläche
bis zur Höhe h. Ist β der Breitengrad zur Höhe $h = r \cdot \sin \beta$, so gilt:

$$A_h = 2\pi r \cdot h = 2\pi r^2 \cdot \sin \beta.$$

Zweitens lässt sich A_h aufteilen in infinitesimale Kugeloberflächenstreifen. Dieser
hat im Breitengrad α die Länge $2\pi r \cos \alpha$, die Breite $db = rd\alpha$ und das Flächen-
element $dA = 2\pi r^2 \cos \alpha d\alpha$, es folgt: $A_h = \int_0^\beta 2\pi r^2 \cos \alpha d\alpha$. Die Division durch
$2\pi r^2$ ergibt eine Stammfunktion von $f(x) = \cos x$:

$$\int_0^\beta \cos \alpha \, d\alpha = \frac{A_h}{2\pi r^2} = \sin \beta.$$

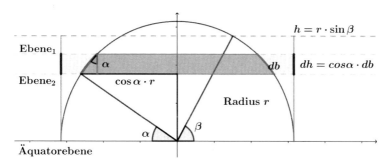

Abb. 11.19   Zylinder- und Kugeloberflächenstreifen im Schnittbild

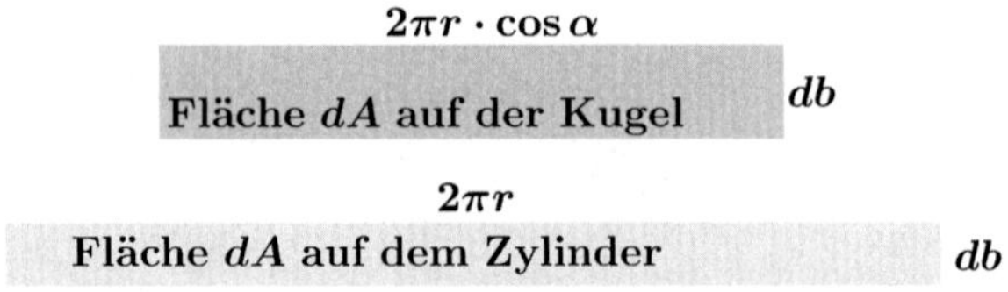

$$2\pi r \cdot \cos\alpha$$

Fläche dA auf der Kugel db

$$2\pi r$$

Fläche dA auf dem Zylinder db

Abb. 11.20 Gleichgroße infinitesimale Oberflächenstreifen

Literatur

Barner, M., & Flohr, F. (1983). *Analysis 1* (2. Aufl., S. 353–356). de Gruyter.

Bröcker, T. (1992). *Analysis 1* (S. 77). BI Wissenschaftsverlag.

Hammer, C. (2016). Mehr Geometrie im Geometrieunterricht! Eine kurze Situationsbeschreibung und ein Vorschlag für die Sekundarstufe I. In A. Filler & A. Lambert (Hrsg.), *Von Phänomenen zu Begriffen und Strukturen. Konkrete Lernsituationen für den Geometrieunterricht. Vorträge auf der 32. und 33. Herbsttagung des Arbeitskreises Geometrie in der Gesellschaft für Didaktik der Mathematik im September 2015 und 2016 in Saarbrücken* (S. 177–186). Franzbecker, 2017.

Kaenders R, & Kirfel C. (2017). Flächenbestimmungen bei Basisfunktionen der Schule mit Elementargeometrie. *Mathematische Semesterberichte, 64* (2), 199–220

Kaenders, R., & Kirfel, C. (2020). Ableitung und Integral bei Basisfunktionen der Schule mit Elementargeometrie (Teil I). *MNU journal, 02,* 156–162.

Schmelzer, M. (2016). Mathematische Erschließungsmethoden in der Geometrie. In A. Filler & A. Lambert (Hrsg.), *Geometrie mit Tiefe. Vorträge auf der 34. Herbsttagung des Arbeitskreises Geometrie in der Gesellschaft für Didaktik der Mathematik im September 2017 in Saarbrücken* (S.111–134). Franzbecker, 2017.

Jenseits der Stille ...

12

Swetlana Nordheimer

Zusammenfassung

In diesem Beitrag wird der Frage nachgegangen, wie Mathematikunterricht mithilfe von geometrischen Visualisierungen für Kinder und Jugendliche mit und ohne Hörschädigung gestaltet werden kann. Es geht darum, wie Kinder und Jugendliche im Mathematikunterricht zwischen den Welten Brücken bauen können. Im Mittelpunkt steht die Frage danach, wie sie durch ihre eigenen Erfahrungen kleine geometrische Sätze beweisen und dabei sprachlich gefördert werden können. Als Einstieg soll im Sinne von Schupp (2002) eine gewöhnliche Aufgabe dienen, die visualisiert, variiert, gemeinsam besprochen und schließlich neu und anders bewiesen sowie mit eigenen Worten beschrieben wird.

12.1 Inklusion im Mathematikunterricht?

Die juristisch begründbare Inklusion von tauben und schwerhörigen Lernenden an den Regelschulen und somit im Mathematikunterricht führt zu einer Reihe von Fragen der praktischen Umsetzbarkeit einer Idee, die in der Theorie und Praxis der allgemeinen Pädagogik nicht zum ersten Mal diskutiert wird (vgl. Tenorth, 2013, S. 17). Bereits 1847 erschien eine mit farbigen Figuren illustrierte englischsprachige Übersetzung der ersten fünf Bücher von Euklid von Oliver Byrne (vgl. Abb. 12.1), in der auch taube Lernende und ihre besonderen Bedürfnisse erwähnt wurden. Die farbigen geometrischen Zeichnungen erscheinen nicht nur als

S. Nordheimer (✉)
Mathematisches Institut, Universität Bonn, Bonn, Deutschland
E-Mail: nordheim@math.uni-bonn.de

Beweisskizzen, sondern werden in den Text integriert und ersetzen sogar teilweise die Wörter der geschriebenen Sprache, um das Verstehen der Beweise für alle und somit auch für taube Lesende zu erleichtern (vgl. Byrne, 1847, S. 13).

Viel später sucht Chaleb Gategno (1981, S. 13) mit farbigen Algebricks nach Wegen, taube Lernende unter Umgehung der Sprache mathematisch herauszufordern. Dabei liegt das Hauptaugenmerk darauf, tauben Menschen den Zugang zu Mathematik über die ikonische und enaktive Ebene im Sinne von Bruner (1956) zu ermöglichen.

Moderne fachdidaktische Forschungsarbeiten zu diesem Thema im deutschsprachigen Raum konzentrieren sich auf das Lernen von Mathematik in Gebärdensprache und betrachten die Gebärdensprache im Mathematikunterricht aus der semiotischen Perspektive (vgl. Krause, 2018; Wille, 2019).

Die Verzahnung der Fragen nach dem Einsatz von geometrischen Visualisierungen und nach Möglichkeiten, eine Sprache oder mehrere Sprachen im Mathematikunterricht zu fördern, steht im Mittelpunkt des vorliegenden Beitrags. Diese Fragen werden hier in Anlehnung an Ruf und Gallin (2014) im Dialog zwischen verschiedenen Wissenschaftsdisziplinen behandelt. Es soll sich hierbei um einen Dialog zwischen Mathematikdidaktik und Sonderpädagogik, aber auch zwischen Theorie und Praxis des Mathematikunterrichts handeln. In diesem Sinne sind auch die Lesenden zu einer kritischen Diskussion eingeladen und zur eigenen kreativen Suche nach Möglichkeiten der Integration von theoretischen Perspektiven und praktischen Erfahrungen herausgefordert.

In diesem Beitrag geht es nicht primär darum, interessante Forschungsfragen in der Sprache von etablierten und mehrfach diskutierten Theorien wie beispielsweise Semiotik oder Gestalttheorie zu formulieren und zu bearbeiten. Theoretische Ansätze als normative und deskriptive Modelle können wichtige Aspekte praktischer Phänomene beschreiben und zumindest teilweise sichtbar, diskutierbar und somit fruchtbar machen. Gleichzeitig werden aber durch das Modellhafte der Theorien andere wichtige Aspekte schulischer Phänomene ausgeblendet. Das kann zwar zu einer gewissen Klarheit beitragen, aber dennoch die Relevanz im Hinblick auf ihre Anwendbarkeit für die schulische Praxis in Frage stellen. Deshalb liegt das Hauptinteresse des vorliegenden Beitrags nicht lediglich darauf, schulische Praxis aus der theoretischen Perspektive zu beschreiben, sondern einen Einblick in die „Empirie" des schulischen Alltags zu gewähren und wichtige Aspekte der schulischen Realität wenigstens teilweise darzustellen. Als Kritikpunkt an dieser Herangehensweise muss hier die Gefahr der Subjektivität der Forschenden in Betracht gezogen werden. Dieser Gefahr soll dialogisch durch die Diskussion mit den Teilnehmenden der Tagung und durch die Reflexion der schulischen Erfahrungen auf dem Hintergrund der Fachliteratur begegnet werden.

Die Autorin des Beitrages ist außerdem und an dieser Stelle vor allen Dingen eine Lehrerin, die auf ihre Praxis zurückschaut (vgl. Hartmann et al., 2016). Somit begibt sie sich forschungsmethodisch auf einen sehr schwierigen Weg. Die Gefahren dieses Weges liegen wie bereits erwähnt in der Subjektivität der eigenen Position, denn persönliche Bildungsbiographien bringen neben theoretischen Kenntnissen und beruflichen Erfahrungen gewisse „Wahrnehmungsstörungen" mit sich, wenn man das so ausdrücken kann. Diese „Wahrnehmungsstörungen" könnten beispielsweise durch das Aufwachsen in einer Lehrerfamilie bedingt sein. Als „Lehrerkind" bringt die Autorin eine gewisse Überempfindlichkeit und starke Abneigung gegenüber jeglicher Art von Belehrungen von oben herab mit und fühlt sich vielleicht auch dort belehrt, wo es nicht der Fall ist. Die Lesenden mögen bitte nachsichtig sein und dennoch kritisch, solange der Austausch auf Augenhöhe stattfindet und die Kritisierenden zumindest die Existenz von ihren eigenen durch ihre individuelle Karriere bedingten „Wahrnehmungsstörungen" nicht völlig ausschließen.

In dem Licht des oben Gesagten handelt es sich hier um einen Tagungsbericht, der von Anfang an auf den Kopf gestellt oder umgekehrt werden soll, um dem Problem der Subjektivität zu begegnen. Nicht die im Vortrag von der Autorin des Beitrags vorgestellten Ideen und Fragen, sondern die Fragen und Rückmeldungen der Tagungsteilnehmenden sollen zum Anfangspunkt dieses schriftlichen Beitrages werden.

12.2   Diskussionsfragen

In der Einleitung habe ich versucht zu erklären, warum ich mit den Fragen der Teilnehmenden anfangen möchte. In dieser Zusammenfassung wäre es interessant zu erfahren, wer an der Tagung teilgenommen hat. Die Teilnehmenden sind Fachleute aus verschiedenen Disziplinen, darunter sind Mathematiklehrkräfte und Forschende. Für die meisten von ihnen war das Thema „Mathematikunterricht mit tauben und schwerhörigen Lernenden" neu. Ein kleinerer Teil der Anwesenden konnte im Rahmen der universitären Lehre und schulischen Unterrichtspraxis bereits Erfahrungen und Einblicke in die praktische Seite der Problematik sammeln. Diese Kolleginnen und Kollegen hatten keine spezielle Ausbildung in Sonderpädagogik und wurden dennoch vor die Herausforderung gestellt, taube, schwerhörige und hörende Lernenden oder Studierende zu betreuen. Einige von ihnen durften Erfahrungen im Unterricht mit tauben Studierenden und Lernenden, die von Dolmetschenden begleitet wurden, sammeln.

Ein Teil der Fragen der Teilnehmenden bezog sich auf die Gebärdensprache. Sie fragten beispielsweise danach, *ob die Gebärdensprache international ist oder ob jedes Land eine eigene Gebärdensprache hat.* Es wurden auch andere Fragen formuliert, die im Rahmen der Gebärdensprachpädagogik und Gebärdensprachlinguistik bereits diskutiert werden. Darüber hinaus wurden konkrete didaktische Fragen gestellt, die bisher kaum in der Mathematikdidaktik und intensiv in der Praxis und Theorie der Sonderpädagogik diskutiert wurden. Das sind Fragen folgender Art:

- Inwiefern lernen taube und schwerhörige Menschen anders als hörende sprechen, lesen und zählen?

- Können aus den Hypothesen und Vermutungen über das Lernen von gehörlosen Kindern und Jugendlichen Schlussfolgerungen auf das Lernen von Mathematik im Allgemeinen abgeleitet werden?
- An welche Erkenntnisse über das Lernen aus der Sonderpädagogik kann in der Mathematikdidaktik angeknüpft werden?
- An welchen Stellen lohnt es sich, sonderpädagogische Paradigmen gemeinsam zu hinterfragen, auf die Probe oder sogar auf den Kopf zu stellen?
- Gibt es Ansichten, die man im Dialog zwischen Mathematikdidaktik und Sonderpädagogik auch bewusst ändern kann und muss, weil sie nicht mehr zeitgemäß sind?
- Wie kann Mathematikunterricht in Gebärdensprache gestaltet werden?
- Wie können auch für hörende Kinder Gelegenheiten geschaffen werden, Mathematik in Gebärdensprache zu lernen?

Das ist nur ein Teil der Fragen, die an die Diskussion anschließen und sich nicht nur aus der Sicht der schulischen Praxis, sondern auch aus der Sicht der Mathematikdidaktik als fruchtbar erweisen könnten. Gerade der Austausch zwischen verschiedenen Disziplinen könnte für beide Seiten neue wertvolle Einsichten und viele interessante Fragen bringen. Gleichzeitig darf nicht unterschätzt werden, dass sich die beiden Disziplinen sehr lange Zeit nebeneinander und kaum in Kooperation miteinander entwickelt haben, was einen interdisziplinären Dialog zu einer aufwendigen kommunikativen Herausforderung machen kann (vgl. Hartmann et al., 2016).

Nachdem die Anstöße der Teilnehmenden vorgestellt wurden, die schulische Unterrichtserfahrungen sowie Erfahrungen in der universitären Lehre mit tauben und schwerhörigen Lernenden sowie Studierenden hatten, sollte es nun um diejenigen gehen, für die das Thema ganz neu war. Dabei äußerte sich ein Teil der Lehrkräfte aus den Regelschulen bezüglich der Inklusion eher skeptisch und fragte sich, inwiefern die sonderpädagogisch nicht ausgebildeten und in ihrem Beruf ohnehin schon sehr stark beanspruchten Lehrkräfte im Mathematikunterricht an einer allgemeinbildenden Schule die besonderen Bedürfnisse schwerhöriger und tauber Lernender berücksichtigen könnten. Auf dem Hintergrund dieser eher skeptischen Beiträge erschien der abschließende Kommentar einer Lehrerin, die positive Erfahrungen mit der Inklusion einer schwerhörigen Schülerin machen durfte, besonders interessant. Sie berichtete davon, dass das gründliche Nachdenken darüber, wie sie ihren Unterricht für diese konkrete Schülerin optimal gestalten könnte, sowie die Rückmeldungen dieser Schülerin geholfen haben, einen aus ihrer Sicht besseren Unterricht für die ganze Klasse zu gestalten. In diesem Fall wurde die Schwerhörigkeit nicht als Last oder Defizit, sondern als Bereicherung für die ganze Klasse dargestellt.

Schließlich wurde die Frage aufgeworfen, die den Kern der Präsentation betraf, und zwar, inwiefern Bilder ohne Worte tatsächlich bei den Lernenden Prozesse des Problemlösens und des Beweisens im Mathematikunterricht anregen können. Daran möchte ich anknüpfen und die weiteren Ausführungen anhand folgender Frage konkretisieren und strukturieren: **Wie können taube, schwerhörige und** hörende Lernende durch geometrische Visualisierungen zum Nachdenken und Kommunizieren über mathematische Beweise eingeladen werden?

Um dieser Frage zu begegnen, sollen im Folgenden die in dem Beitrag verwendeten Begriffe „taub" und „schwerhörig" geklärt werden. Für eine tiefere Auseinandersetzung sei an dieser Stelle auf die Literaturliste verwiesen.

12.3   „Taub" und „schwerhörig": Was kann das bedeuten?

Die Bezeichnungen „taub" und „schwerhörig" können aus zwei verschiedenen Perspektiven betrachtet werden. Dabei wird die sogenannte **biomedizinische Perspektive** vor allem durch den Begriff der **„Hörschädigung"** geleitet. Dabei wird von einer genetischen oder erworbenen Schädigung der Hörorgane ausgegangen, die medizinisch diagnostiziert und klassifiziert werden kann. So galt in der Theorie und Praxis der Sonderpädagogik als „schwerhörig" sehr lange Zeit eine Person, die trotz Hörschädigung die Lautsprache mit oder ohne Hörgeräte über das Ohr wahrnehmen kann. Als „gehörlos" wurden Personen bezeichnet, deren Hörvermögen nicht ausreichte, um die Lautsprache über das Ohr wahrzunehmen. Dementsprechend wurden die Förderzentren in „Schulen für Schwerhörige" oder „Schulen für Gehörlose" eingeteilt (Kulbida, 2015; Becker et al., 2018; Leonhard, 2019).

Die Defizit-Hypothese ist keine rein sonderpädagogische oder medizinische Eigenheit. Unabhängig von den sonderpädagogischen Fragestellungen wird die Defizit-Hypothese in der Didaktik der Mathematik nicht selten herangezogen, wenn es beispielsweise darum geht, mithilfe von Instrumenten wie TIMSS (Trends in International Mathematics and Science Study) oder PISA (Programm for International Students Assesment) nicht nur sogenannte Kompetenzen von den Lernenden, sondern auch Defizite von Bildungssystemen empirisch-quantitativ zu erfassen (vgl. Tenorth 2004). Auch in der abschließenden Diskussionsrunde der diesjährigen Tagung des Arbeitskreises „Geometrie" der GDM (Gesellschaft für Didaktik der Mathematik) wurde über die Defizite von Lernenden und von Studierenden sowie über die Möglichkeiten eines konstruktiven Umgangs damit gesprochen. Schließlich sei hier als Beispiel dafür, dass die Defizit-Hypothese an sich weder destruktiv noch den Lernenden gegenüber respektlos sein muss, exemplarisch der didaktische Ansatz von Gallin genannt (vgl. Gallin, 2011). Gallin spricht von der sogenannten durch den ungünstigen Unterricht verursachten „Mathematik-Schädigung" der Lernenden und sucht nach Möglichkeiten, diese durch das dialogische Lernen zu lindern. Die Produkte der Lernenden zeigen, dass es auf diese Weise gelingen kann.

Im Hinblick auf die Therapiemöglichkeiten, Versorgung mit technischen Hilfen und insbesondere Cochlea Implantaten bei ärztlich diagnostizierten Hörschädigungen kann diese Perspektive notwendig und hilfreich sein, wenn sich die betroffenen Personen und ihre Familien für die Implantation und die lautsprachliche Förderung entscheiden. Ebenfalls die Auswirkungen von Hörschädigungen auf die Entwicklung der Lautsprache sowie ausdifferenzierte, in der Praxis erprobte und theoretisch reflektierte Ansätze zur Förderung der Lautsprache sind in der deutschsprachigen Literatur sehr ausführlich beschrieben und in der schulischen Praxis zumindest an den Förderzentren mit dem Förderschwerpunkt „Hören und Kommunikation" repräsentiert (vgl. stellvertretend Hintermair et al., 2020; Leonhard, 2019). Die Wertschätzung dieser Expertise spiegelt sich in den bildungspolitischen Richtlinien zur Inklusion von schwerhörigen und tauben Lernenden wider (vgl. Ministerium für Schule und Weiterbildung des Landes NRW, 2015; Senatsverwaltung für Bildung, Jugend und Familie, 2017).

Unter anderem aufgrund von mangelnden Kenntnissen der Gebärdensprache bei hörenden Menschen ist das Vermeiden der Defizit-Hypothese im aktuellen Bildungswesen im deutschsprachigen Raum leider nicht möglich. Außerdem wird das Vermeiden der Defizit-Hypothese allein nicht automatisch zur Verbesserung von Bildungschancen von schwerhörigen und tauben Lernenden beitragen. Und dennoch darf die Defizit-Hypothese nicht einseitig auf taube und schwerhörige Lernende angewandt werden. Letzten Endes verfügen viele taube und schwerhörige Menschen über Kommunikationsmittel wie Gebärdensprache und erarbeiten bereits im Kindesalter elaborierte kommunikative Strategien, an denen es den meisten hörenden Menschen in der Differenziertheit mangelt. Schwierig kann sich die Diskussion dann gestalten, wenn die Defizite nur bei den tauben und schwerhörigen Menschen und nie auf der Seite der hörenden gesucht werden. In bestimmten Kontexten kann auch die Fähigkeit zu hören als Schädigung angesehen werden. Als Beispiel dafür nenne ich sehr laute Fahrzeuge, die beispielsweise auf Baustellen eingesetzt werden. Aus diesem Grund suchen nicht nur schwerhörige und taube Menschen selbst, sondern auch sonderpädagogische Fachkräfte nach neuen und arbeitsfähigen Alternativen zur Defizit-Hypothese, wenn sie vom inklusiven Unterricht sprechen.

Die Alternative zur Defizit-Hypothese wird häufig in der **Differenz-Hypothese** und der soziokulturellen Perspektive gesehen. Während in der biomedizinischen Perspektive eine Hörschädigung und ihre Auswirkungen auf das Lernen und die Sprachentwicklung als Defizite betrachtet werden, stellt die **soziokulturelle Perspektive** die **Gebärdensprache** und die Kultur der tauben Menschen in den Mittelpunkt. Diesem Paradigma folgend ist nicht der Hörstatus relevant, sondern die Zugehörigkeit zur besonderen Kultur- und Sprachgemeinschaft, die sich hauptsächlich über die Gebärdensprache definiert. Demnach können sich beispielsweise schwerhörige Menschen als „taub" identifizieren, obwohl sie nach der Einschätzung der Mediziner oder Hörgeräte-Akustiker die Lautsprache mit technischen Hörhilfen über das Ohr wahrnehmen könnten. Die Gebärdensprache unterscheidet sich nicht nur lexikalisch, sondern auch grammatikalisch sehr stark von der Lautsprache (Hennies & Hintermair, 2020). Ausgehend von diesen Differenzen sowie Differenzen in der Wahrnehmung zwischen tauben und hörenden Personen wird inzwischen teilweise in der Didaktik davon ausgegangen, dass taube Lernende im Unterricht nicht nur Gebärdensprache benötigen, sondern auch eine neue spezifische Didaktik, die als Deaf-Didaktik bezeichnet wird (Grote et al., 2020).

Beiden Perspektiven gemeinsam ist die besondere Bedeutung der Sprachförderung im Mathematikunterricht. Wenngleich sich die Fachleute in der

Theorie und Praxis der Sonderpädagogik nicht immer einig darüber sind, welche Sprachen als Basissprachen im Mathematikunterricht anerkannt werden sollen, besteht inzwischen ein Konsens darüber, dass diese Entscheidung letztlich nur von den tauben und schwerhörigen Kindern und Jugendlichen sowie ihren Eltern getroffen werden kann. Diese Freiheit kann dazu führen, dass in einer Lerngruppe sowohl taube Kinder, die die Gebärdensprache als Hauptkommunikationsmittel nutzen, wie auch lautsprachlich orientierte Kinder gemeinsam unterrichtet werden (Becker, 2012). Die Präsenz von beiden Sprachen im Mathematikunterricht stellt die Mathematikdidaktik vor neue Herausforderungen und die Idee der Inklusion auf die Probe. Auf der Suche nach Möglichkeiten, mit diesen Herausforderungen umzugehen, soll im Folgenden zunächst auf den aktuellen Forschungsstand und die Rezeption von sonderpädagogischen Arbeiten in der Mathematikdidaktik am Beispiel der Arbeit von Kinga Szűcs (2019) eingegangen werden.

12.4 Sonderpädagogischer Förderschwerpunkt „Hören und Kommunikation" im Mathematikunterricht

Im Zuge der Inklusionsbestrebungen stieg auch in der Didaktik der Mathematik das Interesse für die Besonderheiten in der Entwicklung von Lernenden mit dem sonderpädagogischen Förderschwerpunkt „Hören und Kommunikation". Das sind Kinder und Jugendliche, die unabhängig davon, ob sie ein Förderzentrum oder eine Regelschule besuchen, aufgrund ihrer Taubheit bzw. Schwerhörigkeit sowie deren Auswirkungen auf ihre Entwicklung einen Anspruch auf zusätzliche individuelle Förderung in der Schule und somit auch im Mathematikunterricht mitbringen.

Um der Frage nach den Besonderheiten in der mathematischen Entwicklung der schwerhörigen und tauben Kinder nachzugehen, unternimmt Kinga Szűcs (2019) den Versuch, wichtige wissenschaftliche Ergebnisse zu Besonderheiten mathematischer Entwicklung von Kindern und Jugendlichen unter der Prämisse der Hörschädigung aus den letzten 20 Jahren zusammenzufassen. Dafür wählt sie 24 wissenschaftliche Artikel aus, die in den Fachzeitschriften *Educational Studies in Mathematics* und *Journal of Deaf Studies and Deaf Education* veröffentlicht wurden. In der Mehrheit der vorgestellten Untersuchungen werden die mathematischen Fähigkeiten von hörgeschädigten Kindern und Jugendlichen mit den Fähigkeiten ihrer hörenden Gleichaltrigen empirisch-quantitativ verglichen. Die Anwendung von empirisch-quantitativen Methoden in der Hörgeschädigtenpädagogik ist aus verschiedenen Gründen problematisch. Ein Grund dafür ist die im Vergleich zu den hörenden Menschen relativ kleine Gruppe von hörgeschädigten Menschen, die dazu auch noch sehr heterogen ist. Außerdem ist es fragwürdig, inwiefern die Vergleiche mithilfe von Kontrollgruppen ethisch vertretbar sind (vgl. Hennies, 2010; Hintermair et al., 2020; Maaß, 2020).

Weiterhin besteht eine Schwierigkeit in der Interpretation der Forschungsergebnisse darin, dass die Bezeichnung „deaf", was als „taub" oder „gehörlos" übersetzt werden kann, in der Fachliteratur laut Szűcs (2020) nicht konsistent gebraucht wird. In einigen Studien werden damit hochgradig hörgeschädigte Menschen bezeichnet. Es gibt aber auch Studien, die darunter auch mittelgradig und leichtgradig hörgeschädigte Menschen bezeichnen. Aus diesem Grund fasst auch Szűcs in ihrem Artikel „taube" und „schwerhörige" Kinder und Jugendliche als „hörgeschädigte" Kinder und Jugendliche zusammen und stellt fest: „There is a common agreement in the relevant literature, that hearing-impaired students' performance in school mathematics is on average far below the average performance of their hearing peers and that this delay corresponds to a disadvantage of 2 to 4 school years." Gerade aufgrund der wenig differenzierten Betrachtung der heterogenen Gruppe der Kinder und Jugendlichen mit dem sonderpädagogischen Förderschwerpunkt „Hören und Kommunikation" kann diese Feststellung nicht viel über die tatsächliche mathematische Entwicklung der einzelnen Kinder und Jugendlichen aussagen. Auch über die präferierten Kommunikationsmittel der Kinder wie Laut- oder Gebärdensprache kann man aus dem Artikel nicht so viel erfahren, und dennoch enthält er interessante Hinweise, die für die mathematische Förderung von tauben und schwerhörigen Kindern hilfreich sein könnten.

Szűcs teilt die analysierten Arbeiten nach dem Alter der Teilnehmenden ein, um sich der Frage zu nähern, wann sich die Unterschiede in der mathematischen Entwicklung von hörenden und hörgeschädigten Menschen manifestieren. Sie fängt mit der Untersuchung von Zarfaty et al. von 2004 an. Im Widerspruch zu den Erwartungen der Untersuchenden konnten die Vorschulkinder mit Hörschädigung bei diesem Experiment nicht schlechter als ihre hörenden Vorschulkinder „temporal", das bedeutet einzeln hintereinander repräsentierte, Reihen von Bauklötzen nachbilden. Im Umgang mit den „spatial" oder räumlich gleichzeitig repräsentierten Reihen von Bauklötzen haben die tauben Kinder sogar besser abgeschnitten. Auf dieser Grundlage vermuten die forschenden Autoren, dass die Verzögerungen in der Entwicklung von tauben Kindern erst im Schulalter entstehen. Wichtig dabei ist zu erwähnen, dass die einzige sprachliche Anleitung in der Aufforderung bestand, die gezeigte Reihe aus den Bauklötzen zu kopieren. In der Untersuchung wurden keine Texte und kaum lautsprachliche Anleitungen benutzt. Die Aufgaben wurden beinahe sprachlos präferiert.

Im Widerspruch zu den oben beschriebenen Forschungsergebnissen haben in einer Studie von Pagliaro und Kritzer die Vorschulkinder im Alter zwischen 3 und 5 Jahren in allen mathematischen Bereichen schlechtere Testergebnisse als die gleichaltrigen Kinder erzielt, wogegen ihre Ergebnisse in Geometrie mit denen der gleichaltrigen hörenden Kinder vergleichbar waren. Diese Tendenzen setzen sich laut Szűcs im Schulalter fort und wurden in vielen anderen Studien beobachtet (vgl. Pagliaro & Ansell, 2006; Frostad & Ahlberg, 1999; Zevenberger et al., 2001; Nunes et al., 2009; Searle et al., 1974; Kelly et al., 2003; Blatto-Valle et al., 2007; Wauters et al., 2023).

Dass die oben beschriebenen schlechteren Testergebnisse noch lange nicht von tatsächlichen Rückständen in der mathematischen Entwicklung zeugen müssen, soll im Folgenden exemplarisch an der Studie von Blatto-Vallee et al. (2007) gezeigt werden. Das Ziel dieser Studie war, die Unterschiede im Gebrauch visuellräumlicher Repräsentationen von tauben und hörenden Lernenden beim geometrischen Problemlösen herauszuarbeiten. Der Ausgangspunkt der Studie bildete die Untersuchung von Hegarty und Kozhevnikov (1999), die ursprünglich für hörende Kinder und Jugendliche entwickelt wurde.

Hegarty und Kozhevnikov unterscheiden in ihrer Studie zwei Typen von visuell-räumlichen Repräsentationen von mathematischen Problemen. Demnach kodieren „schematic" oder „schematische" Repräsentationen räumliche Beziehungen, die in dem angebotenen mathematischen Problem oder einer Aufgabe beschrieben wurden. Als „pictorial" oder „bildlich" werden Repräsentationen bezeichnet, die nur optisch äußerliche Merkmale des Problems darstellen. Als Ergebnis schlussfolgern Hegarty und Kozhevnikov für hörende Lernende, dass die Wahl der Repräsentation den Erfolg beim Lösen von Problemen beeinflusst. Hegarty und Kozhevnikov berichteten, dass die Probanden, die häufiger schematische Repräsentationen nutzen, erfolgreicher beim Lösen von mathematischen Problemen waren.

Anknüpfend an die Ergebnisse aus der Studie von Hegarty und Kozhevnikov zeigten Blatto-Vallee et al., dass taube Teilnehmende häufiger als ihre hörenden Gleichaltrigen bildliche (pictorial) und nicht schematische Repräsentationen nutzten, um mathematische Probleme, die als Text formuliert wurden, zu lösen. Um den Zusammenhang zu ergründen, lohnt es sich, genauer die Items der Untersuchung anzuschauen.

Wie war die Studie von Blatto-Vallee et al. (2007) angelegt? Die dazu verwendeten Aufgabentexte aus der Studie von Hegarty und Kozhevnikov wurden sprachlich an amerikanisches Englisch angepasst. Die besonderen Bedürfnisse der Menschen mit Hörschädigung wurden bei der textlichen Gestaltung der Aufgaben nicht berücksichtigt. Demzufolge bekamen die hörenden und die hörgeschädigten Teilnehmenden bei dieser Untersuchung die gleichen Aufgabentexte zu lesen. Auch in der Bearbeitungszeit gab es keine Unterschiede für die Teilnehmenden mit und ohne Hörschädigung. Vorteilhaft im Hinblick auf die Interpretation der Ergebnisse ist die Tatsache, dass in dem Artikel alle 15 Originalaufgaben offen präsentiert werden:

1. *At the two ends of a straight path, a man planted a tree and then every 5 m along the path he planted another tree. The length of the path is 15 m. How many trees were planted?*

2. *On one side of the scale, there is a 1-lb weight and half a brick. On the other side, there is one full brick. The scale is balanced. What is the weight of the brick?*

3. *A balloon first rose 200 m from the ground, then moved 100 m to the east, then dropped 100 m. It traveled 50 m to the east, and finally dropped straight to the ground. How far was the balloon from its original starting point?*

4. *In an athletic race Jim is 4 m ahead of Tom and Peter is 3 m behind Jim. How far is Peter ahead of Tom?*

5. *A square (A) has an area of 1 square meter. Another square (B) has sides twice as long. What is the area of B?*

6. *From a long stick of wood, a man cut six short sticks, each 2 feet long. He then found he had a piece of 1 foot long left over. Find the length of the original stick.*

7. *The area of a rectangular field is 60 square meters. If it's length is 10 m, how far would you have traveled if you walked the whole way around the field?*

8. *Jack, Paul, and Brian all have birthdays on the 1st of January, but Jack is 1 year older than Paul and Jack is 3 years younger than Brian. If Brian is 10 years old, how old is Paul?*

9. *The diameter of a can of peaches is 10 cm. How many cans will fit in a box 30 cm by 40 cm (one layer only)?*

10. *Four young trees were set out in a row 10 m apart. A well was located by the last tree. A bucket of water is needed to water two trees. How far would a gardener have to walk altogether if he had to water the four trees using only one bucket?*

11. *A hitchhiker set out on a journey of 60 miles. He walked the first 5 miles then got a lift from a truck driver. When the driver dropped him off he still had half of his journey to travel. How far had he traveled in the truck?*

12. *How many picture frames 6 cm long and 4 cm wide can be made from a piece of framing 200 cm long?*

13. *On one side of a scale, there are three pots of jam and a 100 oz. weight. On the other side, there are a 200 oz. and a 500 oz. weight. The scale is balanced. What is the weight of a pot of jam?*

14. *A ship was Northwest. It made a turn of 90 degrees to the right. An hour later it made a turn through 45 degrees to the left. In what direction was it then traveling?*

15. *There are eight animals on a farm. Some of them are hens and some are rabbits. Between them they have 22 legs. How many hens and how many rabbits are on the farm?*

Wie man anhand der oben präsentierten Aufgaben oder Untersuchungs-Items sehen kann, bestand der Test aus 15 mathematischen Problemen, die als reine Textaufgaben mit Zahlenangaben und Maßeinheiten in der englischen Schriftsprache ohne weitere mathematische Symbole, Skizzen, Zeichnungen oder andere Visualisierungen formuliert wurden. Alle Aufgaben bis auf die Aufgabe 5 setzen geometrische Zusammenhänge in einen außermathematischen Kontext. Die Texte haben unterschiedliche Länge und variieren in Wort- und Satzanzahl. Viele Aufgaben enthalten Schachtelsätze.

Zum Lösen aller 15 Aufgaben standen insgesamt 45 min zur Verfügung. Das bedeutet, dass sowohl hörende wie auch taube Problemlöser ca. 3 min pro Aufgabe zur Verfügung hatten. In dieser Zeit sollten sie den Text lesen, verstehen, die Aufgabenstellung bzw. Problembeschreibung aus dem Text in die mathematische Sprache übersetzen, eventuell skizzenhaft darstellen, bearbeiten und ihre Lösungen samt skizzenhaften Darstellungen dokumentieren. Haben die Lernenden das Problem so skizziert, dass die zum Lösen des Problems wichtigen Beziehungen dargestellt wurden, so wurde ihre visuell-räumliche Darstellung als schematisch kodiert. Wurden die in der Aufgabe benannten Objekte einfach nur anhand ihrer äußeren Merkmale bildlich dargestellt, ohne die Beziehungen zwischen ihnen (für die Untersuchenden) deutlich zu machen, so wurden die Repräsentationen als „pictorial" oder „bildlich" kodiert.

Ergänzend dazu wurden den Lerndenden weitere Tests angeboten, mit denen ihre räumlich-visuellen Fähigkeiten gemessen werden sollten. Das sind der „Primary Mental Abilities Spatial Relations Test" und das „Optometric Extension Program".

Im „Primary Mental Abilities Spatial Relations Test" wird den Lerndenden eine unvollständige Strichzeichnung gezeigt, die zu einem Quadrat vervollständigt werden kann. Für das fehlende Stück werden fünf Varianten angeboten, von denen nur eine passend ist. Der Test besteht aus 25 Items und sollte in 6 min bearbeitet werden.

Beim „Optometric Extension Program" musste aus fünf Varianten ein passendes Ganzes ausgewählt werden, das aus den vorgegeben Teilen kombiniert werden kann. Die einzelnen Testitems als solche samt der Beziehungen, die zum Lösen relevant sind, werden durch geometrische Figuren ohne Text repräsentiert. Der Test besteht aus 64 Items, die in 20 min bearbeitet wurden.

Beide Tests sind nicht vollständig sprachfrei, weil sie zumindest am Anfang Testanweisungen enthalten, die mündlich oder in Gebärdensprache erklärt werden müssen. Beiden Tests gemeinsam ist, dass der eigentliche Lösungsprozess nicht ausführlich dokumentiert werden muss, da es sich um Multiple-Choice-Aufgaben handelt. Dies erlaubt zwar, Aussagen über die Lösungshäufigkeit aufzustellen, doch zu Fragen nach dem Gebrauch räumlich-visueller schematischer Repräsentationen können nur Vermutungen aufgestellt werden. Der Erfolg der Lösung beim Bearbeiten der Testaufgaben besteht darin, dass es den Teilnehmenden gelingt, die entsprechenden Figuren in ihrer Beziehung als Teil und Ganzes zueinander zu sehen. Dafür müssen die Figuren eventuell mental verschoben und in der Vorstellung des jeweiligen Teilnehmenden gedreht werden. Wie die Aufgaben genau bearbeitet werden, bleibt für die Testenden an dieser Stelle verborgen. Auf der anderen Seite können sich Multiple-Choice-Tests als vorteilhaft erweisen, weil sie den Problemlösenden bei der Dokumentation der Lösung helfen könnten, die durch die Lautsprache bzw. Schriftsprache erzeugten Grenzen zu überwinden, da die Lösungen lediglich durch das Ankreuzen anzugeben sind. Dagegen kann die Bereitschaft, eine Textaufgabe schriftlich zu lösen, auf Lernende von vornherein hemmend wirken (vgl. Marshall et al., 2016, S. 413).

In der Untersuchung von Blatto-Vallee et al. (2007) wurden alle drei oben beschriebenen Tests mit drei verschiedenen Altersgruppen durchgeführt. Diese Gruppen entsprachen den drei Schulformen Middle School, High School und College. Die Ergebnisse von tauben Studienteilnehmenden lagen laut Blatto-Vallee et al. in allen drei Tests und in allen Altersgruppen unter den Ergebnissen der hörenden Jugendlichen. Bemerkenswert ist jedoch, dass die Differenzen deutlich kleiner ausfielen, wenn die zu lösenden Probleme nicht als geschriebene Texte, sondernals Sets von zueinander passenden bzw. unpassenden geometrischen Figuren repräsentiert wurden, wie das in den beiden Multiple-Choice-Tests der Fall war. Dies lässt vermuten, dass sprachfreie bzw. spracharme Repräsentationen von mathematischen Problemen, beispielsweise durch geometrische Figuren oder Körper, die Auseinandersetzung mit den Aufgaben für taube und schwerhörige Lernende erleichtern könnten.

Die wichtigsten Ergebnisse fassen die Forschenden in einem Diagramm zusammen, siehe Abb. 12.2. Daraus leiten sie ab, dass die mathematische Entwicklung bei Lernenden mit Hörschädigung nur langsam voranschreitet. Blicken wir jedoch auf die 15 mathematischen Aufgaben zurück, so stellen wir fest, dass es sich hierbei um reine Textaufgaben handelt.

THE FIRST SIX BOOKS OF

THE ELEMENTS OF EUCLID

IN WHICH COLOURED DIAGRAMS AND SYMBOLS

ARE USED INSTEAD OF LETTERS FOR THE

GREATER EASE OF LEARNERS

BY OLIVER BYRNE

SURVEYOR OF HER MAJESTY'S SETTLEMENTS IN THE FALKLAND ISLANDS
AND AUTHOR OF NUMEROUS MATHEMATICAL WORKS

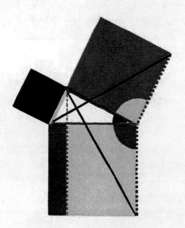

LONDON
WILLIAM PICKERING
1847

Abb. 12.1 The Elements of Euklid nach Oliver Byrne

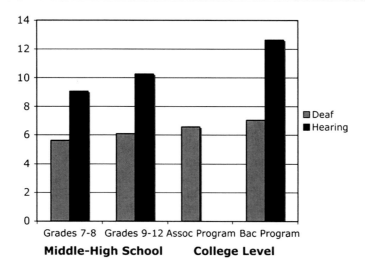

Abb. 12.2 Interaction effect between educational grade level and deaf/hearing level status for predicting students' score on the 15 mathematical problems in Blatto-Valey et al. (2007)

Beachtet man die in der sonderpädagogischen Fachliteratur beschriebenen Schwierigkeiten der Diagnostik der Lese- und Sprachkompetenz von schwerhörigen und tauben Lernenden, so stellt man fest, dass es bei der vorgestellten Untersuchung schwierig zu sagen ist, ob dabei Lese- und Verstehensfähigkeiten von Texten oder tatsächlich schematische bzw. bildhafte Repräsentationen zum Lösen von mathematischen Problemen angewandt wurden.

Marschark et al. (2015) untersuchten den Zusammenhang zwischen den räumlich-visuellen Fähigkeiten und der Sprachkompetenz von gehörlosen Studienanfängern. Die Teilnehmenden wurden in drei Gruppen eingeteilt. Eine Gruppe bestand aus tauben Teilnehmenden mit Cochlea Implantat (Innenohrprothese), eine weitere Gruppe aus tauben Teilnehmenden ohne Implantat und die dritte Gruppe aus hörenden Teilnehmenden, die Gebärdensprache beherrschten. In allen drei Gruppen wurden nicht nur Fähigkeiten, visuell und räumlich zu denken, erfasst, sondern auch ihre Kompetenzen in der Laut- und Gebärdensprache. Dabei zeigte sich, dass die besseren Ergebnisse von tauben Teilnehmenden in den visuell-räumlichen Tests nicht davon abhängig waren, ob sie gebärdensprachlich oder lautsprachlich orientiert waren, sondern davon, wie sicher sie im Umgang mit der von ihnen bevorzugten Sprache waren. Ob es sich dabei um Gebärdensprache oder Lautsprache handelte, war nicht relevant. Dies lässt vermuten, dass die Entwicklung von visuell-räumlichen Fähigkeiten durch Sprachförderung von der bevorzugten Sprache der Lernenden abhängt. Im Einklang damit wäre es also von Vorteil, die tauben Lernenden in der von ihnen bevorzugten Sprache zu fördern. Da viele taube Lernende Gebärdensrpache bevorziehen, ist die Entwicklung von den ensprechenden Unterrichtskonzepten und Materialien besonders relevant.

Je besser die Studienteilnehmende in den Sprachtests bezogen auf die von ihnen bevorzugte Sprache abgeschnitten haben, sei es Gebärdensprache oder Lautsprache, desto erfolgreicher waren sie in den Tests zu den räumlich-visuellen

Fähigkeiten (Marschark et al., 2015, S. 324). Die Untersuchungen zu den räumlich-visuellen Fähigkeiten zeigen, dass ein bestimmter Hörstatus (Schwerhörigkeit oder Taubheit) nicht automatisch zu den besseren räumlich-visuellen Fähigkeiten führen muss, genauso wie beispielsweise Blindheit nicht automatisch mit besseren musikalischen Begabungen verbunden sein muss. Aus diesem Grund wäre es unzulässig, Lernende mit Hörschädigung automatisch als „visuelle Lerntypen" zu sehen. Darüber hinaus wird sichtbar, dass sprachliche Fähigkeiten vor allen Dingen in der Basissprache, sei es Laut- oder Gebärdensprache, die Entwicklung von räumlich-visuellen Fähigkeiten beeinflussen. Auf der anderen Seite entstehen durch die sprachlich formulierten Tests für Lernende mit Hörschädigung Hürden, die es ihnen schwer oder unmöglich machen, an dem mathematischen Problemlösen teilzunehmen. Eine Möglichkeit, diese Hürden zu überwinden, wäre, zumindest als Einstieg, mathematische Probleme möglichst sprachfrei, räumlich-visuell oder geometrisch zu repräsentieren.

Welche Schlussfolgerungen können wir daraus für den Unterricht mit hörgeschädigten Lernenden oder inklusiven Klassen ziehen? Räumlich-visuelle und ikonische Darstellungen von Problemen können helfen, sprachliche Hürden und Differenzen zu überwinden. Nicht weil alle Menschen mit Hörschädigung automatisch bessere räumlich-visuelle Fähigkeiten aufweisen als alle anderen, sondern weil räumlich-visuelle Darstellungen alternative Repräsentationsräume schaffen und gemeinsame Erfahrungen im Lösen von mathematischen Problemen und Beweisen trotz sprachlicher Differenzen in heterogenen Lerngruppen ermöglichen können.

Im Zusammenhang mit den obigen Betrachtungen stellt sich die Frage nach Unterrichtsideen, die von den Problemen ausgehen, die ohne oder mit wenig Text präsentiert werden können (vgl. Sauerwein, 2019; Kristinsdottir, 2021). Doch inwiefern sind Vorgehensweisen dieser Art bildungstheoretisch begründbar?

12.5   Bildungstheoretischer Hintergrund

Als bildungstheoretischer Hintergrund für den Mathematikunterricht werden im deutschsprachigen Raum häufig die von Heinrich Winter (1995) formulierten Grunderfahrungen herangezogen, die wiederum wesentlich seine Konzeption des Entdeckenden Lernens stützen (vgl. Winter, 2016). Dabei wird das ideale Ziel angestrebt, für alle Lernenden Angebote zu schaffen, die eigene Erfahrungen mit Mathematik und insbesondere mit dem Problemlösen möglich machen. Bereits in der ersten Auflage seines Buches denkt Heinrich Winter darüber nach, wie beispielsweise Kinder, die Deutsch nicht als Basissprache beherrschen, entdeckend lernen können. So beschreibt er exemplarisch Lernumgebungen, bei denen Probleme nicht nur rein sprachlich als Textaufgaben präsentiert werden, sondern ganz gezielt durch zusätzliche ikonische Darstellungen und Modelle unterstützt werden (vgl. Winter, 2016, S. 87 ff.).

Den Anschauungsmitteln widmet Heinrich Winter ein spezielles Kapitel in seinem Buch und versucht mithilfe von Anschauung Paradoxien aufzulösen (vgl.

Winter, 2016, S. 171 ff.). Gleichzeitig macht er an einer anderen Stelle darauf aufmerksam, dass durch Veranschaulichungen und Visualisierungen nicht automatisch die Inhalte für alle Lernenden verständlicher und einfacher werden, sondern dass eventuell neue schwierigere Probleme entstehen und dass die Veranschaulichungen zu neuen Unterrichtsinhalten werden, deren Behandlung zusätzliche Unterrichtszeit erfordert. So können auch geometrische Visualisierungen nicht bloß als Mittel gesehen werden, um Probleme zu vereinfachen, sondern auch als Möglichkeiten, neue Problemstellungen zu finden. Diese Beobachtungen sind nicht nur für taube und schwerhörige, sondern für alle Lernenden relevant, denn geometrische Visualisierungen als Möglichkeiten, mathematische Probleme zu repräsentieren, können als Alternativen oder Ergänzungen zu mathematischen Texten angesehen werden.

Eine Fülle von Beweisen ohne Worte bietet das Buch von Roger Nelsen (1993). Diese Bilder können von Lernenden studiert, besprochen, beschrieben, dynamisiert oder auch in Gebärdensprache dargestellt und diskutiert werden. Weitere schulrelevante Ideen für das Entdeckende Lernen im Mathematikunterricht sind beispielsweise bei Berendonk (2016) beschrieben. Doch wie können im Unterricht konkrete Situationen geschaffen werden, in denen Lernende Möglichkeiten bekommen, selbst kreativ zu werden und Bilder der Beweise zu entdecken oder neu zu erschaffen? Wie kann die Brücke von dem gewöhnlichen Alltagsunterricht zum Entdeckenden oder Forschenden Lernen geschlagen werden?

In seine Konzeption des Entdeckenden Lernens integriert Heinrich Winter die Ideen von George Polya (1949). Polya beschäftigte sich mit Heuristiken des Problemlösens, die bei Hans Schupp als Variationsstrategien weiterentwickelt und in der schulischen Praxis erprobt werden. Hans Schupp schlägt vor, ausgehend von einer eventuell in einem Schulbuch präsentierten und von den Lernenden gelösten Aufgabe, die Lernenden aufzufordern, ihre eigenen Variationen der Aufgabe vorzuschlagen. Diese Vorgehensweise öffnet viele verschiedene Möglichkeiten, sowohl nicht taube wie auch schwerhörige Lernende sprachlich zu fördern (vgl. Schupp, 2002).

Als theoretischer Rahmen der Überlegungen zur Sprachförderung im Mathematikunterricht sollen hier Ausführungen von Maier und Schweiger (1999) dienen, die 2005 von der Autorin des Artikels im Rahmen einer Examensarbeit um Perspektiven aus der Sonderpädagogik angereichert und somit modifiziert worden sind. Demnach gehören zu den Zielen und Aufgaben der Sprachförderung im Mathematikunterricht: Sprachverstehen, Sprachproduktion, „Übersetzen" sowie Fachsprachkompetenz und Sprachreflexion. Während Maier und Schweiger vor allen Dingen deutsche Laut- und Schriftsprache sowie dementsprechende mathematische Fachsprache im Blick hatten, bezog die Autorin Deutsche Gebärdensprache in die Diskussion mit ein (vgl. Nordheimer, 2005, 2023).

Im Folgenden wird vorgeschlagen, wie man auf bereits bekannte und vor einiger Zeit im Unterricht bewiesene Formeln zurückblicken und sie mit den Lernenden gemeinsam geometrisch veranschaulichen kann. So können Anlässe geschaffen werden, um neue mathematische und insbesondere geometrische

Objekte zu konstruieren, Einsichten zu gewinnen und schließlich die Produktion von sprachlichen Texten anzuregen, in denen Lernende mit oder ohne Hörschädigung ihre mathematischen Erkenntnisse in eigenen Worten oder Gebärden formulieren.

12.6   Unterrichtsideen

Zum Einstieg können die Lernenden aufgefordert werden, auf die drei ihnen bekannten und im Unterricht vor einiger Zeit bereits bewiesenen binomischen Formeln zurückzublicken und die ihnen bekannten Beweise aufzuschreiben. Alle drei Beweise können zunächst auf der rein symbolisch-algebraischen Ebene so gut wie ohne Laut- oder Schriftsprache geführt werden. Zum Beweisen der binomischen Formeln reicht es aus, dass die Lernenden Produkte von einfachen Summen durch Ausmultiplizieren umformen können. Dabei ist es wichtig, dass sie eine gewisse Sicherheit im Umgang mit Vorzeichen mitbringen. Die Beweise können in sehr kleine Schritte aufgeteilt werden und die kleinen Herausforderungen bestehen darin, wie man Faktoren mit unterschiedlichen Summanden multipliziert, um anschließend günstig zusammenzufassen.

Ist es den Lernenden gelungen, die binomischen Formeln durch das Ausmultiplizieren auf symbolisch-algebraischer Ebene zu beweisen, werden sie aufgefordert, die erste binomische Formel geometrisch darzustellen. Beim Besprechen oder beim Beschreiben des Beweises werden die einzelnen Summanden der algebraischen Formel in geometrische Figuren übersetzt. In Kleingruppen, in denen Lernende mit und ohne Hörschädigung gemischt werden, oder im Plenum können die wichtigsten Begriffe Quadrat, Rechteck, Flächeninhalt, Seitenlänge wiederholt und als Fach-Vokabeln zur Verfügung gestellt werden. Mithilfe dieser Begriffe können von den Lernenden eigene Texte oder Videos produziert werden (vgl. Gallin & Ruf, 1990). Besonders gelungene Texte können als Vorlage für die weiteren Variationen genutzt werden. Ist die erste binomische Formel visualisiert, so können die Lernenden aufgefordert werden, die geometrischen Visualisierungen so zu variieren, dass sie zu den anderen beiden binomischen Formeln passen. In einem Selbstexperiment können sich die Lesenden dieses Beitrags überzeugen, dass dies keine triviale Aufgabe ist.

In der Abb. 12.3 ist die Variation eines Lernenden zu sehen. Interessant ist, dass dieser Lernende sich zunächst an den algebraischen Umformungen der Terme orientiert, um diese anschließend in geometrische Figuren zu „übersetzen" und den Beweis neu darzustellen sowie anschließend im Text zu beschreiben. Die Beschreibung kann auch in Gebärdensprache erfolgen und als Video fixiert werden. Analog kann auch mit dem Übersetzen der mithilfe von Termen aufgeschriebenen dritten binomischen Formel zunächst in Geometrie und dann nach Bedarf in Gebärdensprache verfahren werden.

Die Variation der geometrischen Visualisierung der ersten binomischen Formel kann aber auch auf den dreidimensionalen Raum erweitert werden. Variiert man die Quadrate zu Würfeln und die Rechtecke zu Quadern, so kann eine

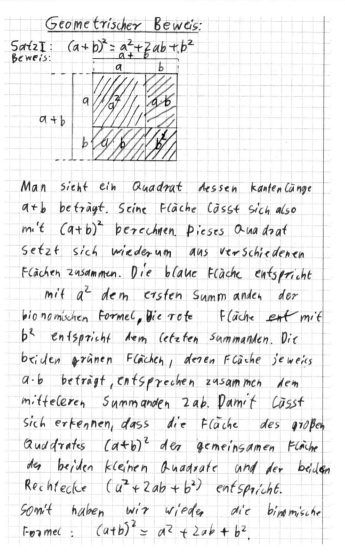

Abb. 12.3 Beweis für die 1. binomische Formel

geometrische Darstellung für die kubischen binomischen Formeln gefunden und anschließend in Terme und Formeln und dann auch in Texte oder Gebärdenvideos übersetzt werden. Für diese Übungen eignet sich die Untersuchung von fertigen oder von den Lernenden selbst erstellten Modellen. Möchte man die Experimente mit den dreidimensionalen Körpern dokumentieren, so kann das Bedürfnis nach dem Erstellen von Schrägbildern oder Projektionen entstehen. Eine andere Möglichkeit, dreidimensionale Objekte darzustellen, bieten dynamische Geometrie oder Videos, beispielsweise stumme Videos (vgl. Kristinsdottir, 2021).

Im Anschluss an diese Variationen und ihre Reflexionen können die Lernenden in Anlehnung an Polya auf ein anderes ihnen bekanntes Problem oder eine Skizze zurückschauen und versuchen, diese im neuen Licht und aus neuer Perspektive zu sehen. So könnte man beispielsweise die Skizze des Satzes des Pythagoras untersuchen und sich fragen, wie diese Skizze in eine Skizze zur ersten binomischen Formel verwandelt werden kann. Aus dieser Verwandlung können im Auge und in der Hand der Lerndende Bilder entstehen.

Derartige selbstproduzierte Bilder können dann von den Lernenden mithilfe von Formeln, Texten und Gebärden beschrieben werden. Somit können die Aufgaben und Ziele für Sprachförderung im Mathematikunterricht unter Gebrauch von vielfältigen enaktiven und ikonischen Mitteln im Kontext von Beweisen angestrebt werden. Was die Lernenden aus den Ideen machen können, wird im nächsten Abschnitt exemplarisch gezeigt.

12.7 Beweise der Schüler

Die folgenden Abbildungen stammen aus den alten Heften von zwei Lerndenden. Sie sollen einerseits die beschriebenen Ideen illustrieren, andererseits die Lehrkräfte unter den Lesenden dieses Beitrags ermutigen, Entdeckendes Lernen auszuprobieren, sich auf Dialoge mit ihren Lernenden einzulassen und gleichzeitig Sprachverstehen und Sprachproduktion gezielt im Mathematikunterricht zu fördern (Abb. 12.4, 12.5, 12.6, 12.7 und 12.8).

12.8 ... und zum Schluss einige kritische Bemerkungen

Die Beweise der beiden Lerndenden zeigen exemplarisch, dass die in diesem Beitrag vorgestellten Herangehensweisen sich als fruchtbar erweisen können. Dennoch gibt es auch hier Kritisches zu bedenken. Geometrische Visualisierungen sind nicht selbsterklärend und können in Abhängigkeit von den individuellen Lernbedürfnissen für die Lernenden sehr herausfordernd sein. Ihr Einsatz sowie ihre Verzahnung und Reflexion erfordern zusätzliche Vorbereitungs- und Unterrichtszeit. Auch die Förderung von Sprache, sei es Laut- oder Gebärdensprache, im Mathematikunterricht kann kaum nebenbei erfolgen. Die Vorschläge können nicht alle Probleme lösen und auch nicht gezielte sonderpädagogische Diagnostik und Förderung ersetzen. Trotzdem geben die obigen Ausführungen Grund zur Annahme, dass die investierte Zeit keine Verschwendung sein muss, sondern Freiraum schaffen könnte. Damit ist mehr Raum für neue mathematische Zusammenhänge, ausgehend von Skizzen und Bildern der Lernenden, ihren eigenen und gemeinsam gefundenen Beweisideen und letzten Endes beigene Sprache der Lernenden gemeint.

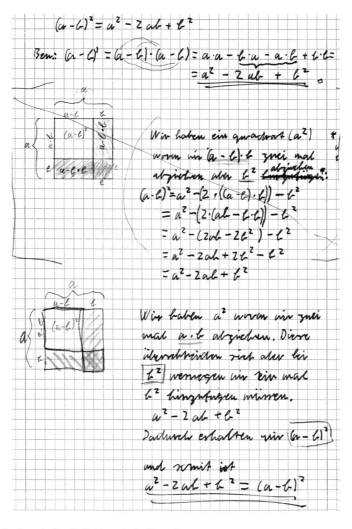

Abb. 12.4 Beweis für die 2. binomische Formel

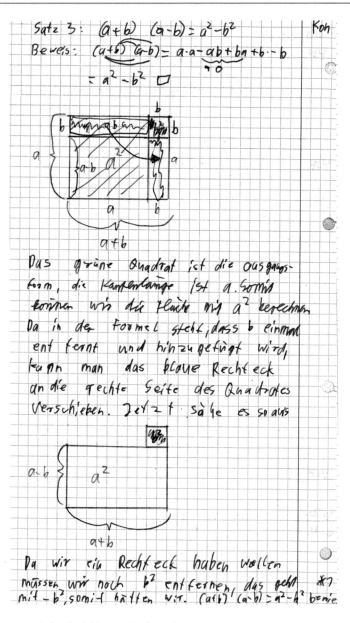

Satz 3: $(a+b)(a-b) = a^2 - b^2$ Koh

Beweis: $(a+b)(a-b) = a\cdot a - \underbrace{ab + ba}_{=0} + b\cdot -b$

$= a^2 - b^2 \ \square$

Das grüne Quadrat ist die ausgangs-
form, die Kantenlänge ist a. Somit
können wir die Fläche mit a^2 berechnen.
Da in der Formel steht, dass b einmal
entfernt und hinzugefügt wird,
kann man das blaue Rechteck
an die rechte Seite des Quadrates
verschieben. Jetzt sähe es so aus

Da wir ein Rechteck haben wollen
müssen wir noch b^2 entfernen, das geht   ✳7
mit $-b^2$, somit hätten wir. $(a+b)(a-b) = a^2 - b^2$ bewie

Abb. 12.5 Beweis für die 3. binomische Formel

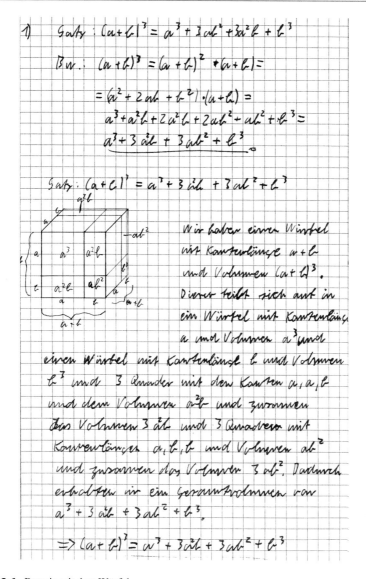

1) Satz: $(a+b)^3 = a^3 + 3ab^2 + 3a^2b + b^3$

Bw.: $(a+b)^3 = (a+b)^2 \cdot (a+b) =$

$= (a^2 + 2ab + b^2) \cdot (a+b) =$

$a^3 + a^2b + 2a^2b + 2ab^2 + ab^2 + b^3 =$

$\underline{a^3 + 3a^2b + 3ab^2 + b^3}$

Satz: $(a+b)^3 = a^3 + 3a^2b + 3ab^2 + b^3$

Wir haben einen Würfel mit Kantenlänge $a+b$ und Volumen $(a+b)^3$. Dieser teilt sich auf in ein Würfel mit Kantenlänge a und Volumen a^3 und einen Würfel mit Kantenlänge b und Volumen b^3 und 3 Quader mit den Kanten a,a,b und dem Volumen a^2b und zusammen das Volumen $3a^2b$ und 3 Quadern mit Kantenlängen a,b,b und Volumen ab^2 und zusammen das Volumen $3ab^2$. Dadurch erhalten wir ein Gesamtvolumen von $a^3 + 3a^2b + 3ab^2 + b^3$.

$\Rightarrow (a+b)^3 = a^3 + 3a^2b + 3ab^2 + b^3$

Abb. 12.6 Beweis mit dem Würfel

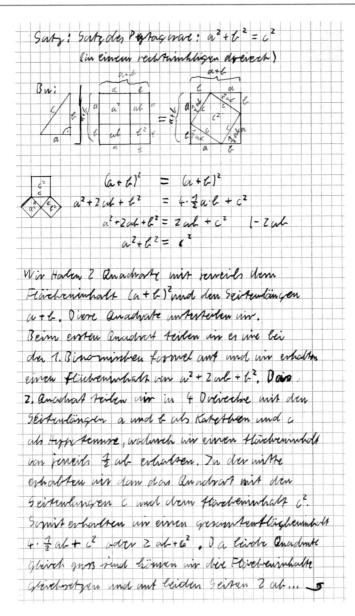

Satz: Satz des Pythagoras: $a^2 + b^2 = c^2$

(in einem rechtwinkligen Dreieck)

Bw:

$$(a+b)^2 = (a+b)^2$$
$$a^2 + 2ab + b^2 = 4 \cdot \tfrac{1}{2} a \cdot b + c^2$$
$$a^2 + 2ab + b^2 = 2ab + c^2 \qquad |-2ab$$
$$a^2 + b^2 = c^2$$

Wir haben 2 Quadrate mit jeweils dem Flächeninhalt $(a+b)^2$ und den Seitenlängen $a+b$. Diese Quadrate unterteilen wir. Beim ersten Quadrat teilen wir es wie bei der 1. Binomischen Formel auf und wir erhalten einen Flächeninhalt von $a^2 + 2ab + b^2$. Das 2. Quadrat teilen wir in 4 Dreiecke mit den Seitenlängen a und b als Katheten und c als Hypotenuse, wodurch wir einen Flächeninhalt von jeweils $\tfrac{1}{2}ab$ erhalten. In der Mitte erhalten wir dann das Quadrat mit den Seitenlängen c und dem Flächeninhalt c^2. Somit erhalten wir einen gesamten Flächeninhalt $4 \cdot \tfrac{1}{2}ab + c^2$ oder $2ab + c^2$. Da beide Quadrate gleich groß sind können wir die Flächeninhalte gleichsetzen und auf beiden Seiten $2ab$ ...

Abb. 12.7 Beweis des Satzes des Pythagoras I

Abb. 12.8 Beweis des Satzes des Pythagoras II

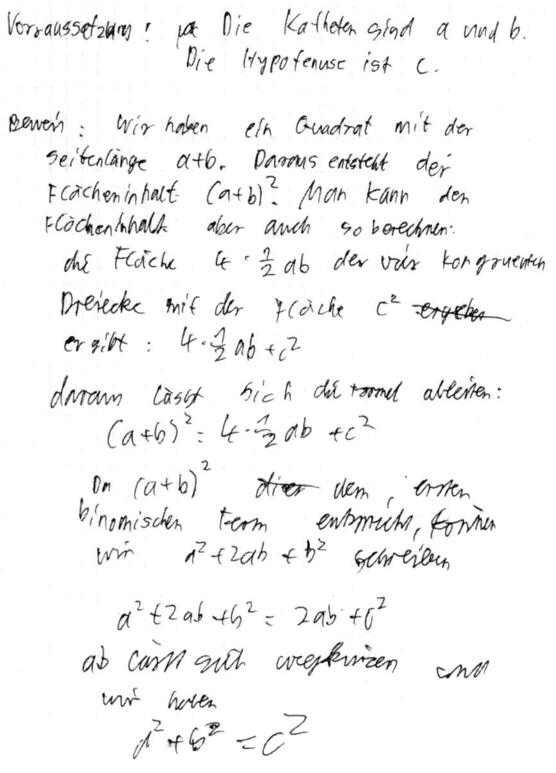

Voraussetzung: Die Katheten sind a und b. Die Hypotenuse ist c.

Beweis: Wir haben ein Quadrat mit der Seitenlänge $a+b$. Daraus entsteht der Flächeninhalt $(a+b)^2$. Man kann den Flächeninhalt aber auch so berechnen: die Fläche $4 \cdot \frac{1}{2}ab$ der vier kongruenten Dreiecke mit der Fläche c^2 ~~ergeben~~ ergibt: $4 \cdot \frac{1}{2}ab + c^2$

daraus lässt sich die ~~Formel~~ ableiten:
$$(a+b)^2 = 4 \cdot \frac{1}{2}ab + c^2$$

Da $(a+b)^2$ ~~dies~~ dem ersten binomischen Term entspricht, können wir $a^2 + 2ab + b^2$ schreiben

$$a^2 + 2ab + b^2 = 2ab + c^2$$

ab können wir wegkürzen und haben

$$a^2 + b^2 = c^2$$

Literatur

Adlassnig, K. (2011). *Zugang zu Sprache als Voraussetzung für Identität.* Diplomarbeit, University of Vienna. Philologisch-Kulturwissenschaftliche Fakultät.

Becker, C. (2012). Inklusion für alle? Qualitätsstandards für die Bildung hörgeschädigter Menschen. *Hörgeschädigtenpädagogik, 2012*(3), 102–110.

Becker, C., Audeoud, M., Krausneker, V., & Tarcsiová, D. (2018). BIMODÁLNO-BILINGVÁLNE VZDELÁVANIE DETI S PORUCHOU SLUCHU V EURÓPE. PREHĽAD SÚCASNÉHO STAVU (cast' 1). In Universitas Comeninana Acta Facultatis Paedagogicae (Hrsg.), *PAEDAGOGICA SPECIALIS XXXII. Bratislava: Univerzita Komenského v Bratislave* (S. 165–185).

Becker, C. (2019). Inklusive Sprachbildung. Impulse aus der Gebärdensprach- und Audiopädagogik. In L. Rödel & T. Simon (Hrsg.), *Inklusive Sprach(en)bildung. Ein interdisziplinärer Blick auf das Verhältnis von Inklusion und Sprachbildung Bad Heilbrunn: Julius Klinkhardt 2019, (Interdisziplinäre Beiträge zur Inklusionsforschung).*

Burger, T., & Hintermair, M. (2011). (Fast) alle sind für Inklusion – ist Inklusion auch etwas für alle? Erfahrungen und Überlegungen aus der Diskursarena – Hörschädigung. *Hörgeschädigtenpädagogik, 2011*(3), 94–102.

Bruner, J. S., Goodnow, J. J., & Austin, G. A. (1956). *A study of thinking.* Wiley.

Кульбіда, С.В. (2015). Теоретичні засади формування жестомовної комунікативної компетенції : Освіта осіб з особливими потребами : шляхи розбудови Науково-методичний збірник.- Вип. 10. – Кіровоград, 2015. – С. 116 — 122.

Maaß, J. (2020). Mathematikdidaktik und Ethik. *Mitteilungen der Gesellschaft für Didaktik der Mathematik, 108,* 50–54.

Berendonk, S. (2016). Mathematik als Prozess – am Beispiel des Pythagoras, In P. Geiss, R. Ißler, & R. Kaenders (Hrsg.), *Fachkulturen in der Lehrerbildung der Reihe Wissenschaft und Lehrerbildung, Vandenhoeck & Ruprecht.* Bonn University Press.

Blatto-Vallee, G., Kelly, R. R., Gaustad, M. G., Porter, J., & Fonzi, J. (2007). Visual-spatial representation in mathematical problem solving by deaf and hearing students. *The Journal of Deaf Studies and Deaf Education, 12*(4, Fall 2007), 432–448.

Byrne, O. (1847). *The first six books of the elements of euclid in which coloured diagrams and symbols are used instead of letters for the greater ease of learners.* Willam Pickering.

Eigenmann, P. (1981). *Geometrische Denkaufgaben.* Klett.

Freudenthal, H. (1963). Was ist Axiomatik und welchen Bildungswert kann sie haben? *Der Mathematikunterricht, 4*(1963), 5–29.

Frostad, P. (1999). Deaf children's use of cognitive strategies in simple arithmetic problems. *Educational Studies in Mathematics, 40,* 129–153.

Frostad, P., & Ahlberg, A. (1999). Solving story-based arithmetic problems: Achievement of children with hearing impairment and their interpretation of meaning. *Journal of Deaf Studies and Deaf Education, 4*(4), 283–293.

Gategno, C. (1981). *Teaching the deaf. Educational solutions Worldwide Inc.* Published on Newsletter vol. X no. 4 April 1981.

Gallin, P., & Ruf, U. (1990). *Sprache und Mathematik in der Schule. Auf eigenen Wegen zur Fachkompetenz.* LCH-Verlag.

Gallin P. (2011). Mathematik als Geisteswissenschaft Der Mathematikschädigung dialogisch vorbeugen. In M. Helmerich, K. Lengnink, G. Nickel, & M. Rathgeb (Hrsg.), *Mathematik Verstehen.* Vieweg+Teubner.

Grote, C., Sieprath, H., & Staudt, B. (2020). Deaf Didaktik? Weshalb wir eine spezielle Didaktik für den Unterricht in Gebärdensprache benötigen. In *Das Zeichen. Zeitschrift für Sprache und Kultur Gehörloser,110/18,* 2–13.

Hagen, C. (2018). *Untersuchung mathematischer Kompetenzen von Schüler*innen mit dem Förderschwerpunkt Hören und Kommunikation anhand des Känguru-Wettbewerbs 2018, Bachelorarbeit.*

Hartmann, U., Decristan, J., & Klieme, E. (2016). Unterricht als Feld evidenzbasierter Bildungspraxis? Herausforderungen und Potenziale für einen wechselseitigen Austausch von Wissenschaft und Schulpraxis. *ZfE, 19*(Suppl 1), 179–199.

Hawes, S. M., & Kolpas, S. (2015). *Oliver Byrne: The Matisse of Mathematics. Convergence. Delaware County Community College. Mathematical Association of America.* https://www.maa.org/press/periodicals/convergence/oliver-byrne-the-matisse-of-mathematics.

Hegarty, M., & Kozhevnikov, M. (1999). Types of visual–spatial representations and mathematical problem solving. *Journal of Educational Psychology, 91*(4), 684–689.

Heintz, B. (1999). *Die Innenwelt der Mathematik: Zur Kultur und Praxis einer beweisenden Disziplin.* Springer.

Hennies, J. (2010) *Lesekompetenz gehörloser und schwerhöriger SchülerInnen.* Dissertation. Humboldt-Universität zu Berlin, Philosophische Fakultät IV.

Hennies J., & Hintermair M. (2020). Sprachentwicklung, Diagnostik und Förderung bei Kindern mit Hörschädigung. In S. Sachse, A. K. Bockmann, & A. Buschmann (Hrsg.), *Sprachentwicklung.* Springer. https://doi.org/10.1007/978-3-662-60498-4_19.

Hintermair, M., Knoors, H., & Marschark, M. (2020). *Gehörlose und schwerhörige Schüler unterrichten. Psychologische und entwicklungsbezogene Grundlagen* (1., unveränderter Nachdruck der Auflage 2014). Median-Verlag

Kelly, R. R., Lang, H. G., Mousley, K., & Davis, S. M. (2003). Deaf college students' comprehension of relational language in arithmetic compare problems. *Journal of Deaf Studies and Deaf Education, 8*(2), 120–132.

Koller, H.-C. (2003). Alles Verstehen ist daher immer zugleich ein Nicht-Verstehen Wilhelm von Humboldts Beitrag zur Hermeneutik und seine Bedeutung für eine Theorie interkultureller Bildung. *Zeitschrift für Erziehungswissenschaft, 6*(4), 515–531.

Krause, C. (2018). Signs and gestures used in the deaf mathematics classroom – The case of symmetry. In *Mathematical discourse that breaks barriers and creates space for marginalized learners* (S. 171–194). https://brill.com/view/book/edcoll/9789463512121/BP000014.xml.

Kristinsdóttir, B., Hreinsdóttir, F., & Lavicza, Z. (2019). Silent video tasks for formative assesment. In *Proceedings of the 14th International Conference on Technology in Mathematics Teaching. ICTMT 14: Essen, Germany, 22nd to 25th of July 2019.*

Kristinsdóttir, B. (2021). *Silent video tasks – their definition, development, and implementation in upper secondary school mathematics classrooms*, University of Iceland, Dissertation.

Leonhardt, A. (2019). *Grundwissen Hörgeschädigtenpädagogik*. Reinhardt.

Maier, H., & Schweiger, F. (1999). Mathematik und Sprache. Zum Verstehen und Verwenden von Fachsprache im Mathematikunterricht. In H.-C. Reichel (Hrsg.), *Mathematik für Schule und Praxis*. öbv&hpt.

Marshall, M. M., Carrano, A. L., & Dannels, W. A. (2016). Adapting experiential learning to develop problem-solving skills in deaf and hard-of-hearing engineering students. *Journal of Deaf Studies and Deaf Education, 21*(4), 403–415.

Marschark, M., Spencer, L. J., Durkin, A., Borgna, G., Convertino, C., Machmer, E., Kronenberger, W. G., & Trani, A. (2015). Understanding language, hearing status, and visual-spatial skills. *Journal of Deaf Studies and Deaf Education, 20*(4), 310–330.

McGuirk, J. & Buck, M. F. (2019). Leibliche (Lern-)Erfahrung qua Augmented Reality. In M. Brinkmann, J. Türstig, & M. Weber-Spanknebel (Hrsg.), *Leib – Leiblichkeit – Embodiment. Phänomenologische Erziehungswissenschaft* (Bd. 8.) Springer VS. https://doi.org/10.1007/978-3-658-25517-6_22.

Meyer-Drawe, K. (1999). Zum metaphorischen Gehalt von „Bildung" und „Erziehung". *Zeitschrift für Pädagogik, 45*(2), 161–175.

Mayhew, H. (1942). *What to teach, and how to teach it; so that the child may become a wise and good man*. Willam Smith.

Ministerium für Schule und Weiterbildung des Landes NRW. (2015). *Förderschwerpunkt „Hören und Kommunikation". Sonderpädagogische Förderschwerpunkte in NRW. Ein Blick aus der Wissenschaft in die Praxis.*

Nelsen, R. B. (1993). *Proofs without words: Exercises in visual thinking*. The Mathematical Association of America.

Nordheimer, S. (2005): Aufgabenvariation im Mathematikunterricht mit hörgeschädigten Schülern. Examensarbeit. Humboldt-Universität zu Berlin.

Nordheimer, S. (2023): Zum Einsatz von Aufgaben in Deutscher Gebärdensprache (DGS) in universitären Projekten zur Förderung von mathematisch besonders interessierten und begabten Kindern. In: Das Zeichen. Zeitschrift für Sprache und Kultur Gehörloser (eingereicht und angenommen).

Nunes, T., Bryant, P., Burman, D., Bell, D., Evans, D., & Hallett, D. (2009). Deaf children's informal knowledge of multiplicative reasoning. *Journal of Deaf Studies and Deaf Education, 14*(2), 260–277.

Nolte, M., Engel, D. (2004). Vergleichende Untersuchungen zum mathematischen Denken bilingual vs. aural oder oral geförderter gehörloser und schwerhöriger SchülerInnen beim Übergang in die Sekundarstufe I. In K.-B. Günther & I. Schäfke (Hrsg.), *Bilinguale Erziehung als Förderkonzept für gehörlose SchülerInnen. Abschlussbericht zum Hamburger Bilingualen Schulversuch*. Signum-Verlag.

Pagliaro, C. M., & Ansell, E. (2002). Story problems in the deaf education classroom: Frequency and mode of presentation. *Journal of Deaf Studies and Deaf Education, 7*(2), 107–119.

Pagliaro, C. M., & Kritzer, K. L. (2013). The math gap: A description of the mathematics performance of preschool-aged deaf/hard-of-hearing children. *Journal of Deaf Studies and Deaf Education, 18*(2), 139–160.

Pinto, G., & Segadas, C. (2019). Teaching mathematics in an inclusive context: A challange form the educational interpreter in libras. In D. Kollosche, R. Marcone, M. Knigge, M. Godoy Penteado, O. Skovsmose (Hrsg.), *Inclusive mathematics education: State-of-the-art research from Brazil and Germany*. Springer.

Pólya, G. (1949). *Die Schule des Denkens. Vom Lösen mathematischer Probleme*. Francke Verlag

Ruf, U., & Gallin, P. (2014a). *Dialogisches Lernen in Sprache und Mathematik. Band 1: Austausch unter Ungleichen* (5. Aufl.). Seelze-Velber.

Ruf, U., Gallin, P. (2014b). *Dialogisches Lernen in Sprache und Mathematik. Band 2: Spuren legen – Spuren lesen* (5. Aufl.). Seelze-Velber.

Sauerwein, M. (2019). *Figurierte Zahlen als produktiver Weg in die Mathematik*. Springer Spektrum.

Searle, B. W., Lorton, P., Jr., & Suppes, P. (1974). Structural variables affecting CAI performance on arithmetic word problems of disadvantaged and deaf students. *Educational Studies in Mathematics, 5*(1), 371–384.

Senatsverwaltung für Bildung, Jugend und Familie. (2017). *Förderschwerpunkt „Hören und Kommunikation". Leitfaden zur Feststellung sonderpädagogischen Förderbedarfs an Berliner Schulen.*

Schupp, H. (2002). *Thema mit Variationen*. Franzbecker.

Schupp, H. (2003). Variatio delectat! In *MU, 49*(5), 4–12.

Szűcs, K. (2019). *Do hearing-impaired students learn mathematics in a different way than their hearing peers? – A review. Eleventh Congress of the European Society for Research in Mathematics Education, Utrecht University, Feb 2019, Utrecht, Netherlands.*

Tenorth, H.-E. Bildungsstandards und Kerncurriculum. Systematischer Kontext, bildungstheoretische ProblemeZeitschrift für Pädagogik 50 (2004) 5, S. 650-661

Tenorth, H.-E. (2013). Inklusion im Spannungsfeld von Universalisierung und Individualisierung – Bemerkungen zu einem pädagogischen Dilemma. In K. E. Ackermann, O. Musenberg, & J. Riegert (Hrsg.), *Geistigbehindertenpädagogik!? Disziplin – Profession – Inklusion* (S. 17–41). Athena.

Tenorth, H. E. (2017). Bildungstheorie und Bildungsforschung, Bildung und kulturelle Basiskompetenzen – ein Klärungsversuch, auch am Beispiel der PISA-Studien. In J. Baumert, K. J. Tillmann (Hrsg.), *Empirische Bildungsforschung. ZfE, Sonderheft 31, 2016* (Bd. 31). Springer VS.

Textor, M. R. (1999). Lew Wygotski entdeckt für die Kindergartenpädagogik. *Klein und groß 1999, 11/12,* 36–40.

Wauters, L., Pagliaro, C. M., Kritzer K. L. & Dirks, E. (2023) Early mathematical performance of deaf and hard of hearing toddlers in family-centred early intervention programmes, Deafness & Education International, https://doi.org/10.1080/14643154.2023.2201028

Werner, V. (2010). *Zum numerischen Zahlenverständnis von gehörlosen Grundschülern (Teil I): DAS ZEICHEN 84/2010, Zeitschrift für Sprache und Kultur Gehörloser.* www.sign-lang.uni-hamburg.de/signum/zeichen/.

Wille, A. (2019). Gebärdensprachliche Videos für Textaufgaben im Mathematikunterricht Barrieren abbauen und Stärken gehörloser Schülerinnen und Schüler nutzen. *Mathematik differenziert, 3–2019,* 38–45.

Winter, H. (1975). Allgemeine Lernziele für den Mathematikunterricht ? *Zentralblatt für Didaktik der Mathematik, 3,* 106–116.

Winter, H. (1978). *Umgangssprache — Fachsprache im Mathematikunterricht, in: H. 18 der Schriftenreihe des IDM* (S. 5–56).

Winter, H. (1983). Zur Problematik des Beweisbedürfnisses. *JMD, 4,* 59–95.

Winter, H. (1995). Mathematikunterricht und Allgemeinbildung. *Mitteilungen der Gesellschaft für Didaktik der Mathematik, 61,* 37–46.

Winter, H. (2016). *Entdeckendes Lernen im Mathematikunterricht. Einblicke in die Ideengeschichte und ihre Bedeutung für die Pädagogik*. Springer Spektrum.

Zaitseva, G., Pursglove, M., & Gregory, S. (1999). Vygotsky, sign language, and the education of Deaf Pupils. *Journal of Deaf Studies and Deaf Education, 4,* 1 Winter 1999.

Zarfaty, Y., Nunes, T., & Bryant, P. (2004). The performance of young deaf children in spatial and temporal number tasks. *Journal of Deaf Studies and Deaf Education, 9*(3), 315–326.

Zevenbergen, R., Hyde, M., & Power, D. (2001). Language, arithmetic word Problems, and deaf students: Linguistic strategies used to solve tasks. *Mathematics Education Research Journal, 13*(3), 204–218.

Matthias Ludwig
Andreas Filler
Anselm Lambert *Hrsg.*

Geometrie zwischen Grundbegriffen und Grundvorstellungen

Jubiläumsband
des Arbeitskreises Geometrie in der
Gesellschaft für Didaktik der Mathematik

Springer Spektrum

Jetzt im Springer-Shop bestellen:
springer.com/978-3-658-06834-9

Printed in the United States
by Baker & Taylor Publisher Services